深厚覆盖层筑坝技术丛书

深厚覆盖层建高土石坝地基处理技术

SHENHOU FUGAICENG JIANGAOTUSHIBA DIJI CHULI JISHU

余　挺　叶发明　陈卫东　等　著

中国电力出版社
CHINA ELECTRIC POWER PRESS

内 容 提 要

深厚覆盖层筑坝技术丛书由中国电建集团成都勘测设计研究院有限公司（简称成都院）策划编著，包括《覆盖层工程勘察钻探技术与实践》《深厚覆盖层工程勘察研究与实践》《深厚覆盖层建高土石坝地基处理技术》等多部专著，系统总结了成都院自 20 世纪 60 年代以来持续开展深厚覆盖层建坝勘察、设计、科研等方面的成果与工程应用。

本书为《深厚覆盖层建高土石坝地基处理技术》，主要内容包括深厚覆盖层高土石坝建坝特点及坝基要求、筑坝工程勘察技术、坝基防渗技术、地基加固技术、地基安全监测和工程实例等。

本书可供水电、水利、岩土、交通、国防工程等领域的科研、勘察、设计、施工人员及高等院校有关专业的师生参考。

图书在版编目（CIP）数据

深厚覆盖层建高土石坝地基处理技术/余挺等著．—北京：中国电力出版社，2021.12
（深厚覆盖层筑坝技术丛书）
ISBN 978-7-5198-6139-1

Ⅰ.①深…　Ⅱ.①余…　Ⅲ.①土石坝—坝基—覆盖层技术　Ⅳ.①TV641

中国版本图书馆 CIP 数据核字（2021）第 225605 号

出版发行：中国电力出版社
地　　址：北京市东城区北京站西街 19 号（邮政编码 100005）
网　　址：http：//www.cepp.sgcc.com.cn
责任编辑：安小丹（010—63412367）　常丽燕
责任校对：黄　蓓　王海南
装帧设计：赵珊珊
责任印制：吴　迪

印　　刷：三河市万龙印装有限公司
版　　次：2021 年 12 月第一版
印　　次：2021 年 12 月北京第一次印刷
开　　本：787 毫米×1092 毫米　16 开本
印　　张：15.5
字　　数：369 千字
印　　数：0001—1000 册
定　　价：90.00 元

序　言

我国水力资源十分丰富，自 20 世纪末以来，水电工程建设得到迅速发展，经过长期工程经验总结和不断技术创新，我国目前的水电工程建设技术水平总体上已经处于世界领先地位。在水电工程建设过程中，建设者们遇到了大量具有挑战性的复杂工程问题，深厚覆盖层上筑坝即是其中之一。我国各河流流域普遍分布河谷覆盖层，尤其是在西南地区，河谷覆盖层深厚现象更为显著，制约了水电工程筑坝的技术经济和安全性。因此，深厚覆盖层筑坝勘察、设计和施工等问题，成为水电工程建设中的关键技术问题之一。

成都院建院 60 余年以来，在我国西南地区勘察设计了大量的水电工程，其中大部分涉及河谷深厚覆盖层问题，无论在工程的数量、规模，还是技术问题的典型性和复杂程度上均位居国内同行业前列。

早在 20 世纪 60 年代，成都院就在岷江、大渡河流域深厚覆盖层上勘察设计了多座闸坝工程，并建成发电。20 世纪 70 年代承担了国家"六五"科技攻关项目"深厚覆盖层建坝研究"，从那时开始，成都院就不断地开展了深厚覆盖层勘察技术和建坝地基处理技术的研究工作，取得了大量的研究成果。在覆盖层勘探方面，以钻探技术为重点，先后创新提出了"孔内爆破跟管钻进""覆盖层金刚石钻进与取样""空气潜孔锤取心跟管钻进""孔内深水爆破"等技术，近年来又首创了"超深复杂覆盖层钻探技术"体系，成功完成深达 567.60m 的特厚河谷覆盖层钻孔。在覆盖层工程勘察方面，系统研究了深厚覆盖层地质建造、工程勘察方法及布置原则、工程地质岩组划分、物理力学性质与参数、工程地质评价等关键技术问题，建立了一套完整科学的深厚覆盖层工程地质勘察评价体系。在深厚覆盖层建坝地基处理方面，以高土石坝地基防渗为重点，提出了深厚覆盖层上高心墙堆石坝"心墙防渗体＋廊道＋混凝土防渗墙＋灌浆帷幕"的组合防渗设计成套技术，创新了防渗墙垂直分段联合防渗结构型式，首创了坝基大间距、双防渗墙联合防渗结构和坝基廊道与岸坡连接的半固端新型结构型式等。这些工程技术研究成果在成都院勘察设计的大量工程中得到了应用，建成了以太平驿、小天都等水电站为代表的闸坝工程，以冶勒、瀑布沟、长河坝、猴子岩等水电站为代表的高土石坝工程等。

本丛书以成都院承担的代表性工程勘察设计成果为支撑，融合相关科研成果，针对深厚覆盖层筑坝工程勘察和地基处理设计与施工等方面遇到的关键技术问题，系统总结并提出了主要勘探技术手段和工艺、地质勘察方法和评价体系、建坝地基处理技术方案和施工措施等，并介绍了典型工程实例。丛书由《覆盖层工程勘察钻探技术与实践》《深厚覆盖层工程勘察研究与实践》《深厚覆盖层建高土石坝地基处理技术》等多部专著组成。

　　本丛书凝聚了几代成都院工程技术人员在深厚覆盖层筑坝勘察、设计和科研工作中付出的心血与汗水，值此丛书出版之际，谨向开创成都院深厚覆盖层筑坝历史先河的前辈们致以崇高的敬意！向成都院所有参与工作的工程技术人员表示衷心的感谢！也向所有合作单位致以诚挚的谢意！

余挺

2019 年 3 月于成都

前　言

世界水电看中国，中国水电在西南。我国西南地区水力资源丰富，深山峡谷间已建、在建和规划的水电站星罗棋布。这些水电站的坝址区大多具有河谷覆盖层深厚的特点，在深厚覆盖层上建坝成为现实问题。受地基承载能力及变形特性等的制约，覆盖层上很少建设较高的混凝土重力坝及拱坝，而是建造适应能力较强的土石坝和混凝土闸坝，土石坝基本成为覆盖层上建设高坝的唯一选择。

深厚覆盖层上建高土石坝，覆盖层地基处理是关键问题和难点问题。对于高土石坝，覆盖层地基主要存在变形稳定、渗漏与渗透稳定、抗滑稳定和砂土液化等问题。因此，在工程建设中，通过一定的工程技术措施对深覆盖层地基进行必要的处理，控制地基渗漏量及渗透稳定，提高地基抗变形、抗滑、抗砂土液化和抗渗能力，是十分必要的。覆盖层地基处理技术概括起来分为坝基防渗技术和加固技术两个方面。

我国在覆盖层上建土石坝方面已取得了不小的成就，特别是进入 21 世纪以来，随着西南地区的冶勒、瀑布沟、长河坝等一批建基于深厚覆盖层上的 100m 乃至 250m 级高土石坝的陆续建成，覆盖层建坝技术得到了快速发展，取得了丰富的工程勘察设计和建设经验。

本书以成都院深厚覆盖层上建高土石坝的众多工程实践为依托，系统总结了深厚覆盖层高土石坝地基处理技术。全书共分为 7 章，第一章总结了深厚覆盖层上建高土石坝的主要问题，介绍了覆盖层地基处理技术的发展过程与趋势；第二章分析了深厚覆盖层上不同高土石坝坝型的建坝特点，提出了高土石坝坝基要求；第三章介绍了深厚覆盖层筑坝工程勘察技术，主要包括工程勘察布置原则与勘察方法、勘探技术、试验测试技术、工程地质评价技术等；第四章介绍了深厚覆盖层坝基防渗技术，主要包括坝基防渗形式及特点，混凝土防渗墙、帷幕灌浆、廊道连接等技术，同时简要介绍了在覆盖层局部渗透稳定研究方面的一些新成果；第五章介绍了深厚覆盖层地基加固技术，主要包括地基加固的方法、设计与工程措施；第六章介绍了深厚覆盖层地基安全监测，主要包括地基监测的主要问题、监测布置方法和施工技术、监测分析与评价，以及工程应用；第七章介绍了冶勒、硗碛、瀑布沟、黄金坪、长河坝等典型高土石坝工程地基处理技术应用案例。

全书由余挺、叶发明、陈卫东负责组织策划与审定。第一章由余挺、彭文明、邵磊等撰写；第二章由余挺、叶发明、彭文明、伍小玉、邵磊等撰写；第三章由陈卫东、彭仕雄、谷江波、曲海珠、谢北成、李小泉、李建国等撰写；第四章由伍小玉、叶发明、张琦、彭文明、邵磊等撰写；第五章由张琦、叶发明、彭文明、宋寅、李家亮、贺溪、辜育新、王小波等撰写；第六章由胡建忠、龚静等撰写；第七章由彭文明、伍小玉、邵磊、王晓东、谷江波、曲海珠、宋寅、龚静等撰写。

本书由成都院土石坝技术中心组织策划，各相关单位参与，历时四年精心编著而成。除本书的编撰人员以外，还有许多成都院的工程技术人员和合作单位的专家都对本书的出版付出了辛勤的劳动，在此一并致谢！

受作者水平所限，书中难免存在不足和疏漏之处，敬请批评指正！

编著者

2021 年 8 月于成都

目　录

第一章

概　述

❉　第一节　深厚覆盖层建高土石坝的主要问题

一、覆盖层工程特性

覆盖层是经过各种地质作用而堆积在基岩上的松散堆积物，广泛分布于世界各地的河谷中，是一个具有区域性特征的普遍现象，尤其广泛分布于我国水力资源丰富的西南地区河谷中。正常的河流沉积厚度，加之地壳抬升、冰川运动、滑坡淤堵、泥石流等内外力地质作用，导致河谷深切、覆盖层深厚的现象在大渡河、岷江、金沙江、雅砻江等大江大河的上游河谷中更为显著，在世界范围内具有代表性和典型性。

覆盖层厚度一般为数十米，在部分河段可超过 400m。我国西南地区主要河段的覆盖层在竖直方向上可分为三个层次：底层大多为冰川堆积物与冰水堆积物，物质组成以粗颗粒的孤石、漂卵石为主，形成时代主要为晚更新世；中层大多为冰水堆积物、崩积物、堰塞堆积物与冲洪堆积物组成的混合堆积物，组成物质较复杂，厚度变化相对较大，形成时代主要为晚更新世～全新世；上层为河流相沉积物与砂卵石堆积物，形成时代主要为全新世。

对覆盖层厚度的分类目前尚无统一标准，根据水电工程现状及经验，一般认为：覆盖层厚度小于 40m 时为浅层覆盖层；覆盖层厚度在 40～100m 时为厚覆盖层；覆盖层厚度在 100～300m 时为超厚覆盖层；覆盖层厚度大于 300m 时为特厚覆盖层。

覆盖层通常具有成因类型复杂、结构松散、层次结构不连续、透水性较强等特点，其力学特性与物质组成、密实程度、胶结状况有关，也与成因、沉积时代、埋深等有关。通常来讲，覆盖层颗粒越粗，其力学强度越高，渗透系数越大，渗透破坏坡降越小；密实度越高，胶结程度越高，其力学及抗渗性能越好；沉积时代越早，埋深越大，其力学及抗渗性能越好。

大量的勘察成果表明，我国西南地区河谷深厚覆盖层具有成因类型多样、分布范围广泛、产出厚度多变、组成结构复杂和工程特性差异大等特点。

二、深厚覆盖层工程地质问题

深厚覆盖层建高土石坝的工程地质问题，主要体现在地基的渗漏与渗透稳定、变形

1

稳定、抗滑稳定、砂土液化几个方面。

1. 渗漏与渗透稳定

河谷覆盖层的透水性一般较强。覆盖层土体的透水性问题分为渗漏和渗透稳定性问题：一方面，地基土体的渗漏量是否超过其允许值，如果渗漏量过大，会产生水量损失，导致水库蓄水大量流失，造成不必要的水资源浪费，影响工程的经济性，甚至导致工程无法正常运行；另一方面，地基土体的水力坡降是否超过其允许值，如果通过土体的水力坡降大于其允许值，地基土体会因管涌、流土、接触冲刷等产生失稳破坏，进而影响建筑物基础的稳定，导致建筑物变形、破坏。

2. 变形稳定

地基土体在外荷载作用下会发生压缩变形，进而导致建筑物出现沉降或沉降差，如果沉降或沉降差过大，超过坝体结构的允许范围，则可能引起上部坝体开裂、倾斜甚至破坏。坝体的不均匀沉降，主要表现为两岸基岩坝基与河床覆盖层坝基之间的不均匀沉降，以及河床坝基中部与两岸覆盖层厚度差异较大引起的不均匀沉降。

3. 抗滑稳定

在外荷载作用下，地基土体中的任一截面都将同时产生法向应力和剪应力，其中法向应力作用可使土体发生压密变形，而剪应力作用可使土体发生剪切变形。当土体中一点的某截面上由外力所产生的剪应力达到土体的抗剪强度时，它将沿着剪应力作用方向产生相对滑动，该点便发生剪切破坏。当地基土体的抗剪强度不足以支撑上部结构的自重及外荷载时，地基就会产生局部或整体剪切破坏。因此，在软弱地基上筑坝时需复核坝基的整体抗滑稳定性能。

4. 砂土液化

砂土液化是指饱水的松散砂土在地震或机械振动荷载的作用下，由孔隙水压力上升、有效应力下降所导致的砂土由固态向液态转化的现象。地基中的砂土发生液化后，将导致上部坝体因过大或不均匀沉降而开裂甚至破坏，同时也可能引起坝体连同坝基整体滑移失稳。

三、建坝主要工程技术问题

深厚覆盖层在我国西南山区河谷中广泛分布，要大力开发该地区丰富的水电资源，就必须解决在深厚覆盖层上建高坝这一现实问题。而受地基承载能力及变形特性等的制约，在覆盖层上很难建设较高的混凝土重力坝及拱坝，而只能建造适应能力较强的土石坝和混凝土闸坝，土石坝基本上已成为在覆盖层上建设高坝的唯一选择。深厚覆盖层建高土石坝需要解决的主要技术问题包括河谷深厚覆盖层勘察、覆盖层地基稳定与防渗、覆盖层坝基工程处理等几个方面。

1. 河谷深厚覆盖层勘察

为确保建在深厚覆盖层上的高坝安全可靠，首先必须弄清楚坝基覆盖层的工程地质特性。由于河谷深厚覆盖层的地层深厚、成因复杂，给勘探取样、现场及室内试验研究带来了很大的困难，因此河谷深厚覆盖层勘察是建坝面临的首要问题。

对于深厚覆盖层中的浅表部土层，通过坑槽开挖，可在一定程度上获取原状样，或进行现场试验，进而获取相应的基本物理力学参数；而对于深厚覆盖层中的深部土层，既难以通过坑槽开挖而获取土样，钻孔取样又对土样扰动较大，因而难以准确掌握土层的真实性质。深部土层的勘察是深厚覆盖层勘察的难题。

覆盖层不同岩组的物理力学参数是大坝设计的基础，其可靠性和适用性取决于岩土结构的扰动程度，不同的取样方法和取样工具对土样的扰动程度不同，试验结果也不同。同时，试验方法和标准对岩土参数也有影响。

2. 覆盖层地基稳定与防渗

（1）覆盖层地基的稳定问题包括变形稳定、抗滑稳定和砂土液化等。

1）覆盖层抗变形能力相对较差，在坝体自重和库水荷载作用下，坝体和坝基将产生较大的沉降或不均匀变形，可能导致坝体出现裂缝，从而恶化大坝防渗体、地基防渗结构及两者连接部位的受力条件，引起结构破坏。

2）在深厚覆盖层上建高土石坝，当覆盖层坝基抗剪强度较低或存在软弱夹层时，容易形成坝体坝基深层滑移失稳模式，引起大坝整体滑移失稳。深层滑移失稳模式往往规模较大、力学机理复杂，从而增加了稳定评价的计算分析难度。

3）覆盖层土体中具有一定埋深的砂层，在地震作用下可能发生液化，进而对坝基及坝体的变形稳定带来不利影响。

（2）覆盖层地基的防渗问题包括渗漏量控制和渗透稳定两个方面。不同的覆盖层其土体的渗透性不同，粗颗粒土体在河谷覆盖层中分布广泛，其透水性强，建坝后坝基覆盖层的渗漏问题十分突出，直接影响工程的经济性和正常运行。同时，覆盖层是易冲蚀材料，在水压力作用下易产生管涌、流土等渗流破坏，坝基覆盖层的渗流变形和渗流破坏是大坝安全的主要威胁之一。

3. 覆盖层坝基工程处理

（1）覆盖层防渗处理。一方面，为了控制覆盖层坝基的渗漏量和保证土体的渗透稳定，需采取防渗措施；另一方面，在深厚覆盖层上建高土石坝，坝基沉降变形大，同时存在不均匀沉降变形问题，威胁着坝体与坝基防渗体系的安全可靠运行。因此，如何进行覆盖层防渗处理，是深厚覆盖层建高土石坝的重大工程技术问题。对于土心墙、沥青混凝土心墙或混凝土面板等不同的防渗体，坝体防渗体与坝基覆盖层防渗体（一般为混凝土防渗墙）的连接形式各有差异，连接部位是坝体坝基防渗体系中最薄弱的部位，因此坝体坝基防渗体的连接成为深厚覆盖层上高土石坝防渗体系的关键技术问题。

（2）覆盖层加固处理。为了防止覆盖层坝基出现过大沉降，尤其是不均匀沉降，以及避免坝体坝基整体滑移失稳，除应对浅层软弱土层或砂层进行挖除处理外，还需要根据工程具体情况对坝基覆盖层进行加固处理。加固处理包括增加坝体压重的地面措施，以及提高坝基覆盖层力学指标的地下措施。加固措施需兼顾坝体坝基沉降变形、渗透稳定、抗滑稳定、砂土液化等问题。

（3）砂层抗液化处理。对浅埋的可液化砂层，应尽可能采取挖除处理措施；对深埋的可液化砂层，需要根据其分布等特性及对坝体坝基造成的危害情况，采取直接（如振冲碎石桩）或间接（如压重）处理措施。

❀ 第二节　覆盖层地基处理技术发展过程与趋势

一、地基处理技术发展过程

1. 深厚覆盖层建高土石坝概况

我国在利用覆盖层建坝方面已经取得了不小的成就，已经在覆盖层上修建了土心墙堆石坝、沥青混凝土心墙堆石坝、混凝土面板堆石坝、闸坝、混凝土重力坝、拱坝等各种类型的大坝。改革开放后，特别是 21 世纪以来，随着我国水利水电事业的发展，深厚覆盖层筑坝技术得到了快速发展。瀑布沟、小浪底等一批 100m 以上的高坝已在运行，高 240m 的长河坝已蓄水发电，一些建基于深厚覆盖层上的 200m 级高坝也在建设或设计中。

随着水电开发在四川、西藏等西南地区的快速推进，深厚覆盖层筑坝问题越来越成为水电工程建设中的关键技术问题。在该地区，已建成的覆盖层上坝高超过 100m 的高坝有多座，包括冶勒、硗碛、瀑布沟、长河坝、猴子岩、水牛家、毛尔盖、狮子坪、多诺等水电工程，其中冶勒水电工程的覆盖层最为深厚，达 420m，属特厚覆盖层。勘探揭示雅鲁藏布江下游河谷覆盖层厚度超过 500m，这对深厚覆盖层建高土石坝技术提出了更高的要求。

中国西南地区的很多水电工程位于深山峡谷之中，这些工程的坝址区普遍具有河谷狭窄、洪水流量大、河道陡峻、水流湍急、推移质和悬移质量大、河谷覆盖层深厚、地震烈度高等特点。在河谷覆盖层上修建的水电工程，其拦河坝以闸坝和土石坝为主，西南地区部分覆盖层上土石坝工程的特征见表 1-1。

表 1-1　　　　　　　　西南地区部分覆盖层上土石坝工程的特征

序号	工程名称	建成年份	坝型/最大坝高（m）	坝基土层性质	覆盖层最大厚度（m）	坝基土防渗形式/防渗墙深（m）	防渗墙厚度（m）
1	长河坝	2016	土质心墙堆石坝/240	砂砾石	70	两道全封闭混凝土防渗墙/50	1.4、1.2
2	猴子岩	2016	混凝土面板坝/223.5	冲洪堆积土	85.5	混凝土基座	—
3	瀑布沟	2009	土质心墙堆石坝/186	砂砾石	77.9	两道全封闭混凝土防渗墙/70	均为 1.2
4	卡基娃	2015	混凝土面板坝/171	卵砾石	22.3	混凝土基座	—
5	毛尔盖	2011	砾石土心墙堆石坝/147	砂砾石	52	混凝土防渗墙/52	1.4

续表

序号	工程名称	建成年份	坝型/最大坝高（m）	坝基土层性质	覆盖层最大厚度（m）	坝基土防渗形式/防渗墙深（m）	防渗墙厚度（m）
6	狮子坪	2010	土质心墙堆石坝/136	砂砾石	110	混凝土防渗墙/90	1.3
7	硗碛	2006	土质心墙堆石坝/125.5	砂砾石	72	混凝土防渗墙/70.5	1.2
8	冶勒	2007	沥青混凝土心墙堆石坝/124.5	冰水堆积土	420	混凝土防渗墙及帷幕/140	1.0～1.2
9	多诺	2012	混凝土面板坝/108.5	砂卵砾石	41.7	混凝土防渗墙/30	1.2
10	水牛家	2006	土质心墙堆石坝/108	砂砾石	30	混凝土防渗墙/32	1.2
11	鱼跳	2001	混凝土面板坝/106	砂砾石	—	混凝土基座	—
12	黄金坪	2016	沥青混凝土心墙堆石坝/85.5	砂砾石	130	混凝土防渗墙/101	1.0
13	泸定	2011	土质心墙堆石坝/85.5	砂砾石	148	防渗墙下接灌浆帷幕/80	1.0
14	老沟	2010	黏土心墙堆石坝/74	碎砾石	15	黏性土截水槽	—
15	龙头石	2008	沥青混凝土心墙堆石坝/72.5	砂砾石	70	混凝土防渗墙/71.8	1.2
16	鱼背山	1999	混凝土面板坝/72	砂砾石	—	混凝土基座	—
17	仁宗海	2008	复合土工膜堆石坝/56	砂砾石及淤泥质壤土	148	悬挂式混凝土防渗墙/约82	1.0
18	开茂	2017	混凝土面板坝/56	淤泥质软土	16	灌浆帷幕	—
19	铜街子	1992	混凝土面板坝（副坝）/48	砂卵砾石	70	两道混凝土防渗墙/70	均为1.0
20	直孔	2006	土质心墙堆石坝/47.6	砂砾石	—	混凝土防渗墙/79	0.8
21	狮泉河	2006	黏土心墙土石坝/32	砂砾石	—	混凝土防渗墙/67	0.8

2. 覆盖层工程勘察技术发展过程

坝址区河谷覆盖层勘察是筑坝的前提和基础。深厚覆盖层具有成因类型复杂、结构层次不连续、力学性质不均匀等特点，这对地质勘探、试验测试、参数取值及勘察评价均提出了更高的要求。因此，国内结合具体工程在覆盖层勘探工艺与材料、物理力学特性试验、地质评价等方面开展了一系列研究工作。

自 20 世纪 50 年代以来，广大工程技术人员和钻探工人不畏艰难，面对失败和挫折百折不挠，在砂卵石覆盖层钻进技术上进行了四次重大革命。第一次是 20 世纪 50 年代创造的"孔内爆破跟管钻进技术"，它解决了孔内套管通过孤石的难题；第二次是 20 世纪 80 年代开展的"深厚砂卵石覆盖层金刚石钻进与取样技术"研究，在国内外首次成功地在覆盖层中采用金刚石钻进，并取出了砂卵石层的近似原状样，大幅度地提高了钻进效率；第三次是 21 世纪初开展的"空气潜孔锤取心跟管钻进技术"研究，利用空气潜孔锤钻进速度高的优势，实现了同步跟管取心钻进，使钻孔质量和钻进效率跃上了新的台阶；第四次是针对高原高寒缺氧地区开展的"超深复杂覆盖层钻探技术"研究，在国内外首创形成"超深复杂覆盖层钻探技术"体系，实现了 600m 级特厚覆盖层工程地质钻探和孔内试验，其研究成果达到了国际领先水平。

成都院联合相关单位在双江口、长河坝、猴子岩等水电工程的建设中进行了深部覆盖层钻孔旁压试验，并在室内土力学模型槽中进行了对应试验，获得了对应深部覆盖层砂卵石的密度等特性指标。在大渡河硬梁包水电工程及西藏部分前期工程中进行的深部覆盖层旁压试验最大深度接近 100m。依托深溪沟、长河坝、猴子岩等深厚覆盖层深基坑开挖施工，对覆盖层不同深度、不同部位的土层进行了现场及室内试验，对比前期勘探试验获取的成果，分析了不同手段测试成果的相关性，以及浅部土层和深部同类土层性质的相关性。

通过研究取样方法，结合深部覆盖层旁压试验获取深部砂卵石密度，探讨深厚覆盖层级配、密度等基本参数的获取办法，统计各土层物理力学参数的合理取值范围，以及研究参数的内在规律性。采取室内试验与现场测试相结合的方法，特别是通过对钻孔样、基坑样室内试验成果和现场试验成果之间的系统对比研究，以及对不同埋深情况下土体物理力学特性的研究，确定覆盖层的工程特性与计算参数。

伴随着覆盖层勘探技术、试验测试技术和理论的发展，在大量工程实践的基础上，通过对砂土、软土及架空土体等特殊土体性状的重点研究，深厚覆盖层工程地质评价技术逐步得以完善，评价方法已从以往的以经验性定性评价为主，发展到定量评价与定性分析相结合，并形成了一套勘察评价体系。勘察评价体系涵盖对土体的承载与变形、抗滑稳定、渗漏与渗透稳定、砂土液化、软土震陷、抗冲刷、深基坑的边坡稳定等方面的评价。同时结合大量工程实践，总结了高土石坝坝基土体的利用经验，建立了坝基土体利用原则，为高土石坝工程的场址选择、枢纽布置、方案比选、建筑物轴线选择、地基利用与处理提供了科学依据，有力推动了深厚覆盖层筑坝技术的发展。

3. 覆盖层地基防渗技术发展过程

在深厚覆盖层上建坝，坝基覆盖层渗流控制是关键。渗流控制需解决坝基渗漏损失与渗透稳定两个问题。深厚覆盖层的防渗控制主要采用上游水平铺盖防渗和坝基垂直防渗两种方法，或者将两者相结合。其中，坝基垂直防渗主要有 3 种处理措施：混凝土防渗墙、灌浆帷幕、防渗墙与灌浆帷幕相结合。一般认为，对于沉积形成的河床覆盖层，垂直防渗效果优于水平防渗效果。我国在深厚覆盖层上修建大坝有很多成功的经验，如四川冶勒水电工程，其建造于强震区厚度超过 400m 的特厚不均匀覆盖层上，采用混凝土防渗墙接灌浆帷幕的联合防渗方法，防渗深度超过 200m，居世界前列。

随着防渗墙技术的不断发展，业界现已致力于对覆盖层形成全封闭式防渗的研究。按国内防渗墙施工专业队伍的能力，防渗墙施工深度已达到 180m。对于覆盖层厚度超过施工能力、采用防渗墙不能形成全封闭的工程，一般采用开挖部分覆盖层以降低防渗墙造墙难度，或采取墙下接帷幕的组合形式，帷幕深度最大可达 250m。为了适应高坝高水压作用下的防渗要求，还发展创造出了两道防渗墙技术，国内的代表工程为高 186m 的瀑布沟土石坝和高 240m 的长河坝土石坝。在超厚甚至特厚覆盖层上建高坝，由于防渗墙施工技术的限制，仍需结合其他防渗手段如防渗墙下接灌浆帷幕、水平铺盖、坝基垫层与反滤、下游排水井等解决坝基防渗问题。

国内外坝基防渗墙与土质防渗体的连接形式主要有两种：一种是防渗墙直接插入土质防渗体，即插入式连接形式；另一种是在防渗墙墙顶设廊道，即廊道式连接形式。插入式连接是将防渗墙顶部插入防渗土体中一定高度的连接方式，插入土心墙内的墙体是用人工浇筑混凝土而成的。该连接形式的防渗墙墙体受力状态相对简单，国内已有较成熟的设计、建造及运行经验，如坝高 160m 的小浪底土石坝、坝高 108m 的水牛家土石坝和坝高 101m 的碧口土石坝。在防渗墙墙顶设置廊道，可使防渗墙下基岩帷幕灌浆不占直线工期，便于坝基防渗结构的检修维护和运行管理，应用前景广阔。国外最早采用防渗墙与土心墙廊道式连接形式的是加拿大马克尼 3 号坝，其坝高 107m，覆盖层厚 130m，坝基覆盖层采用两道厚 0.61m 的混凝土防渗墙防渗，廊道设于两道防渗墙之上并与土心墙连接。虽然廊道的受力条件好，但两道防渗墙的距离近，在漂卵砾石地层中，两道墙需要错开施工，施工工期长，因此这种方式不适用于我国普遍存在的漂卵砾石地层。

成都院从 20 世纪 80 年代开始研究防渗墙与土心墙廊道式连接形式，随着工程技术难度的不断加深，研究持续了近四十年。在多年研究成果的基础上，我国于 2006 年建成第一座采用防渗墙与土心墙廊道式连接形式的大坝——硗碛水电工程砾石土心墙堆石坝，其坝高 125.5m，坝基覆盖层厚约 72m，采用一道厚 1.2m 的防渗墙防渗。该坝已建成运行十余年，运行期间曾经历汶川、芦山和康定三次地震的考验，至今运行正常。此后，我国又陆续建成了采用廊道连接形式的泸定、狮子坪、毛尔盖、瀑布沟、长河坝等多座土心墙堆石坝，其中最高的是长河坝心墙堆石坝，其坝高 240m。瀑布沟心墙堆石坝坝高 186m，坝基覆盖层最大厚度 78m，该坝于 2009 年开始蓄水后一直运行正常，大坝心墙变形及土压力变化趋于平稳，坝基廊道和防渗墙变形、廊道结构缝的变形等监测值均在一般经验值范围内。

廊道结构在土心墙堆石坝上应用成功后，目前已推广至沥青混凝土心墙堆石坝。金平沥青混凝土心墙堆石坝坝高 90.5m，黄金坪沥青混凝土心墙堆石坝坝高 85.5m，其沥青混凝土心墙和坝基防渗墙均采用了廊道连接形式。由廊道式连接的应用和发展情况可以看出，由于廊道式连接与插入式连接相比有明显的缩短工期、方便维护和运行监测等优势，因此得到越来越广泛的应用，且逐渐从土心墙堆石坝推广至沥青混凝土心墙堆石坝等其他坝型。防渗墙与土心墙廊道式连接是今后防渗墙与土心墙连接的发展方向。

4. 覆盖层地基加固技术发展过程

当坝基存在深厚的砂砾石或软弱土层时，建高土石坝后由于土体压缩变形导致坝体坝基沉降和不均匀沉降明显，容易出现局部破坏进而影响防渗体系的安全运行，甚至引起整体滑动问题。为了提高坝基强度和坝体稳定性、减小坝基的不均匀沉降，可采取的加固措施主要包括固结灌浆法、高压旋喷桩法、碎石桩法和挖除软弱层法等。

固结灌浆法和高压旋喷桩法均为注浆法，是高土石坝较为常用的地基加固措施。大渡河上瀑布沟、黄金坪、长河坝等水电工程，均采用深 8～13m 的固结灌浆法对心墙下部覆盖层地基进行加固，以提高地基承载力、降低变形量，且起到辅助防渗作用，总体效果较好。高压旋喷桩的施工深度可达 30～60m，其用作地基加固时，桩身强度比起混凝土强度要低得多，一般宜作为复合地基使用。在我国西南地区深厚覆盖层上的水电工程建设中，高压旋喷桩法已经从围堰的防渗逐渐推广到坝基覆盖层的加固。

在地基中设置由碎石（砂卵砾石）组成的竖向桩体进而形成复合地基的方法，称为碎石桩法。常用的碎石桩为振冲碎石桩，其原理是依靠振冲器的振动来产生压力，挤密桩间土和振冲填料，以提高地基承载力、减少沉降量、防止出现不均匀沉降。同时，通过土体颗粒的重排，增加地基的稳定性和抗液化能力。

振冲碎石桩适用于颗粒较细的砂土、粉土、黏土地基。当地基中覆盖有颗粒较粗的砂卵石层时，需要先引孔，再成桩。2004 年，四川康定金康水电站坝基处理工程采用振冲法穿过厚 11m 的卵砾石层加密下卧粉细砂层总深度达 28m，创造了当时振冲法穿过卵砾石层的最深记录。2006～2007 年，龙头石水电工程沥青混凝土心墙堆石坝的覆盖层坝基采用振冲碎石桩法处理，其振冲碎石桩桩径 1.0m，最大桩深 25m。2007 年，四川阴坪水电站坝基处理工程采用振冲法处理，其振冲深度达 32.6m。2008 年，四川吉牛水电工程采用振冲法处理卵砾石、砂层，其振冲深度达 34m。2013 年，黄金坪水电工程沥青混凝土心墙堆石坝的坝基砂层采用振冲碎石桩法处理，其采用全引孔的施工方式，振冲碎石桩桩径 1.0m，孔深达 6.40～24.14m，振冲碎石桩总长约 6 万 m。随着设备制造技术的不断进步，振冲碎石桩法的成孔成桩设备得到进一步更新，其中振冲器的最大功率达到 220kW，振动成桩的桩径范围进一步增大。为了克服在砂卵砾石层中传统振冲法实施难度大的问题，对振冲器成孔成桩的传统工艺及振冲器伸缩杆进行了改良，引入了旋挖成孔、振冲成桩的工艺，从而增加了采用碎石桩法进行地基加固处理的深度，引孔振冲试验深度现已达到 90m。

二、地基处理技术发展趋势

随着水电资源的相继开发，水电工程建设的难度越来越大，其中地质条件越来越复杂是主要原因。现有的地基处理技术已不能完全满足个别特殊和复杂工程的建设需要，需要开展针对性研究。

根据地基处理工程实践中遇到的问题，以下几个方面还需进一步研究。

1. 研制新设备，提高施工能力与效率

工具是提高生产力最有效的途径。现有的各类地基处理加固方法都只是针对地基表部进行处理，处理深度在100m以内，而无论是设备还是施工质量都难以达到理想状态。现有的机械和设备性能往往制约着覆盖层地基处理技术的发展，结合部分工程超深地基加固和防渗处理的需求，亟须通过改造和研制新设备，提升设备处理深度、效率等施工能力，以适应技术发展的需求。

2. 研发新材料，提升地基处理效果

在超深厚覆盖层上建高坝，要受地基加固施工技术手段的限制，因此在解决坝体坝基的整体稳定性能及地基液化等问题的基础上，深入研究大坝防渗体及其下部支撑体对超大变形、不均匀变形及高应力的适应性等问题。为了更好地适应在超深厚覆盖层上建高坝所形成的超大变形、高应力，应通过试验研究，改进现有的混凝土材料性能或研发新型防渗材料，并对防渗材料的选择与利用开展进一步的研究。

3. 改进理论方法，满足工程设计需求

传统的渗透稳定性研究，在于分析坝体坝基一定区域内的渗透特性及状况，然后按照渗流量、各区域渗透坡降来确定防渗措施。但在超深厚覆盖层上建高坝，由于要受防渗墙施工技术的限制，因此仍需结合其他防渗手段来解决坝基防渗问题。

分析认为，在土体中渗透坡降大的区域，细颗粒运动将导致细颗粒流失，从而引起地基土体物理力学特性的变化，甚至影响大坝与地基的稳定。

从巴基斯坦塔贝拉（Tarbela）坝的经验及已有的科研成果可知，在不能形成覆盖层全封闭防渗的情况下，对于高坝而言，大坝上游局部存在细颗粒渗入地基的现象，下游存在细颗粒渗出地基的现象。因此，对于上游河道细颗粒回淤入渗地基与坝基渗透坡降大的区域，其细颗粒流失形成的动态平衡机理过程值得进行深入研究。

4. 发展监测技术，保障工程安全运行

对于深厚覆盖层筑坝地基处理工程的监测系统，由于其深埋在地下，可能受到施工期的碰扰及运行中覆盖层变形等因素的影响，容易造成损坏或故障，监测效果往往不理想，存在仪器设备成活率低、监测数据可靠性差等问题。因此，研发抗干扰能力强的监测仪器，发展更完善的监测技术，做到对施工过程的有效监控，保障工程的安全运行，也是地基处理技术发展的重点之一。

第二章

深厚覆盖层高土石坝建坝特点及坝基要求

近年来，成都院已在深厚覆盖层上设计建成十余座 100m 以上的高土石坝，包括冶勒、硗碛、瀑布沟、长河坝、猴子岩、多诺等。本章基于已建、在建工程的实践经验，分析深厚覆盖层上不同高土石坝的建坝特点，提出高土石坝覆盖层的坝基要求，为工程设计提供参考。

✿ 第一节　高土石坝建坝特点

土石坝一般分为均质坝和分区坝两大类型，高土石坝往往采用分区坝。分区坝按防渗体类型主要分为土心墙堆石坝、沥青混凝土心墙堆石坝和混凝土面板堆石坝等类型。

一、土心墙堆石坝

1. 坝体分区及主要结构

土心墙堆石坝坝体一般分为防渗体、反滤层、过渡层、坝壳和护坡等区。坝体分区，就是依据功能需要和筑坝材料性质将其布置在坝体的不同部位，以达到满足大坝安全运行要求及经济、合理的目的。分区设计应根据坝体渗流、应力应变和坝坡稳定条件，按照就地取材和挖填平衡原则，经技术经济比较确定。典型的覆盖层上土心墙堆石坝结构分区如图 2-1 所示。

（1）防渗体。防渗体的一般要求与主要形式如下：

1）一般要求。土心墙防渗体断面应满足控制渗透坡降、下游浸润线和渗流量的要求，并便于施工。土心墙顶宽不宜小于 3m，其最小底宽取决于防渗土料的允许渗透坡降。根据国内外 121 座心墙、斜心墙的统计数据，大部分底宽在（1/3～1）H 范围，H 为上下游水头差。

在覆盖层上修建高土石坝，为防止过大的沉降变形对坝体防渗体造成破坏，要求土质防渗体具有更高的强度指标；此外，将土质心墙加厚也可增加防渗系统适应变形和自愈的能力。

2）防渗体形式。土质心墙堆石坝的防渗体形式有直心墙、斜心墙和弧形心墙等。对于在深厚覆盖层上建的高土心墙堆石坝，因为其坝基覆盖层多采用防渗墙防渗，而国

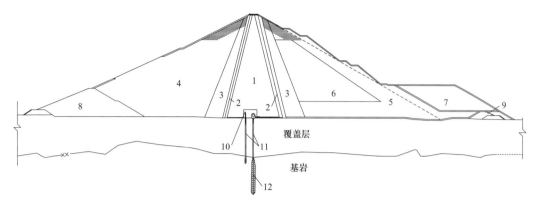

图 2-1　典型的覆盖层上土心墙堆石坝结构分区

1—土心墙；2—反滤层；3—过渡料；4—上游堆石料；5—下游主堆石料；6—下游次堆石料；7—压重区；

8—上游围堰；9—下游围堰；10—接触性黏土；11—混凝土防渗墙；12—基岩防渗帷幕

内较少采用弧形防渗墙，所以一般不考虑弧形心墙。直心墙和斜心墙各有优缺点，它们在世界范围内已建的高土心墙堆石坝中均有成功案例。

直心墙和斜心墙堆石坝，均可以与坝基内的垂直和水平防渗体系方便连接，适合在深厚覆盖层上修建，是高土石坝常采用的坝型。斜心墙堆石坝虽抗水力劈裂、抗地震性能略好，但对坝体的沉降变形较为敏感，与陡峻河岸的连接也较困难，故高土石坝中斜心墙较直心墙少。

（2）反滤层和过渡料。反滤层设计包括选定颗粒级配、层数、厚度等，使之满足以下要求：①使被保护土不发生渗透破坏；②渗透性大于被保护土，能通畅地排出渗透水流；③不致被细粒土淤塞失效；④当土质防渗体产生裂缝时能保护土颗粒不被带出，促使裂缝自行愈合。过渡料设置在两种刚度或颗粒级配相差较大的材料之间，起过渡作用。

高土石坝对反滤、过渡的要求高，一般要设置多层反滤料及过渡料。水平反滤层最小厚度为 0.3m，垂直或倾斜反滤层最小厚度为 0.5m。在覆盖层上建土石坝，宜在坝壳料与地基间设置反滤层，以保护坝基覆盖层颗粒不会流失；同时在下游坝脚处加强反滤保护。

（3）坝壳。坝壳是维持坝体稳定的主体。不同性质的坝料应根据其特性分别填筑于坝体的不同部位：新鲜坚硬、软化系数较高且能自由透水的硬岩石料，以及天然砂砾石料、卵石、漂石可填筑于坝壳的任意部位；软质岩可填筑在中坝、低坝或高坝的下游干燥区，高坝非干燥区可否采用软质岩应进行专门论证。

坝壳料采用软质岩和风化石料时，应按压实后的级配研究确定材料的物理力学指标，并应考虑其浸水后抗剪强度降低、压缩性增加等不利情况。易风化的软质岩宜即采即填。

为方便控制坝壳料压实质量、减小堆石的后期沉降，硬质岩堆石最大粒径一般不超过填筑层厚的 3/4 或不超过 1000mm。堆石级配应尽量连续，考虑到开采爆破条件不易控制，可适当放宽对堆石级配的设计要求，但小于 5mm 的颗粒含量不宜超过 30%，小于 0.075mm 的颗粒含量不宜超过 5%。对软质岩堆石料的级配应进行专门研究。

（4）坝体护坡。常用的上游护坡形式有抛石、堆石、干砌石、浆砌石、混凝土块等，护坡范围自坝顶至最低水位以下 1.5～2.5m。下游护坡主要是为了防止雨水冲刷破坏，黏性土坝坡的冻胀、干缩，以及其他原因造成的坝体表部破坏。下游坝坡采用硬岩堆石、卵砾石时，也可不设下游护坡。

2. 土心墙堆石坝的主要特点

在世界大坝建设中，土心墙堆石坝是应用最广泛、发展最快的一种坝型。由于土心墙堆石坝适应变形的能力好、对坝基的要求低，如果坝址区有储量丰富、易于开采、质量满足建高坝要求的防渗土料和堆石料，气候条件也适宜防渗土料的填筑，则宜采用土心墙堆石坝。尤其对于坝基覆盖层深厚和坝高较大的水电工程，多数选择土心墙堆石坝坝型。

我国已积累了深厚覆盖层上 100～250m 级土心墙堆石坝工程的设计、研究和施工经验，其中已建成的黄河上的小浪底水电工程和大渡河上的长河坝水电工程最具有代表性。小浪底黏土斜心墙堆石坝坝高 160m，坝基覆盖层厚 80m，采用黏土铺盖加混凝土防渗墙防渗；长河坝土心墙堆石坝坝高 240m，坝基覆盖层厚约 80m，采用两道混凝土防渗墙防渗。

在坝体自重和上游水压力等荷载的作用下，高土心墙堆石坝变形、渗透的关键与薄弱部位主要在坝体和坝基的防渗体及其连接部位。在大坝设计时，一般采用接触性黏土或反滤料对上述关键部位进行保护；在大坝施工时，尤其应关注薄弱部位的施工质量。

二、沥青混凝土心墙堆石坝

沥青混凝土心墙分为碾压式和浇筑式两种，其中高坝均采用碾压式，浇筑式心墙的坝高一般低于 50m。碾压式沥青混凝土心墙在土石坝中的应用开始于 20 世纪 70 年代，其设计和施工技术目前都已趋于成熟。

1. 坝体分区及主要结构

沥青混凝土心墙堆石坝坝体一般分为沥青混凝土心墙、过渡层、坝壳、排水体和护坡等区。除沥青混凝土心墙和过渡层外，其他分区设计与土心墙堆石坝的分区设计类似。覆盖层上沥青混凝土心墙堆石坝结构分区如图 2-2 所示。

沥青混凝土心墙和两侧过渡层是坝体的主要结构。

（1）心墙。心墙的轴线、立面布置形式及厚度设计要求如下：

心墙轴线一般采用直线布置，也可根据地形、地质条件及坝体应力、应变情况，布置成微凸向上游的弧线，但这会增加工程量且施工难度较大，因此很少采用。水电工程中一般将沥青混凝土心墙轴线布置于坝轴线略偏上游侧，以方便与坝顶上游防浪墙相连接。

心墙的立面布置形式有垂直布置、倾斜布置和折线（上部倾斜、下部垂直）布置等，通常采用垂直布置形式，尤其在覆盖层上建坝，坝基与坝壳有沉降变形时，垂直心

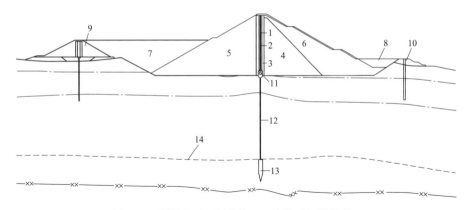

图 2-2　覆盖层上沥青混凝土心墙堆石坝结构分区

1—沥青混凝土心墙；2—过渡层Ⅰ；3—过渡层Ⅱ；4—主堆石；5—上游次堆石；6—下游次堆石；7—上游压重；
8—下游压重；9—上游围堰；10—下游围堰；11—坝基廊道；12—防渗墙；13—防渗帷幕；14—基覆界线

墙中产生的剪切应变较小，对坝壳沉降有较好的适应性。

心墙厚度设计应保障其在各种工况下不被破坏，以确保大坝的防渗可靠性。目前对于心墙厚度的研究尚不充分，一般可按工程经验类比确定，对于高坝的心墙厚度应根据坝体运行要求和结构应力分析综合确定。心墙下部最大厚度一般为 40～120cm，上部最小厚度为 40～50cm。在软基或地震区建坝，应考虑不均匀沉降或地震荷载作用下的心墙变形，对心墙厚度进行专门论证。

（2）过渡层。过渡层布置在心墙上、下游两侧，位于心墙与坝壳堆石体之间，起变形协调的作用。过渡层的设计应避免过渡层的侧向支撑不足使心墙侧向应变过大；同时，当心墙出现开裂渗漏时，上游侧过渡区的粉细料应随水流充填裂缝，起到愈合作用以减小渗漏破坏。现代碾压式沥青混凝土心墙摊铺机可以实现心墙沥青混凝土与两侧过渡料同步摊铺、同时碾压，从而使两者结合紧密。

2. 沥青混凝土心墙堆石坝的主要特点

沥青混凝土具有良好的防渗性能和变形适应能力，相比土质防渗体其占用耕地少，且过渡料的用量小，防渗体工程量也远小于土质防渗体工程量，因此近年来在国内外得到较为广泛的应用。

沥青混凝土心墙位于坝体内部，受外界气温和冰冻等的影响小，材料耐久性好，国内外已建工程的总体运行情况良好。近年来，随着石油工业的发展和沥青加工技术的进步，沥青品质不断得到改善，性能也越来越稳定，加上现代机械设备施工技术的不断提高，沥青混凝土防渗体堆石坝还有更大的发展潜力。

碾压式沥青混凝土心墙便于机械化施工，沥青混凝土的施工质量也容易得到保证。近二十年来，我国碾压式沥青混凝土心墙设计与建造技术也得到较快发展，基于该技术先后修建了多座 100m 级的高坝，如茅坪溪、冶勒、官帽舟、黄金坪等高坝，其中四川的冶勒大坝，是国内深厚覆盖层上已建的最高碾压式沥青混凝土心墙堆石坝，坝高124.5m。随着冶勒、黄金坪、下坂地等几座深厚覆盖层上高沥青混凝土心墙土石坝的建成，我国在这一技术领域已处于国际领先地位。

与土心墙相比，沥青混凝土心墙较薄，其适应不均匀变形的能力相对较差，加之该坝型提出的时间较晚，目前建设经验偏少，而在深厚覆盖层上所建的此类高坝更是为数不多，坝高以100m级为主。有研究提出，随着坝高的增加，在高压库水的作用下，沥青混凝土心墙外边缘一定区域将出现不同程度的延展拓宽，使得孔隙率增大，从而导致防渗性能降低。因此，坝体防渗对沥青混凝土材料性能的要求较高，在深厚覆盖层上建沥青混凝土心墙高土石坝应重点关注沥青混凝土心墙的材料性能，以及心墙与基础连接部位的接头形式和接头材料。

三、混凝土面板堆石坝

混凝土面板堆石坝将防渗体置于大坝迎水面，面板材料以钢筋混凝土居多，也有采用沥青混凝土、土工膜作为面板的，本小节只阐述钢筋混凝土面板堆石坝。

1. 坝体分区及主要结构

混凝土面板堆石坝坝体一般分为面板、上游堆石区、下游堆石区、垫层料和过渡料等区。我国基于国外现代碾压面板堆石坝四十多年的工程经验及库克（Cooke）和谢拉德（Sherard）的建议，并结合我国二十多年面板堆石坝的工程经验，提出了坝体分区的设计原则。

为更好地保护面板，可以在面板周边缝下游侧设置特殊垫层区；对于100m以上的高坝，在大坝底部的面板上游侧设置上游铺盖区及压重区。在坝内浸润线以下，各区坝料的渗透性宜从上游向下游逐渐增大，并应满足水力过渡要求。堆石坝体上游部分应具有低压缩性，以更好地支撑面板。

坝顶部位的坝体宽度有限，为方便施工，一般只设上游堆石区，离坝顶约30m才开始分成上、下游两个堆石区，分界线顶点一般位于坝轴线处。覆盖层上混凝土面板堆石坝结构分区如图2-3所示。

面板、趾板及连接板是覆盖层上混凝土面板堆石坝防渗系统的重要组成部分。

（1）面板。面板是混凝土面板堆石坝坝体上游表面防渗结构。在自重、水荷载及其他动、静荷载的作用下，坝体坝基均会产生一定变形。混凝土面板与地基、堆石体之间的变形协调是面板设计的难点之一。面板同时与水、大气和堆石体接触，工作环境较为严峻，因此要求面板混凝土具有优良的耐久性、较高的抗裂性、较低的渗透性，以及良好的和易性。

混凝土面板应具有较小的渗透系数，以满足挡水防渗的要求；有足够的抗老化、抗冻、抗渗能力，以满足耐久性要求；具有一定的柔性、强度和抗裂能力，以适应坝体变形，同时承受局部不均匀变形。

为适应坝体变形、气温变化及满足施工要求，防渗混凝土面板需设置若干垂直纵缝，高坝还需设置水平施工缝。面板的柔性越大，就越能适应坝体变形，合理分缝后的长面板一般具有足够的柔性。当坝体产生变形后，受两岸坝肩的影响，不同部位的面板其变形特性不同，通常河床中间部位的面板受到挤压，而靠近岸边处的面板受到张拉。

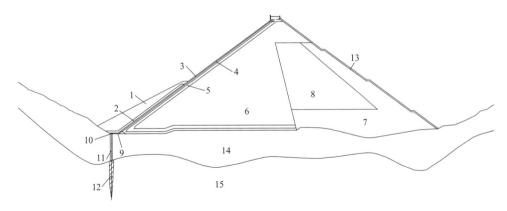

图 2-3　覆盖层上混凝土面板堆石坝分区

1—任意料压重；2—黏土铺盖；3—混凝土面板；4—垫层料；5—过渡料；6—主堆石区；

7—下游堆石区；8—次堆石区；9—趾板；10—连接板；11—混凝土防渗墙；

12—基岩防渗帷幕；13—下游护坡；14—覆盖层；15—基岩

提高堆石体的压实密度，减小其变形，是降低面板变形量的重要措施。

（2）趾板。趾板布置在防渗面板的周边，并坐落在河床基础及两岸基岩上。趾板与面板通过设有止水结构的周边缝共同构成坝基以上的防渗体，同时趾板与经过固结灌浆、帷幕灌浆处理后的基础连成整体，封闭坝基以下的渗流通道，形成完整的防渗体系，其中趾板起着承上启下的作用。趾板可以防止坝基发生渗透破坏，保证面板与坝基间的不透水连接，也可作为坝基灌浆的盖板。

趾板可分为河床段趾板和岸坡段趾板。趾板宜置于坚硬、抗冲蚀和可灌浆的弱风化至新鲜基岩上，或经过处理后的稳定地基上。对置于深厚覆盖层、强风化或不利地质地形上的趾板，应采取专门的处理措施。

（3）连接板。对于建在覆盖层上的混凝土面板堆石坝，其坝体的防渗结构与基岩上建坝的防渗结构相同，其防渗的重点是趾板与坝基防渗墙之间的连接结构设计。研究表明，当坝基覆盖层变形模量不高时，如将趾板直接与防渗墙连接，将加剧防渗墙的挠曲变形，不利于坝基的防渗安全。因此，在深厚覆盖层上修建的高混凝土面板堆石坝，一般采用防渗墙—连接板—趾板的柔性连接方式。

覆盖层上已建的 100m 级混凝土面板堆石坝，其覆盖层坝基采用厚 0.8～1.2m 的刚性混凝土防渗墙（墙深根据渗流计算确定），防渗墙与面板之间采用总宽 6～12m 的分离式连接结构，包括趾板和 1～2 块连接板。

2. 混凝土面板堆石坝的主要特点

一方面，混凝土面板堆石坝将防渗系统置于表面，具有施工干扰小、后期检修方便和坝料工程量较小的优点，在实践中也表现出安全、经济、料源广泛、施工方便和环境适应性良好的特点，因此虽然该坝型起步较晚但发展很快，深受坝工界的青睐。

另一方面，混凝土面板堆石坝由于采用薄层钢筋混凝土面板防渗，面板与坝壳料强度、变形模量差异较大，坝体的变形协调性要求较高，面板周边缝受河谷形态及地震烈度影响较大，工程运行安全性受到一定的影响。在深厚覆盖层上建混凝土面板堆石坝，会受河床覆盖层沉降变形的影响，且包括面板、趾板、连接板、防渗墙在内的防渗系统应力变形较为复杂，因此坝高受到限制。目前，趾板建在深厚覆盖层上的混凝土面板堆石坝中，最高的是甘肃洮河上的九甸峡大坝，其坝高 136.5m，覆盖层厚近 50m；而覆盖层上已建的猴子岩大坝，坝高达 223.5m，但在工程设计中是将河床覆盖层挖除后再将趾板基础置于基岩上，仅部分堆石区置于覆盖层上，目前该坝运行良好。

※　第二节　高土石坝坝基要求

一、建基面要求

高土石坝建基面土体应具有连续良好的级配和密实性，具有较高的抗剪强度、变形模量、抗渗透变形能力，并应平顺、无明显的起伏差。深厚覆盖层高土石坝设计时，应通过了解和分析覆盖层天然物质组成、层次结构、颗粒级配、渗透及渗透稳定性、变形模量及抗剪强度等物理力学性能，对建基面提出物理力学性能要求。

深厚覆盖层上已建的高土石坝，较多采用土质防渗体心墙坝，尤其是坝高达 200m 量级的特高坝，均为土质防渗体心墙坝。将防渗体直接建于深厚覆盖层上的钢筋混凝土面板坝和沥青混凝土心墙坝，其坝高一般不超过 150m。

1. 物理性能要求

覆盖层的一些基本性质，如渗透特性、力学性能等均与级配组成有密切的关系。高土石坝可以建基于以粗颗粒为主、具有一定的细颗粒含量、力学强度较高的土体上。细颗粒含量过少，粗颗粒间的空隙将不能被紧密充填，后期变形会较大，不利于上部防渗体的结构安全；细颗粒含量过多，将导致粗颗粒的骨架作用减弱，覆盖层力学性能较差，特别是以砂粒为主的覆盖层其渗透稳定性也会较差。图 2-4 为基于对大渡河流域猴子岩、双江口、长河坝、龙头石等水电工程浅部覆盖层物理性能的统计而绘制的摩擦系数随小于 5mm 颗粒含量变化关系的趋势图。

松散的人工堆积物、淤泥层、软弱黏性土层、易液化的砂层不宜作为建基面，对于较严重的架空粗粒土、细颗粒含量过高的疏松砂土及少黏性土应慎重研究和处理。

2. 渗透性能要求

坝基覆盖层与土质防渗体的渗透性能差异较大，若对两者接触面处理不当则容易发生接触冲刷，因此在设计中应控制土质防渗体底部不产生接触冲刷。坝基覆盖层与下游坝壳堆石料的接触处，应满足反滤关系要求。

3. 力学性能要求

深厚覆盖层高土石坝地基多采用垂直防渗处理，坝体坝基防渗体的连接结构往往受力复杂，为避免该结构因不均匀变形过大而发生破坏，对建基面尤其防渗体的建基面在抗变形能力方面的要求相对较高。表 2-1 列出了国内部分高土石坝心墙及反滤层建基面的承载力及模量情况，表 2-2 和表 2-3 统计了大渡河流域部分水电工程深厚覆盖层浅部

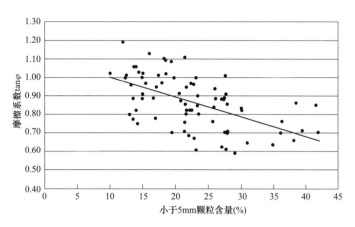

图 2-4　摩擦系数随小于 5mm 颗粒含量变化关系的趋势

建基面砂卵石直剪试验与荷载试验的成果。

表 2-1　　　　国内部分高土石坝心墙及反滤层建基面的承载力及模量情况

工程名称	坝型/坝高（m）	建基面岩性	承载力（MPa）	压缩模量 E_s/变形模量 E_0(MPa)	建基面处理
长河坝	砾石土心墙堆石坝/240	含泥漂（块）卵（碎）砂砾石/漂（块）卵（碎）砾石	0.45～0.50/0.55～0.65	35～40/50～60（E_0）	静碾碾压和固结灌浆
冶勒	沥青混凝土心墙堆石坝/124.5	粉质壤土/碎石土/卵砾石	0.7～1.0/1.0～1.2/1.0～1.5	55～70/90～100/120～140（E_0）	静碾碾压
水牛家	碎石土心墙堆石坝/107	含漂砂土卵碎砾石	0.4～0.6	35～45（E_s）	静碾碾压
狮子坪	砾石土心墙堆石坝/136	含漂卵砾石/含碎砾石砂、粉质壤土/块碎砾石土	0.5～0.6/0.16～0.28/0.2～0.3	40～50/11.49/20～25(E_s)	静碾碾压
瀑布沟	砾石土心墙堆石坝/186	漂（块）卵石层	0.7～0.8	60～70（E_0）	静碾碾压和固结灌浆
毛尔盖	砾石土心墙堆石坝/147	含漂砂卵砾石层	0.4～0.5	30～40（E_s）	静碾碾压和固结灌浆
泸定	黏土心墙堆石坝/79.5	漂卵砾石/含漂（块）卵（碎）砾石土/碎（卵）砾石土	0.50～0.55/0.4～0.5/0.35～0.45	50～60/45～55/40～50(E_0)	静碾碾压和固结灌浆
黄金坪	沥青混凝土心墙堆石坝/85.5	漂（块）砂卵（碎）砾石层	0.50～0.55	45～55/（E_0）	静碾碾压和固结灌浆

表 2-2　　　　　　　　　深厚覆盖层浅部建基面砂卵石直剪试验成果

评价指标	浅部覆盖层室内直剪试验（饱、固、快）		浅部覆盖层现场直剪试验（天然、快）	
	黏聚力 c（kPa）	内摩擦角 φ（°）	黏聚力 c（kPa）	内摩擦角 φ（°）
统计组数	67	67	29	29
最大值	105	46.7	88	40.6
最小值	30	33.0	10	28.8
平均值	66.7	40.6	46.5	35.5
标准差 σ	21.40	3.80	27.30	3.80
变异系数	0.44	0.09	0.59	0.11

表 2-3　　　　　　　　　深厚覆盖层浅部建基面砂卵石荷载试验成果

评价指标	比例界限 f_{pk}（MPa）	变形模量 E_0（MPa）	相应沉降量 S（mm）
统计组数	43	41	41
最大值	0.98	77.8	7.6
最小值	0.25	29.3	2.7
平均值	0.63	47.1	5.2
标准差 σ	0.16	12.40	1.50
变异系数	0.26	0.26	0.29

以上已建工程的经验表明，深厚覆盖层上高土石坝建基面尤其是防渗体建基面应具有较高的变形模量、抗剪强度和承载力。坝高超过 200m 的特高土石坝覆盖层建基面变形模量宜大于 40MPa，承载力宜大于 0.4MPa，抗剪强度的内摩擦角宜大于 28°。

4. 建基面的处理

根据工程经验，当天然覆盖层具有较连续的级配，小于 5mm 的颗粒含量在 20％～40％，小于 0.075mm 的颗粒含量小于 5％，不均匀系数较大，曲率系数一般大于 1 时，其物理力学性能能够满足高坝建基面的要求。现场可以通过简单筛分，快速对建基面进行确认和验收。

当建基面覆盖层松散、架空严重或细颗粒少时，可以通过浅层固结灌浆等措施提高其密实性和整体性，减少沉降和不均匀沉降对防渗体的影响。对土质防渗体建基面覆盖层进行浅层固结灌浆，还能有效地改善土质防渗体与覆盖层之间的接触渗透性能，防止渗透水流对心墙底部的接触冲刷。另外，在基坑开挖过程中，由于施工扰动及上覆覆盖层挖除引起的应力释放，建基面土体可能存在松动现象，因此在填筑之前，应结合建基面实际情况，选用合适的机械进行碾压或夯实。

当覆盖层和下游坝壳料之间不满足反滤关系要求时，应在两者之间设置反滤层，以提高其抗渗透变形能力。

对于具有双层和多层水文地质结构的地层，建基面置于承压层上时，承压层的剩余厚度应满足承压要求。

二、坝基要求

总结已建和在建水电工程的设计及建设经验，高土石坝坝基应满足以下要求：①坝基覆盖层应满足地基防渗、渗透稳定要求；②坝基覆盖层的强度应满足大坝抗滑稳定要求；③坝基覆盖层的变形模量和压缩性应满足大坝沉降量和不均匀沉降控制要求；④坝基覆盖层中的砂层应满足抗地震液化要求。

对不满足要求的坝基覆盖层需要进行相应处理，以满足建坝要求。

1. 地基防渗处理

我国已建的高土石坝很多建基于深厚覆盖层上。表 2-4 和表 2-5 统计了大渡河流域深溪沟、猴子岩、双江口、长河坝、硬梁包、巴底、金川等水电工程深厚覆盖层砂卵石原位与室内渗透试验的成果。原位试验或室内试验均表明天然河床覆盖层允许渗透坡降较小、渗透系数较大，因此高土石坝的地基需采取有效的防渗处理措施。

表 2-4　　　　　　　　深厚覆盖层砂卵石原位渗透试验成果

评价指标	临界坡降 i_k	破坏坡降 i_f	渗透系数 k_{20}（cm/s）
统计组数	6	6	12
最大值	1.91	5.31	$9.50×10^{-2}$
最小值	0.59	1.27	$1.21×10^{-3}$
平均值	1.29	3.51	$4.36×10^{-2}$
标准差 σ	0.50	1.33	$4.10×10^{-2}$
变异系数	0.39	0.38	0.89

表 2-5　　　　　　　　深厚覆盖层砂卵石室内渗透试验成果

评价指标	临界坡降 i_k	破坏坡降 i_f	渗透系数 k_{20}（cm/s）
统计组数	36	36	39
最大值	1.08	2.54	$8.21×10^{-1}$
最小值	0.13	0.29	$2.33×10^{-3}$
平均值	0.43	1.02	$1.03×10^{-1}$
标准差 σ	0.29	0.62	$1.90×10^{-1}$
变异系数	0.66	0.62	1.90

覆盖层地基防渗处理可根据土体特性、坝高采取不同的处理方案。坝高超过 200m，坝基覆盖层厚度不超过 40m 时，宜将心墙部位覆盖层挖除；坝高超过 150m 时，可采取两道防渗墙联合墙下灌浆帷幕进行防渗；坝高为 70～150m 时，坝基覆盖层可采取一道防渗墙和墙下灌浆帷幕进行防渗。

2. 地基加固处理

当坝基存在深厚的松散土层和架空覆盖层时，大坝坝基在填筑及蓄水期会在上部坝体荷载和水压力的共同作用下产生压缩变形。特别是对于高土石坝工程，沉降和不均匀沉降尤为明显。不均匀沉降过大可能会导致坝体产生裂缝，破坏大坝的整体稳定性和防渗安全性，危害性很大。坝基的不均匀沉降还会导致防渗墙受力条件恶化，进而影响防渗墙的安全运行。深厚覆盖层中若存在软弱土层，因其抗剪强度低，在坝体荷载及水压力的作用下极容易出现局部破坏或整体滑动问题。为了提高坝基强度和坝体稳定性，减小坝基不均匀沉降，需要根据工程具体情况对坝基覆盖层进行加固处理。

一方面坝基软弱土体存在承载力不足、变形较大、抗剪强度不足、砂土液化和软土震陷等工程地质问题，另一方面大部分软弱土体具有渗透系数小、抗渗性能较好的特点。因此，根据不同的坝高和土体分布的部位，对坝基软弱土体的利用及处理会有所不同。

对于高坝，若坝基砂层及粉黏土层的埋深较小（一般小于15m），可予以挖除；若埋深较大，挖除困难，可经计算采用增加压重的方式处理，以提高其抗滑、抗液化等性能；若单纯增加压重不能消除砂土液化的可能性，则必须增加抗液化措施（如采用振冲碎石桩等）。

对于覆盖层上的高混凝土面板堆石坝，对坝轴线上游的坝基软弱地层如砂层、粉黏土层应予以挖除，对坝轴线下游的坝基软弱地层可予以挖除或采取工程处理措施，如振冲或灌浆处理，以增加坝基承载力和抗滑稳定性，并消除砂土液化的可能性。

第三章

深厚覆盖层筑坝工程勘察技术

深厚覆盖层相对基岩而言，其力学特征与工程特性较差，而土石坝对地基的适宜性更强，故在深厚覆盖层上筑高坝时，土石坝是首选坝型。

对于深厚覆盖层上的高土石坝建设，工程勘察是工程建设的基础，工程勘察的质量甚至直接影响着坝址选择、枢纽布置、地基利用及处理。工程勘察的目的在于查明深厚覆盖层的基本地质条件、物理力学性质，分析工程地质问题，开展工程地质评价，为工程的规划、设计、施工及运行提供必需的地质数据和资料。

在进行工程勘察时，应充分重视深厚覆盖层所具有的复杂特性，并考虑高土石坝的特点，在各种勘探、试验、测试手段的适宜性研究的基础上，选用合理的勘察手段和方法，以保证高土石坝地基工程的地质勘察质量。

第一节　工程勘察布置原则与方法

为实现深厚覆盖层上高土石坝工程勘察的目的，需要开展必要的地质调查、研究及评价工作。在选择勘察方法时，既要认识到深厚覆盖层的一般特征（如层次空间分布变化大），也要考虑到高土石坝的坝型特点，如坝体相对较宽（如长河坝水电工程的坝体顺河底宽近 900m）；在开展地质调查时必须合理确定研究工作范围，研究各种勘探、试验方法的适用性。在工程实践中，为调查、研究高土石坝坝基部位深厚覆盖层的特性，常用的勘察方法包括工程地质测绘、钻探、坑探、物探、室内试验、现场试验测试、水文地质试验和观测等。

一、布置原则

（1）勘探工作应在工程地质测绘的基础上进行，必须考虑综合利用和动态调整原则。无论是勘探的总体布置还是单个勘探点的布置，都要考虑综合利用，既要突出重点，又要兼顾全面，使各个勘探点发挥最大的效用。在勘探过程中，要与设计密切配合，根据新发现的工程地质问题和情况，或设计意图的修改与变更，相应地调整勘探布置方案。

（2）勘探布置应与土石坝的范围规模相适应，应结合坝址、坝轴线、心墙、斜墙、趾板或消能建筑物布置勘探点；勘探布置应与地质条件相适应，在河谷部位应垂直河流布置勘探线。

（3）勘探布置密度应与勘察阶段相适应。不同的勘察阶段，勘探的总体布置、勘探点的密度和深度、勘探手段的选择及要求均有所不同。一般而言，从初期到后期的各个勘察阶段，勘探总体布置是由勘探点、勘探线到勘探网，范围是由大到小，勘探点、线间距是由稀到密；勘探布置的重点，是由以工程地质条件为主过渡到以建筑物的轮廓地基为主。

（4）勘探孔、坑的深度应满足地质评价的需要。勘探孔、坑的深度应根据建筑物类型与勘探阶段，特殊工程地质问题，建筑物有效附加应力影响范围，与工程建筑物稳定性有关的工程地质问题（如坝基滑移面深度、相对隔水层底板深度等），以及工程设计的要求等综合考虑。控制性钻孔的孔深一般应穿过覆盖层并深入基岩。

（5）勘探布置应合理选取勘探手段。在勘探线、网中的各个勘探点，应视具体条件选择物探、钻探、坑探等不同的勘探手段，互相配合，取长补短。一般情况下，多以钻探为主，坑探、物探为辅。

（6）对覆盖层每一主要土层均应开展物理力学性质试验，包括土体室内颗分及物性、力学试验，其中粗粒土应开展孔内重型触探试验，粉细砂及细粒土层应开展标准贯入试验；根据需要进行土的室内三轴振动试验、现场渗透变形试验和荷载试验等专门性试验；根据覆盖层的成层特性和水文地质结构进行单孔或多孔抽水试验。

以长河坝水电工程为例，该工程属一等大型工程，在预可研阶段选取上、下两个坝址进行勘察比较，上坝址拱坝及土石坝方案各选取 1 条主要勘探线及 1 条辅助勘探线，下坝址选取 1 条主要代表性勘探线及上、下游各 1 条辅助勘探线；在可研阶段结合地质测绘，对推荐坝址（下坝址）进行重点勘探、试验工作。河床覆盖层在坝轴线上，勘探点间距 20～30m；在坝轴线上、下游共增设 10 条勘探线，间距 50～100m；共布置 40 个钻孔，孔深均按揭穿覆盖层并进入基岩 15～20m 控制；坝轴线及防渗线钻孔深入相对隔水层透水率小于 3Lu 的基岩。另外，为查清砂层分布情况，增打了 25 个钻孔，深度穿过砂层；为进一步研究河床深厚覆盖层的颗粒级配和力学性能，进行了专门的较大口径（ϕ130mm）取心钻探。在招标及施工详图阶段，在坝轴线进行了加密钻孔，覆盖层开挖后施打了一系列触探孔和砂层标贯孔，以测试覆盖层物理力学特性。

为了查明其物理力学特性及渗透与渗透变形特性，对下坝址覆盖层分层进行了室内物理力学试验、高压大三轴试验、振动液化试验、水质分析（简、全）试验等，在原位开展了土体荷载试验、剪切试验、渗透变形试验等，在钻孔内开展了抽（注）水试验、旁压试验、标贯试验、动力触探试验等，其试验布置主要根据覆盖层的结构、分层及空间展布情况开展。

二、勘察方法

1. 工程地质测绘

工程地质测绘包括调查深厚覆盖层所在河谷的地貌形态特征，确定工程建筑物区所属地貌类型或地貌单元，初步分析地貌与地层岩性、地质构造、第四纪地质等的内在联系；调查河谷地貌发育史，研究微地貌特点，特别是岸边漫滩、阶地发育特征，初步调查其物质组成、厚度、均一性及变化情况等；根据地表地质测绘、钻孔编录、岩心编录、坑井编录、施工开挖编录等成果编制地层柱状图；着重描述岩土层的工程地质与水文地质特性，如层厚、成因、颜色、颗粒组成等；分析覆盖层成因类型、分布、组成、结构等特征，在勘探试验基础上，研究河谷演化历史，进行覆盖层工程地质岩组与水文地质单元划分。工程地质测绘除能够帮助工程技术人员了解覆盖层分布范围及特征外，也能够更好地为勘探布置提供依据。

2. 深厚覆盖层物探

通过探测地表或地下地球物理场，分析其变化规律来确定被探测地质体在地下赋存的空间范围（大小、形状、埋深等）和物理性质的勘探方法，称为地球物理勘探，简称物探。

在关于深厚覆盖层的研究中，通常采用的物探方法有地震折射法、地震反射法、电测深法、高密度电法、大地电磁测深法、瞬变电磁法、地震波 CT 法、电磁波 CT 法等，配合方法有瑞雷波法、电剖面、探地雷达等。通过物探方法可以了解覆盖层厚度、覆盖层分层、古河道或基岩面起伏形态、覆盖层电性及物性参数、覆盖层地下水位等特征。

物探方法主要在岸边或钻孔内实施，其测试成本相对较低，测试器材便于携带运输。在勘察前期初步了解深厚覆盖层厚度等特征时，可优先考虑物探，但应注意物探成果一般具有多解性，必要时应由钻探成果予以验证。

3. 深厚覆盖层钻探

钻探是在深厚覆盖层地质勘探中最常用也最有效的勘探手段，特别是随着水电工程钻探技术的不断发展，其在覆盖层内的钻进深度（可大于 650m）、取心率（可大于 90％）等均能够满足高土石坝深厚覆盖层的勘察需要。通过钻孔取心，能有效获取各勘探点部位连续的覆盖层岩心，可用于覆盖层空间分布、物质组成、层次等特征的准确评价；同时可以在孔内进行原位测试，以及取心后进行室内土工试验。

钻探方法在岸边及水上均可实施，对场地条件适应性好，但钻孔设备及水上钻探所需的平台设施体积相对较大，需具备必要的进出场交通条件。

4. 深厚覆盖层坑探

坑探包括探坑、探槽、探井。其中，探坑、探槽的开挖深度多小于 2m，仅能揭示表部覆盖层性状；探井虽可达到较大的开挖深度，地质人员能直观完整地测绘开挖范围内的覆盖层物质组成、结构特征、层次等地质信息，又能够开展原位土工试验，以及获取原状样。但对于河床部位的深厚覆盖层而言，其多位于水位以下，成井条件差，需采用加强的开挖支护处理措施，成井成本高，施工安全问题突出，因此探井方法仅在复杂地质条件下的重大工程中偶尔应用。

5. 深厚覆盖层土工试验与测试

常用的土工试验可分为室内土工试验、原位土工试验及钻孔土工试验。

室内土工试验是通过现场取样后在试验室内开展的一系列测试工作，能够获得土体大多数物理力学性状参数，具有边界条件、排水条件和应力路径容易控制的优点；但当土样在采样、运送、保存和制备等方面受到扰动时，测得的指标可能存在一定的失真。原位土工试验是在工程地质勘察现场，在不扰动或基本不扰动地层的情况下对地层性状进行测试。钻孔土工试验是指试验、测试在钻孔内进行。与室内土工试验相比，原位土工试验不但可以直接测定难以取得的不扰动土样（如淤泥、饱和砂土、粉土等）的性质；同时，由于原位土工试验中的土体条件与天然性状更为相符，因此其试验成果多具有更好的代表性。

6. 深厚覆盖层水文地质试验

为获取深厚覆盖层水文地质条件参数，对不同工程地质岩组、水文地质单元开展现场钻孔和试坑的抽水、注水试验和振荡渗透试验，并进行地下水位观测。

※　第二节　勘　探　技　术

水电工程覆盖层勘探常用的勘探技术有物探、钻探、坑探。

物探适用于在较大范围内了解覆盖层厚度和层次特征。使用物探时需满足以下条件：①被探测地层与周围介质有明显的物理性质特征差异；②被探测地层具有一定的埋藏深度和厚度；③探测场地能够满足探测方法的测线布置要求；④探测场地无强干扰源。

钻探常用于查明覆盖层厚度和埋深，进行孔内试验与测试，或验证物探成果。钻探工作时要具备相应的交通条件（需满足钻探设备搬运到作业现场的要求）和足够的作业场地（要有足够的钻场布置空间）。

坑探是最有效和直观的覆盖层勘探方法，覆盖层坑探包括探坑、探槽、探洞、探井（沉井、斜井、竖井、浅井）。在覆盖层中进行探洞、探井作业，由于其施工困难且造价较高，一般只能在确定需要的关键部位才考虑使用。

一、物探

在水电工程中通过物探探测覆盖层，主要是利用覆盖层介质的弹性波、电性等差异。

覆盖层的弹性波速特征主要与各沉积层的物质成分、松散程度、层厚度及含水程度有关，一般覆盖层的弹性波速变化有以下几个特征：①因沉积物组成物质的成分各不相同，各种覆盖层的弹性波速往往也有明显差异；②覆盖层从表层松散地表向下逐渐致密，弹性波速逐渐增大，一般明显低于下伏基岩弹性波速；③一般覆盖层表层含水量少或不含水，向下含水量渐增，经常存在一个明显的地下潜水面，该潜水面同时也是弹性波速界面。

覆盖层的电性特征主要与各沉积层的物质成分及含水程度有关，当覆盖层颗粒小、含泥多并含水时，电阻率低；反之则电阻率增高，变化幅度较大。在覆盖层中，地下水面通常是一个良好的电性界面。常见覆盖层介质电阻率见表3-1。

物探是一种方便快捷探测深厚覆盖层的手段，但其解译成果存在多解性。物探对覆盖层的探测主要包括覆盖层厚度、分层、物性参数等的测试，应用于覆盖层勘探的物探方法主要有电法勘探、地震勘探、地球物理测井、电磁法勘探等。

表 3-1 常见覆盖层介质电阻率

名称	电阻率 ρ（$\Omega \cdot m$）	名称	电阻率 ρ（$\Omega \cdot m$）
黏土	$1 \times 10^0 \sim 2 \times 10^2$	亚黏土含砾石	$8.0 \times 10^1 \sim 2.4 \times 10^2$
含水黏土	$2 \times 10^{-1} \sim 1 \times 10^1$	卵石	$3 \times 10^2 \sim 6 \times 10^3$
亚黏土	$1 \times 10^0 \sim 1 \times 10^2$	含水卵石	$1 \times 10^2 \sim 8 \times 10^2$
砾石加黏土	$2.2 \times 10^2 \sim 7.0 \times 10^3$		

1. 电法勘探

电法勘探是根据地壳中各类岩土的电磁学性质（如导电性、导磁性、介电性）和电化学特性的差异，通过对人工或天然电场、电磁场或电化学场的空间分布规律和时间特性的观测和研究，查明地质构造，解决地质问题的物探方法。探测覆盖层厚度与分层时一般采用电测深法和高密度电法。

电法勘探用于地形较平坦、开阔的场地，有较好的电性分层效果。该方法适用于查找覆盖层中有一定厚度或规模的软弱夹层、砂层或透镜体和地下水位；也适用于在农田、果林、居民区等场地开展工作。测区不具备地震勘探物性条件或工作条件时，电法勘探是一个较好的替代方法。其局限性是当覆盖层深厚或目的层埋深较大时，电测深法或高密度电法对场地开阔程度要求较大；当接地条件较差时，会影响电测深法和高密度电法勘探成果的准确性；当覆盖层中存在电阻率相对很低或很高的电性差时，会制约电测探法和高密度电法的勘探深度。

2. 地震勘探

（1）反射波法。反射波法是利用地震波的反射原理，对浅层具有波速差异的地层或构造进行探测的一种地震勘探方法，一般适用于埋深不小于 100m 的陆地覆盖层厚度的探测，能较准确地划分出基岩与覆盖层的分界面，有一定的分层能力。反射波法对场地开阔程度的要求较折射波法的小；激发所用的爆炸药量较小，一般采用小炸药量激发，覆盖层较薄场地可采用落锤或大锤激发；不受地层波速倒转的影响。其局限性是反射观测系统受制于"窗口"选择，当声波、面波、折射波等干扰较强时，不但会制约观测系统"窗口"的长度，而且对反射同相轴的识别有一定的影响；不适宜对波阻抗差异较小的地层进行分层或探测；资料处理烦琐，解译结果除了受记录质量影响外，还受处理过程及所选参数的影响，有一定的多解性。

（2）瑞雷波法。瑞雷波法是利用瑞雷波在层状介质中的几何频散特性进行岩性分层探测的一种地震勘探方法。按激震方式瑞雷波法可分为稳态和瞬态两种。瑞雷波法探测的深度取决于排列长度和所激发的瑞雷波长，当表层介质松散且有一定的厚度，同时所激发的瑞雷波频率较低时，其勘探深度就比较深。瑞雷波法受地形或场地开阔程度的影响较小，可用于较详细或场地较狭窄的覆盖层探测；在所激发的地震波中，瑞雷波所分配能量最大，且传播能量较强，衰减相对较慢，不受地层波速倒转和地层饱水程度的影响，具有较好的分层效果。其局限性是探测深度受激发条件、地下岩土界面的频散特性的制约，一般仅限于浅表层的探测；在无钻探资料或其他已知资料时，资料的解译结果具有多解性。

3. 地球物理测井

地球物理测井简称测井，是指在钻孔中使用测量电、声、热、放射性等物理性质的仪器，以辨别地下岩石和流体性质的勘探方法。

在进行声波测井、地震测井、电阻率测井、井径测井、钻孔电视、钻孔全孔壁数字成像等方法时，孔内应无套管；在进行声波测井、地震测井、电阻率测井等方法时，孔内应有水或井液；在进行钻孔电视、钻孔全孔壁数字成像时，井壁应无泥浆护壁，井中水质或井液应保持清澈透明。利用测井法可直接进行地层岩（土）体原位物性参数的测定，可利用孔内介质的物性差异进行覆盖层分层，通过测试曲线变化和孔内观察可以查找地面勘探难以探测到的薄夹层、软弱夹层或透镜体等。其局限性是各种测试方法对孔内测试条件有不同的要求，当不满足测试条件时，部分测井工作不能进行；部分测井仪器设备受孔径和孔深的限制，无法进行或难以取得满意的效果。

4. 电磁法勘探

（1）大地电磁测深法。大地电磁测深法包括可控源音频大地电磁测深法（controlled source audiofrequency magnetotelluric method，CSAMT）和音频大地电磁测深法（audio magnetotelluric method，AMT）两种方法。该方法适用于深度为 20～3000m 的深厚覆盖层的探测，测区覆盖层与基岩及覆盖层各层介质间应有明显电性差异、电性稳定且无高压输电线或变电站等可产生电磁干扰的场源。音频大地电磁测深法工作方法简单，工作效率高；高阻屏蔽作用小，垂直和水平分辨率较高；受地形影响较小，不受场地开阔程度的限制。其局限性是受测量频率范围的限制，存在探测盲区，不适用于厚度较小的覆盖层的探测；受场源效应和静态效应的影响，会导致测深曲线产生位移；定量解译程度较低，定量解译需要借助钻孔资料或其他已知的地质资料。

（2）瞬变电磁法。瞬变电磁法是利用电磁感应原理进行勘探的方法，其探测深度取决于线圈尺寸和组合方式，适用于深厚覆盖层的探测。利用瞬变电磁法对覆盖层进行探测时不存在一次场的干扰，不受静态效应的影响；能穿透高阻层，探测深度较深；不受布极条件的限制，可在裸露的岩石、冻土、戈壁、沙漠等接地条件下开展工作。其局限性是不能在有铁路、金属管线、输变电线等可产生二次场干扰的区域布置工作；在低阻围岩地区，采用重叠回线多通道观测时，易受地形影响；定量解译需要借助钻孔地质资料，易受测试地层物性条件和测试条件的影响，有时在测试成果中存在假异常。

综上所述，综合运用多种物探方法，采用多参数联合分析解译，可提高探测精度。物探是水电工程地质勘察的重要手段之一，具有快捷轻便、信息量大的特点。但每一种物探方法均存在局限性、条件性和多解性，因此在应用物探方法时，需要充分发挥综合物探的作用，以便通过多种物探的成果进行综合分析，克服单一方法的局限性，发挥各种物探方法的互补性，并消除推断解译中的多解性。另外，在物探成果的解译过程中要充分利用已有的地质和钻探资料，以提高物探的解译精度。

二、钻探

在水电工程勘察中，不仅要正确揭示水工枢纽建筑物区的岩土分层，还要采取不同层位的原状样进行物理力学试验和水文地质试验，确定土层的承载力等物理力学性质指标，从而进行工程地质评价。

1. 水电工程钻探的特点

水电工程钻探既不同于固体矿床钻探、石油钻探、水文地质钻探，也不同于其他工程的地质钻探，其主要特点有：

（1）水电工程钻探主要是在结构松散的砂卵（砾）石覆盖层中，孔深因水工建筑物及覆盖层的情况而定，通常是见到完整基岩后才能终孔。钻孔深度从几十米至数百米，孔径按照勘察目的和钻孔深度设计，变化范围较大。

（2）水电工程钻探既要查明覆盖层的种类、性质及其层位、厚度，又要通过获取的近似原状样的岩心查明覆盖层的物理力学性能特征。为此，覆盖层取心率应不低于85％，甚至可达95％以上，岩心品质需近似原状样。覆盖层越复杂，取样的组（次）数越多，取样工作越困难。

（3）水电工程覆盖层钻探需要保持钻孔孔壁稳定。由于砂卵砾石覆盖层本身结构松散，内聚力低，钻探中易坍塌、垮孔，然而要达到设计孔深，就需要保持孔壁稳定；要进行水文地质试验和工程地质测试，也需要保持孔壁稳定。因此，保持孔壁稳定是水电工程覆盖层钻探的一大技术难题。

（4）水电工程钻探需进行抽水试验、注水试验或振荡试验等水文地质试验，以及标准贯入、动力触探、十字板剪切试验、旁压试验等工程地质测试，试验工作占用时间常常多于钻进时间。钻进终孔后，还需测定孔内稳定的地下水位，部分钻孔还需安装长期水文观测装置，便于长期观测。

（5）水电工程覆盖层钻探需要保持钻孔原有的物质结构状态。钻孔的主要目的是取心或试验，它们本身就是矛盾的统一体。钻进中采用的护壁固壁、为提高取心质量而采取的技术措施本身对水文地质试验资料的真实性和准确性有一定影响。

2. 深厚覆盖层常用钻进方法

深厚覆盖层常用钻进方法主要有硬质合金钻进、管钻钻进、金刚石钻进和绳索取心钻进。深厚覆盖层钻进方法分类见表 3-2。

表 3-2　　　　　　　　　　　　深厚覆盖层钻进方法分类

覆盖层类别		钻进方法类别
土	软质土、黄土、膨胀性土	合金钻进、管钻钻进、绳索取心钻进
	硬质土、冻土	合金钻进、金刚石钻进、绳索取心钻进、管钻钻进
砂		合金钻进、管钻钻进、金刚石钻进、绳索取心钻进
砂卵砾石	松散	合金钻进、金刚石钻进、绳索取心钻进、管钻钻进
	中密	合金钻进、金刚石钻进、绳索取心钻进、管钻钻进
	密实	
漂卵砾石	卵砾石层	金刚石钻进、合金钻进、绳索取心钻进、管钻钻进
	漂卵石层	空气潜孔锤跟管钻进、合金钻进、金刚石钻进、绳索取心钻进
崩塌体、堆积体		

3. 深厚覆盖层钻探用冲洗液

深厚覆盖层钻探中使用的冲洗液主要有清水、不分散低固相冲洗液、无固相冲洗液、泡沫冲洗液和空气。不同的冲洗液有不同的适同条件，也有不同的使用要求。其中，不分散低固相冲洗液又分为低固相冲洗液、超低固相冲洗液和无固相冲洗液。在工程实践中，通常根据不同钻探方法及地层选择合适的冲洗液，见表 3-3。

表 3-3　　　　　　　　　　　钻探用冲洗液种类选择

覆盖层类别		钻进方法	冲洗液种类
土	软质土、黄土、膨胀性土	合金钻进、金刚石钻进、管钻钻进、绳索取心钻进	不分散低固相冲洗液、无固相冲洗液、泡沫冲洗液
	硬质土、冻土		清水、不分散低固相冲洗液、无固相冲洗液
砂		合金钻进、管钻钻进、金刚石钻进、绳索取心钻进	不分散低固相冲洗液、无固相冲洗液
砂卵砾石	松散	合金钻进、金刚石钻进、绳索取心钻进、管钻钻进	清水、不分散低固相冲洗液、无固相冲洗液、泡沫冲洗液
	中密		
	密实		
漂卵砾石	卵砾石层		清水、不分散低固相冲洗液、无固相冲洗液
	漂卵石层	空气潜孔锤取心跟管钻进、合金钻进、金刚石钻进、绳索取心钻进	采用空气潜孔锤取心跟管钻进时，冲洗介质为空气；采用合金钻进、金刚石钻进、绳索取心钻进时，可采用清水、不分散低固相冲洗液、无固相冲洗液
崩塌体、堆积体			
滑坡体		合金钻进、金刚石钻进、绳索取心钻进	不分散低固相冲洗液、无固相冲洗液

覆盖层钻进常用的植物胶无固相冲洗液，除 SM 植物胶无固相冲洗液外，早期曾使用 MY 植物胶无固相冲洗液。MY 植物胶的原料是食品，价格较高，搅制过程又比较复杂。20 世纪 80 年代后期开发的 SM 植物胶性能优越，搅制方便，价格较低，因此逐渐取代 MY 植物胶，并迅速在全国范围内推广应用。21 世纪初开发的 KL 植物胶无固相冲洗液是一种符合环保要求的植物胶冲洗液，其性能优良、用量少、搅制方便，可作为 SM 植物胶无固相冲洗液的理想替代材料。

4. 爆破跟管钻进

20 世纪 50～70 年代，结合岷江流域及大渡河流域水电工程的钻探实践，为解决在松散覆盖层中形成钻孔、实现孔内跟进套管通过孤石、揭穿覆盖层达到基岩的问题，创新研发出"爆破跟管钻进技术"，其主要包括套管系列（套管口径选择、套管连接方式及加工、套管跟进及起拔）与孔内爆破等。

（1）套管系列。长期以来，水电工程钻探常用的套管口径有 $\phi127$（$\phi133$）、$\phi168$、$\phi194$、$\phi219$mm 等厚壁套管，以及 $\phi58$、$\phi73$、$\phi89$、$\phi108$、$\phi127$、$\phi146$mm 等薄壁套管，还有 $\phi140$、$\phi114$mm 厚壁套管。套管连接方式有外接箍、连接手和直接连接等。

套管丝扣通常采用尖牙、矩形、梯形及波纹四种形式，从啮合紧密程度及受力考虑，尖牙扣差，波纹扣最好；从加工难度讲，波纹扣高，其他丝扣次之。一般加工套管长度以1.0～2.5m为宜，质量不宜超过60kg。为确保套管加工精度，管材应尽可能采用数控车床进行精加工。

套管跟进可采用油压跟进和吊锤锤击的方式。使用前需检查丝扣磨损情况及套管的平直度，丝扣有损伤或弯曲变形的套管不得下入孔内；下套管时，丝扣处可涂松香或黄油，并拧紧；钻进过程中，孤石的顶、底部位置必须记录准确；扩孔钻进时，钻具顶部不能超出管脚；在砸管过程中，为避免套管弹动影响跟管，应制作特殊挨打装置以便于压住套管；应做好跟管的记录（含套管规格、编号、单根长度）。套管起拔时一般采用吊锤上、下打，松动套管，钻机跟进油缸静力起拔与吊锤上打相配合的方式。当跟进套管深度大、起拔困难时，可采用拔管机配合吊锤起拔套管。

（2）孔内爆破。孔内爆破用于破碎漂块石、松动密实地层，解决跟管过程中遇到的障碍；跟进厚壁套管，实现深厚覆盖层钻探。在浅孔和干孔中进行孔内爆破时，需在药包顶部覆盖砂砾，以增大炸药的径向爆破力，减少上冲作用力。对于直径2m以上的大孤石，可采用一次性爆破法。由于采用该方法时孔内装填炸药较多，因此必须确保管脚距药包顶部有足够的安全距离。岷江龙溪水电工程闸首在钻孔至深20m左右时遇到一直径4.5m左右的大孤石，采用胶质炸药，每4条炸药卷为一组紧密捆绑在一根长4m的竹竿上，每隔1m装填雷管一组，实现了一次爆破成功。

由于一级套管跟进的深度有限（一般在20～40m），因此对深厚覆盖层需多级套管配合使用，通常厚100m的覆盖层需跟进3～4级套管，故现场搬运工作量大，且跟管和拔管劳动强度相当大，机组钻进效率相对较低。

5. 金刚石钻探

金刚石钻探具有钻进效率高、钻探质量好、孔内事故少等优点。但是，水电工程覆盖层钻探曾是金刚石钻探的禁区。20世纪70年代，金刚石钻进技术开始在水电工程中全面推广，但由于金刚石钻头难以适应结构松散、破碎、不均匀的河床砂卵石层这样复杂的工作条件，直到20世纪80年代水电工程中仍然沿用落后的钢粒钻进技术。为了突破深厚砂卵石层金刚石钻进技术的难关，在映秀湾、龚嘴、冷竹关、太平驿、瀑布沟等水电工程覆盖层钻探中，经过不断研发、试验和总结，形成了"深厚砂卵石层金刚石钻进与取样技术"，突破了砂卵石覆盖层金刚石钻探的"禁区"，首次成功地在结构松散、破碎、不均匀的覆盖层中采用了金刚石钻进技术，获得了砂卵石层的近似原状样，并大幅度提高了钻进效率和钻探质量，降低了劳动强度。

在"七五"期间研制的SD系列覆盖层专用钻具配合植物胶无固相冲洗液钻进砂卵石覆盖层，不仅能大幅度提高取心率，还能取出原状结构的柱状岩心，在厚砂层中随钻取原状砂样。SD系列钻具是双级单动机构的双管钻具，包括SD77、SD94、SD110普通磨光内管钻具和半合管钻具，以及SD77-S、SD94-S、SD110-S取砂钻具，共三级口径9个品种，自成一个系列。新开发的SDB130和SDB150共两级口径4个品种，均归属于SD系列钻具。SD系列钻具包括五大机构：导正除砂机构、单向阀机构、双级单动机构、内管机构和外管机构。SD系列钻具具有以下优点：

（1）钻孔质量显著提高。采用常规钻进时，砂卵石层的取心率仅30％左右，卵石间的砂难以采取。采用SD系列钻具和植物胶冲洗液钻进时，砂卵石层的取心率可达70％以上，甚至可达90％及以上，可随钻取圆柱状薄砂层、夹泥层、砂卵石层等近似原状心样；破碎基岩地层的取心率可达90％～100％，还可取出原状破碎基岩岩心，可为地质人员提供真实直观的岩石样品，帮助其准确判断地层结构、颗粒级配、地质构造与岩性，并可直接采用钻具所取岩心进行物理力学性能试验。

（2）钻探效率提高。采用常规方式钻进砂卵石覆盖层、基岩破碎层和软弱夹层时，平均台月效率仅30～50m。采用SD系列钻具和植物胶冲洗液钻进时，台月效率可达100m以上，从而大大加快了勘探进度，缩短了地勘周期。

（3）钻头寿命高。钻头平均寿命达20～40m，最高达50m；钢材消耗量小，仅为常规钻头消耗量的1/10。

（4）植物胶冲洗液护壁可靠。采用植物胶冲洗液护壁可实现裸孔钻进，大大简化了钻孔结构，从而为在砂卵石层实现金刚石钻进创造了有利条件，也为超400m甚至超500m深厚覆盖层钻进提供了有力保障；同时为物探综合测井提供了良好的井孔条件，为工程勘察提供了更多翔实、准确的地质资料。

6. 空气潜孔锤取心跟管钻探

空气潜孔锤取心跟管钻进技术是21世纪初国内科研院所研发的一项新技术，它利用空气潜孔锤实现冲击回转钻进取心并同步跟进套管，是一种钻进速度高、取心质量好、套管护孔可靠的钻进技术。目前已形成φ168、φ146、φ127mm三种规格的空气潜孔锤取心跟管钻具。该技术主要适用于河床堆积层（包括砂卵砾石和沙层）、滑坡堆积层、回填堆积层、风化层等覆盖层岩心钻探，钻孔深度小于或等于50m，采用多级配合，孔深可延伸到80m。

如图3-1所示，钻进时的轴向动力一是来自高压空气驱动与跟管取心钻具上端连接的潜孔锤所产生的高频冲击力，二是来自地面钻机通过钻杆和潜孔锤施加给钻具的钻进压力，两者合并传给中心取样钻具，根据地层情况和跟进的套管阻力自动调节动力，分配给中心取样钻头和套管靴总成

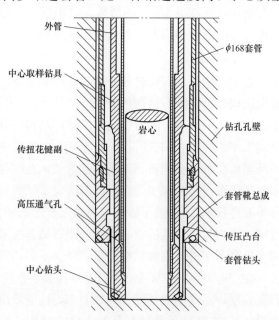

图3-1　空气潜孔锤的工作原理

（包括套管钻头）。钻杆回转时，通过潜孔锤直接带动中心钻具（包括中心取样钻头）回转，同时通过传扭机构（传扭花键副）将回转扭矩传给套管钻头，中心取样钻头和套

管钻头同时进行冲击回转钻进。中心钻头冲击回转取心钻进，岩心随之进入岩心管；套管钻头冲击回转钻进扩孔，并带动套管随钻向孔底延伸。钻进回次结束后，中心取样钻具被提到地面，而套管靴总成连同套管则滞留在孔内；采集岩心后，再将钻具下到孔底，通过人工伺服使中心钻具到位，再次进行冲击回转取心跟管钻进，如此周而复始地进行空气潜孔锤取心跟管钻进。

空气潜孔锤取心跟管钻探具有以下优点：

（1）钻孔质量好，取心率高。采用该技术钻进时，取心率达 95% 以上，大多数回次的取心率为 100%，所取岩心层次清晰，无串层混杂现象，如图 3-2 所示。

图 3-2　孔深 45.64～46.84m 段的淤泥质柱状岩心照片

（2）钻探效率显著提高。采用该技术钻进时，钻进效率高，机械钻速达到 2.6m/h，台月效率达 266m，平均台月效率和机械钻速是常规跟管钻进的 5～6 倍。

7. 取心取样

（1）钻孔取心。水电工程勘探中常用的覆盖层取心钻具种类及适用地层情况见表 3-4。

表 3-4　　　　　　　　　　覆盖层取心钻具种类及适用地层情况

覆盖层类别	钻具种类	
松散、易冲蚀地层	单管钻具	无泵反循环钻具
软弱地层	单管钻具	投球单管钻具、无泵反循环钻具
中密地层	单管钻具	投球单管钻具
松散、密实地层	双管钻具	普通单动双管钻具、SD 系列钻具
密实地层	单管钻具	普通单管钻具
砂卵石层	双管钻具	SD 系列钻具

单管取心是最常见的取心方法，其是在钻进时使克取的岩心进入单管内，卡取岩心后把单管及岩心提到地表，适用于坚硬、完整、不怕冲刷的地层。

双管取心钻具由内外两层岩心管组成。水电工程勘探中常用的是单动双管钻具，其是利用内外管间的一副或二副单动机构，实现在钻进中外管回转而内管不回转。普通单动双管钻具适用于可钻性为 7～12 级的完整地层和具有微裂隙的地层，或具有不均质和中等裂隙的地层。SD 系列钻具适用于砂卵石覆盖层和裂隙发育、松散破碎等复杂地层。

覆盖层取心时，回次进尺不应超过岩心管长度的 90%；对于岩心采取困难的孔段，回次进尺宜小于 1.0m；对于有特殊要求的孔段，回次进尺宜小于 0.5m；钻进时若发现堵心，应及时起钻；退心时不得锤打岩心管；岩心应按由浅至深的顺序从左到右、自上而下依次摆放在岩心箱内，不得颠倒，不得人为破坏。

单管取心时，若硬质合金钻头切削具磨钝、崩刃、水口减小，应进行修磨；若遇糊钻、憋泵或堵心，应及时处理；取心宜选择合适的卡料或卡簧；钻进回次结束前不得频繁提动钻具。

双管取心时，钻具的单动性能良好，宜配置扶正环；岩心管内壁光滑；观察泵压变化，泵压异常时不得强行钻进；取心时不得猛击内管退心；要及时更换弯曲变形的内管；未使用的半合管应装箱保护，应在清洗、涂油后装箱运输；组装卡箍时，先两端后中间，卡箍开口不在同一方向；拆卸卡箍时，先中间后两端；退心时，将打开的半合管与岩心箱平行，并用专用工具缓慢退心。

对滑坡体滑带取心时，回次进尺宜控制在 0.3～0.5m；不得使用清水钻进；可采用套钻钻进方法取心。对架空层取心时，宜选用空气潜孔锤取心跟管钻进；应控制下钻速度，确认钻具到位后才能进行正常的钻进操作；应检查和调整钻具内管与中心钻头的密封效果。

（2）取样。水电工程勘探中常用的取样工具及适用地层见表 3-5。

表 3-5　　　　　　　　　　　　　取样工具及适用地层

取样工具		土样质量等级	适用土类										
			黏性土					粉土	砂土				砾砂、碎石土、软岩
			流塑	软塑	可塑	硬塑	坚硬		粉砂	细砂	中砂	粗砂	
薄壁取土器	固定活塞	I	☆	☆	☆	○	○	△	△	○	○	○	○
	水压固定活塞		☆	☆	☆	○	○	△	△	○	○	○	○
	自由活塞		○	△	☆	○	○	△	△	○	○	○	○
	敞口		△	△	△	○	○	△	△	○	○	○	○
回转取土器	单动二重管		☆	☆	☆	○	○	△	△	○	○	○	○
	单动三重管		○	△	☆	☆	△	☆	☆	☆	☆	○	○
	双动三重管		○	○	△	△	☆	○	○	○	☆	☆	○
	二重管环刀取土器（单动）		○	○	△	☆	☆	○	○	○	☆	☆	△
束节式取土器		I～II	△	☆	☆	○	○	△	△	○	○	○	○
原状取砂器			○	○	○	○	○	☆	☆	☆	☆	☆	△
薄壁取土器	水压固定活塞	II	☆	☆	☆	○	○	△	△	○	○	○	○
	自由活塞		△	☆	☆	○	○	△	△	○	○	○	○
	敞口		☆	☆	☆	○	○	△	△	○	○	○	○
回转取土器	单动三重管		○	△	☆	☆	△	☆	☆	☆	☆	○	○
	双动三重管		○	○	△	△	☆	○	○	○	☆	☆	☆
厚壁敞口取土器			△	☆	☆	☆	☆	☆	△	△	△	△	○

注　1.☆—适用；△—部分适用；○—不适用。

　　2.采取砂土试样时应有防止试样失落的补充措施。

　　3.束节式取土器和原状取砂器，根据取样经验可采取Ⅰ级或Ⅱ级土样。

1）敞口薄壁取土器适用于在钻孔中采取部分流塑、软塑、可塑、粉土、粉砂一级质量和流塑、软塑二级质量的原状土样。

2）固定活塞取土器适用于在钻孔中采取流塑、软塑、可塑及粉土、粉砂一级质量的原状土样。

3）内环刀取砂器适用于在钻孔中采取粉砂、细砂、中砂、粗砂和砾砂的一级、二级土试样，也可采取软塑、可塑的黏性土及部分粉土的一级、二级质量的原状土样。

4）二重管单动内环刀取土（砂）器适用于在钻孔中采取粉砂、细砂、中砂、粗砂和砾砂的一级、二级土试样，也可采取软塑、可塑的黏性土及部分粉土的一级、二级质量的原状土样。

5）水压固定活塞取土器适用于在钻孔中采取流塑、软塑黏性土及部分粉土、粉砂一级质量的原状土样。

6）自由活塞取土器适用于在钻孔中采取软塑、可塑及部分粉土、粉砂地层一级质量的原状土样。

7）束节式取土器适用于在钻孔中采取流塑、软塑、可塑的黏性土及部分粉土和粉砂一级、二级质量的原状土样。

8）厚壁取土器适用于在钻孔中采取软塑、可塑、硬塑、坚硬黏性土及部分粉土和粉砂二级质量的原状土样。

9）单动二（三）重管取土器适用于在钻孔中采取可塑、硬塑、坚硬的黏性土、粉土、粉砂、细砂一级质量的原状土样。

10）双动二（三）重管取土器适用于在钻孔中采取硬塑及坚硬的黏性土、中砂、粗砂、粒砂、部分碎石土、软岩一级质量的原状土样。

8. 孔内试验

覆盖层钻孔孔内试验主要有抽水试验、注水试验、振荡渗透试验、动力触探试验和标准贯入试验。

（1）抽水试验。抽水试验的操作流程及注意事项如下：

抽水试验操作流程：钻进成孔→试验器材安装→试验段洗孔→试验→测量孔深（复测孔口高程）。

试验器材安装操作流程：下放沉砂管→连接过滤器和测压管（观测孔不需要安装测压管）→连接工作管和测压管→从工作管外下入过滤砾料→起拔护壁套管至试验段顶→安装抽水泵→安装涌水量测试装置。

试验操作流程：观测抽水孔的静止水位（含观测孔）→试抽水（确定降深）→同步观测抽水孔的动水位（含观测孔）→正式抽水→第一个降深观测→第二个降深观测→第三个降深观测→同步观测抽水孔的动水位（含观测孔）→停泵后水位恢复观测（含观测孔）。

注意事项：在整个抽水试验过程中，不能挪动吸水龙头、潜水泵或深井泵的位置；抽水试验要求各次降深稳定延续进行，当因故中断后，应及时快速找出中断原因，尽快恢复试验，同时延长抽水稳定延续时间；抽水结束后，要立即同步观测抽水孔和观测孔的恢复水位；恢复水位时可以采用自动监测设备连续记录。

（2）注水试验。注水试验的操作流程及注意事项如下：

注水试验操作流程：钻进成孔→试验器材安装→试验段洗孔→试验。

试验器材安装操作流程：下放过滤器→连接工作管→从工作管外下入过滤砾料→起拔护壁套管至试验段顶→安装注水管→安装水泵→安装注水量测试装置。

常水头注水试验操作流程：地下水位观测→向孔内注水→孔内水位升高到试验要求位置→保持孔内水位稳定→量测注水水量。

降水头注水试验操作流程：地下水位观测→向孔内注水→孔内水位升高到试验要求位置→停止供水，同时开始量测孔内水位高度。

注意事项：常水头注水试验时，供水管的位置不能发生变动，要保持一致；降水头注水试验时，最好使用电测水位计或自动记录仪量测孔内水位，可以快速、准确地得到水位数据；尽量将试验水头升高至工作管管口位置，以便操作和读数。

（3）振荡渗透试验。振荡渗透试验的操作流程及注意事项如下：

振荡渗透试验适用于地下水位以下的强～微透水性岩土体。

振荡渗透试验操作流程：钻进成孔→试验器材安装→试验段洗孔→试验。

振荡渗透试验系统由水头激发系统、传感器系统和数据采集系统组成，主要试验设备和器具见表3-6。

表3-6　　　　　　　　　　　　　振荡渗透试验设备和器具

试验系统	水头激发系统				传感器系统	数据采集系统	其他
	振荡器式	气压式	注水式	抽水式			
设备器具	自动振荡器	空气压缩机、孔口密封装置	水泵	水泵	压力传感器、温度传感器和数据处理传输模块	ZS-1000A钻孔水文地质综合测试仪	过滤器、栓塞

压力传感器量程为 $0\sim10m$ 水柱，量测精度为 $1mm$；温度传感器量程为 $-55\sim125℃$，量测精度为 $0.5℃$；数据采集系统具备存储、传输和显示功能。

在同一钻孔内进行分段试验时，试验段上端和下端应采用栓塞止水；激发水头为 $0.5\sim2.0m$；测量精度不超过最大水位变化量的 1%；试验过程中水位不得降到过滤器上端以下，压力传感器在试验期间应保持位于钻孔振荡最低水位以下。

进行气压式振荡试验时，在孔口套管上要安装密封装置，随时检查孔口密封装置上的压力表读数是否稳定。首先，关闭放气阀，打开充气阀，接通气压泵电源，向钻孔内充气；其次，观察压力表读数和测试仪屏幕上的显示，待压力表读数或测试仪屏幕显示水头曲线相对稳定后迅速打开放气阀；最后，水位恢复到初始水位后延长 $1\sim2min$ 即可结束试验。

进行注水或抽水式振荡试验时，应迅速向钻孔中注水或抽水，激发时间不超过 $5s$；水位恢复到初始水位后延长 $1\sim2min$ 即可结束试验。

进行振荡器式振荡试验时，应快速将振荡器落入钻孔水面以下或待井水位恢复后快速拉离水面，激发时间不超过 5s；水位恢复到初始水位后延长 1～2min 即可结束试验。

（4）动力触探试验。动力触探试验的流程及注意事项如下：

动力触探试验按贯入能力的大小可分为轻型、重型和超重型三种。

动力触探试验操作流程：预钻孔→试验器材安装→试验。

操作时，可采用有固定落距的自动落锤锤击方式，不能采用人拉绳、卷扬钢丝方式。探杆连接后的最初 5m 内，最大偏斜度不超过 1‰；大于 5m 后，最大偏斜度不超过 2‰。锤击过程中应防止锤击偏心、探杆歪斜和探杆侧向晃动。每贯入 1m 就要将探杆转动约 1.5 圈，使触探杆保持垂直贯入，并减少探杆的侧阻力。当贯入 30m 时，每贯入 0.2m 就要旋转探杆。锤击贯入要连续不间断地进行，锤击速率一般为 15～30 击/min。如有间断，应记录锤击间歇时间。

各型动力触探的锤击数正常范围是：$3 \leqslant N_{10} \leqslant 50$、$3 \leqslant N_{63.5} \leqslant 50$、$3 \leqslant N_{120} \leqslant 40$。贯入时要记录贯入深度及相应的锤击数。遇软黏土时，可记录每击的贯入度；遇硬土层时，可记录一定击数下的贯入度。当 $N_{10} > 100$ 或贯入 15cm 的锤击数 $N > 50$ 时，可停止试验；当连续三次 $N_{63.5} > 50$ 时，可停止试验并考虑改用超重型动力触探。

注意事项：为了减少裸露孔壁坍塌进而增大触探杆的侧壁摩擦阻力，应控制触探杆的侧向晃动，保持触探杆的垂直度，一般在预钻孔内下入套管；在锤击贯入过程中，转动触探杆可以有效减小触探杆的侧壁摩擦阻力，特别是总贯入深度加大后，触探杆的侧壁摩擦阻力明显增加。

（5）标准贯入试验。标准贯入试验的操作流程及注意事项如下：

标准贯入试验操作流程：预钻孔→试验器材安装→试验。

先检查导向杆的脱钩距离是否满足 76cm 的要求，仔细检查击锤的提升方向与钻孔方向是否在同一条垂线上，检查击锤的提升装置是否安全稳固。当开始锤击后，调整钻机卷扬或提升系统的速度，控制 63.5kg 击锤的锤击频率在 15～30 击/min。先预打 15cm 后，记录每贯入土层 10cm 的锤击数，同时记录贯入深度。当遇密实土层，锤击数达到 50 击，贯入深度未到达 30cm 时，应终止试验，并记录 50 击时的贯入深度。完成贯入试验后，应提出贯入器，将贯入器中土样取出，进行记录并测量土样长度。

注意事项：如果标准贯入试验位置低于钻孔的地下水位，在试验过程中要保持孔内的水位高于地下水位；在将贯入器提出钻孔外时，不要过力敲打钻杆丝扣，防止钻杆振动导致贯入器中土样掉落，进而导致取样失败；对取出的土样应进行防水、防晒、遮光包装并编号保存。

9. 工程应用

（1）瀑布沟水电工程覆盖层钻探实践。

瀑布沟水电工程坝址区覆盖层钻探主要存在两大问题：一是在坝址右岸黑马营地区 20～60m 段存在长达 40m 的由漂石、卵石组成的架空层；二是在上坝址及中坝址河床中 20～70m 孔段存在一层厚度达 50m 的砂层。

在架空层中钻进，冲洗液会出现全部漏失的现象，因此采用爆破跟管技术时跟管应"勤跟、短跟"，始终将套管跟进到钻孔底部以上 1m 的范围，以保护孔壁稳定，保持冲洗液尽可能在套管内，冷却钻头，保证钻进；在回次结束前，应停止供给冲洗液，采用钢丝或卡簧卡取岩心，控制钻进回次进尺在 1m 以内，以确保取心率。

河床下伏砂层对建坝的影响很大，1988～1990 年为查明砂层的分布范围、形态及液化性能，在砂层上部使用跟管护壁，对砂层使用 SM 植物胶无固相冲洗液和金刚石小口径单动双管钻探技术，控制回次长度在 2m 以内，使得取心率达到 95％以上，多数回次取出了圆柱状砂层，为地质学界准确判断砂层的界限提供了有力的一手资料。

为研究砂层液化的性能，在这批钻孔上做了上百组的标准贯入试验。通过大量的现场资料分析、论证，证明通过一定的技术处理措施，砂层的危害是可以得到有效控制的。瀑布沟水电工程已建成运行多年，大坝下的砂层依然存在，这说明当年的论证是正确的。

（2）冶勒水电工程巨厚覆盖层钻探实践。

冶勒水电工程坝址区河床及右岸由第四系中、上更新统冰水河湖相沉积覆盖层组成，自下而上分为五大岩组：第一岩组，弱胶结卵砾石层（Q_2^2）；第二岩组，块碎石土夹硬质黏性土（Q_3^1）；第三岩组，弱胶结卵砾石层与粉质壤土互层（Q_3^{2-1}）；第四岩组，弱胶结卵砾石层（Q_3^{2-2}）；第五岩组，粉质壤土夹炭化植物碎屑层（Q_3^{2-3}）。钻探揭示其最大厚度达 420m。

该地层结构松散，钻进中孔壁稳定性差，时有坍塌、掉块甚至埋钻；粉质壤土互层及炭化植物碎屑层水敏性强，孔壁极容易出现缩径，造成下钻困难；弱胶结卵砾石层与粉质壤土互层层次变化频繁，对钻探工艺有很高的针对性要求；在相对隔水层下存在大量的多层承压水，影响钻进和取心。

该水电工程的勘探工作自 1971 年一直延续到 1992 年，时间跨度达 20 年之久。在 1988 年以前，钻进使用的是钢粒回转钻进、合金回转钻进技术，用多层套管护壁，能查明覆盖层的深度和主要成分；但对覆盖层中的细粒物质及黏土，因其长时间受循环冲洗而难以采取，取心的品质较差。

1989 年以后，该水电工程应用基于优质泥浆护壁的金刚石单动双管钻进技术，大大提高了钻进效率，取心率达 95％以上，取出了圆柱状砂层或似圆柱状壤土层；在右岸坝肩完成了 420m 的覆盖层钻孔；针对不同地层，采用了 SM 植物胶无固相冲洗液、经 SM 植物胶处理的低固相冲洗液、SM-kHm 超低低固相冲洗液，较好地解决了复杂覆盖层钻孔的护壁难题，最长裸孔钻进孔段达 280m。

在该水电工程坝址河床的钻探中，曾遇多层承压水，一个钻孔中曾出现两三层承压水。1988 年以前，常造成钻孔无法终孔，形成报废孔。1989 年以后，采用跟进套管隔离及加重泥浆压力平衡循环钻进，较好地处理了出水点在 80m、涌水量达 450L/min、孔口水头压力为 392.3kPa 的承压水；采用高低锯齿钻头，较好地解决了软硬互层钻进问题。

（3）西藏 ML 项目超深复杂覆盖层钻探实践。

雅鲁藏布江下游河段覆盖层主要由冰积碎块石土、冲洪积砂砾石、漂卵石及湖相沉积细砂和亚黏土等组成。为查明该区域地质情况，于 2010 年安排了一批钻孔（约

3500m/9 孔），要求揭穿覆盖层，进入基岩 30～50m，查明覆盖层的深度、结构及物质组成。至 2013 年，经过长达三年的调研、攻关与实践，结合某水电工程坝址区超深复杂覆盖层的实际钻探实践，成功实现了最大深度达 567.60m 的松散细颗粒覆盖层的成孔及取样工作，在该地区首次揭穿了覆盖层，钻孔进入基岩，圆满达到水电水利工程地质勘探的目的。

三、坑探

深厚覆盖层坑探主要是通过挖掘竖井，获取原样和进行原位土工试验，以查明河床覆盖层物理力学特性、水理特性，建立各分层力学特性与埋深的关系，对坝基工程地质条件进行客观准确地评价，提供坝基力学强度、承载力、渗透性、抗强震及抗液化性能等的计算参数，为大坝设计和基础处理提供基础资料。按作业方法的不同，覆盖层竖井勘探主要分为吊框法、板桩法、沉井法和围井法等多种方式。

1. 吊框法

吊框法是一种先开挖后支护的作业方式，即每开挖一段竖井后，通过吊挂方式架设支撑井框，并在井框外填塞防护背板和其他材料，形成对井筒的支撑和防护，并基于此进行循环竖井掘进的坑探方式。吊框法适用于有一定自稳能力的地层。采用吊框法时，竖井作业一般采用人工开挖，遇大孤石时先采用钻凿浅眼，然后进行少药量松动爆破，井口搭设井架用卷扬机提升出渣。吊框一般使用边长 16～18cm 的方木制作，悬挂吊框的拉杆钢筋直径一般为 16～22mm，每副 8 根；松散地层吊框间距一般为 0.7～1.5m，破碎岩层吊框间距为 2～4m，较完整岩石吊框间距宜为 4～6m，完整岩石吊框间距宜为 8～10m。作业井口段和井身段井口开挖成型后，应先进行锁口、安装井口基台木、铺设排渣轨道等，再进行井身段作业。井口开挖成型后应及时架设吊框并安装插板进行支护，必要时可增加临时横支撑、剪刀撑进行加固，并在作业过程中随时观察其受力情况，如发现横支撑、剪刀撑受力变形并因破损而失效时，作业人员应及时撤出。吊框支护通过吊线来保证井壁的垂直度，中线偏离不应大于 0.1m，必须保证井孔开挖设计尺寸。安装井框吊框时可先用拉杆钢筋（俗称九字钩）固定四角，再用木楔楔紧，以保持井架井框在同一垂直面。吊框安装好后应先间隔安装插板，待相关试验取样后再密集安装插板封闭已开挖井段，背板一般用木板制作。

2. 板桩法

板桩法是一种先支护后开挖的作业方法，适用于没有自稳能力的松散地层。板桩法是在井筒开挖之前，沿掘进方向在井壁部位打入板桩，对井壁进行支护后再挖取岩土的坑探方法。板桩法按插板角度的不同，分为垂直板桩法和倾斜板桩法两种。垂直板桩法作业时，先安装导向井框，再用机械或人力从内、外导向框间并排垂直打入板桩（间隔、对称）。板桩应采用新鲜、密实、不带节的木材，桩头削尖并包上铁帽。板桩打入 0.6m 以上后开始挖取岩土，每循环开挖深度须小于板桩打入深度，以确保桩脚不外露；每开挖一段应及时安装井框，以支撑板桩，防止板桩受压移动、变形甚至折断。井框间距视地质条件、开挖断面、板桩材料等影响因素而定，一般在 0.5m 左右（或密集支护）。如果开挖深度大于板桩长度，则在第一圈板桩内设置第二圈板桩，以此类推直至达到开挖深度，并及时做好永久支护。垂直板桩法的缺点是每设置一圈板桩，井筒断面尺寸需缩减 0.5m 左右，竖井深度越大，多段垂直板桩施工所需的井口尺寸越大；开挖断面加大，不仅增加成本，井筒的稳定性也会相应降低，因此可用于浅井施工。倾斜板桩法与垂直板桩法的原理基本相同，即先在内外导向框间打入板桩，板桩向外与垂直线呈一定倾角，一般在 15°～20°。与垂直板桩法不同的是，采用倾斜板桩法时不会因打入板桩段数的多少而改变断面尺寸。

3. 沉井法

沉井法是预制一段完整的井筒，通过对井筒底部的掏挖，利用井筒的自重甚至施加外力使其下沉，实现对井壁的有效支撑和安全防护，进而将松软岩土掏挖出来的坑探方法。沉井法一般适用于极松散软弱地层，特别是沙层。沉井井筒一般采用混凝土或钢筋混凝土分节制作、分节下沉，以减少沉井的自由高度，增加稳定性，防止倾斜。沉井制作宜采取在刃脚下设置木垫架或砖垫座的方法，其大小和间距应根据荷重计算确定。安设钢刃脚时，要确保外侧与地面垂直，以使其起到切削导向的作用。为防止发生倾斜和裂缝，上一节混凝土强度等级达到 70％后，才进行下一节混凝土浇筑。沉井作业需对称均匀、连续进行。在筒壁下沉时，外侧土往往会随之下陷，与筒壁间形成空隙，对此一般于筒壁外侧填砂，以减小下沉的摩阻力。若沉井下沉时出现倾斜，可通过调整井底不同位置的掏挖量进行纠偏，必要时可加荷调整；但若一侧已达到设计标高，则直接采用旋转喷射高压水的方法协助下沉纠偏。沉井降到预定深度后再接另一段沉井，直至达到开挖深度。

4. 围井法

围井法是在开挖过程中现浇混凝土衬砌进行支护固壁的坑探方法，一般应用在为了查清深部覆盖层土层原位特性而进行的深井勘探中。要获取原状样并进行原位土工试验，需要开挖断面更大的深井。深井可采用正方形布置，深井防渗可采用防渗地连墙和帷幕防渗方式。深井需要在开挖过程中现浇混凝土衬砌进行支护固壁，而采用防渗地连墙时，可利用防渗墙体进行深井支护。两种防渗方式的开挖、提升、抽排水、井内通风大致相同，区别在于井筒的支护方式和顺序不同。

防渗墙围井是利用防渗地连墙作为河床覆盖层深井勘探的围护结构，防渗墙对四周进行防渗。为保证防渗墙围井结构的稳定性，深井开挖过程中在防渗墙围井内壁要设钢筋混凝土圈梁及横向钢支撑。防渗墙应分期进行施工，可先进行横向防渗墙施工，再进行纵向防渗墙施工。每期槽孔使用冲击钻分槽段进行分序施工，这种槽段的划分方式主要是考虑先期槽段的施工安全性，目的在于在最短的时间内将先期槽段施工完毕并浇筑成墙，对地层进行有效的支撑，确保孔壁的稳定和槽段的安全，使得深槽段顺利完工。墙段连接采用接头管法，接头管起拔后，需用冲击钻对接头管部位进行扩孔，从孔口一直到孔底。墙内采用人工分层开挖，每开挖一层，设置一道钢筋混凝土圈梁和内支撑。

倒挂壁围井是在密实、流动性小的覆盖层中开挖深井，利用防渗帷幕和井内现浇混凝土衬砌作为覆盖层深井勘探的围护结构，帷幕对四周进行防渗。井筒开挖一层，井壁就现浇混凝土衬砌。井筒可采用正方形布置，为保证深井结构的稳定性，在混凝土衬砌内壁要设钢筋混凝土圈梁及横向钢支撑，以此循环施工。围井井口覆盖层采用挖掘机开挖，井身采用人工开挖，分层进行，每层深度约 1.0m。围井每开挖一层就浇筑一层周边衬砌混凝土，一般每浇筑 5～6m 后，设置一道钢筋混凝土圈梁和钢支撑。围井衬砌混凝土及圈梁混凝土浇筑可采用组合钢模板。

5. 竖井防水及抽排水

竖井井口应避开受山洪、泥石流等自然灾害威胁的位置，井口基台需高出地面 30cm 左右并高于历史最高洪水位，基台周边需设置截、排水沟，防止地表水流入井内冲刷井壁或渗流进井壁土层中引起土体湿软变形。在施工过程中，如遇地下水（地下水较小）时，竖井开挖应从渗水侧向另一侧进行。在井底一角设置积水坑，采用大口径、大排量抽水泵将水抽排出井口 5m 以外。开挖和抽排水应交替平行进行。

作业期间需认真做好水文地质的超前预报工作，落实防涌水的应急措施，配置足够的抽排水和备用设施。一旦涌水，在排水无效的情况下，应及时撤出井下作业人员，转移机械设备。

第三节　试验测试技术

一、覆盖层参数测试技术

覆盖层的物理性质指标，仍采用传统方法获取：密度试验通常采用灌水法较为方便，细粒类土宜用环刀法，形状不规则的混合土样宜采用蜡封法；含水率试验通常采用烘干法；对于颗分试验大于 0.075mm 的颗粒采用筛洗法，小于 0.075mm 的颗粒采用密度计法；对于比重试验，大于 5mm 的颗粒采用虹吸筒法，小于 5mm 的颗粒采用比重瓶法；界限含水率通常采用联合测定法。

在力学性质试验中，现场通常采用孔内动力触探、标准贯入试验、旁压试验或表层土体的荷载试验测试变形及稳定性参数，在室内进行的压缩试验、直剪试验、三轴试验则是获取强度变形指标的主要试验手段，并视固结排水情况或设计要求进行工况选择。

水文地质试验有多种，可进行现场渗透试验、孔内抽注水渗透试验，可取回原状样进行渗透变形试验，也可在室内进行扰动样模拟试验。对于地下水位及其动态变化情况，可通过钻孔地下水位观测法（包括长期观测）予以研究。

下面重点介绍现场荷载、旁压和室内大型三轴试验的仪器设备。

（1）荷载试验项目包括平板荷载试验和螺旋板荷载试验。以平板荷载试验为例，它是用一定尺寸的荷载板向地基土逐级施加荷载，同时测量相应沉降，以得到的 p-s 曲线确定地基极限承载力 p_u，其成果也可用于测算地基土的变形模量。

试验加荷装置为压重平台反力式装置，试验加荷方式为慢速维持荷载法，逐级施加荷载。荷载试验装置如图 3-3 所示，荷载试验仪器设备规格见表 3-7。

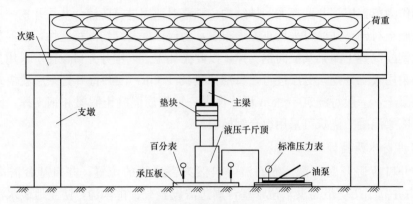

图 3-3　荷载试验装置

表 3-7　　　　　　　　　　　　荷载试验仪器设备规格

设备名称	规格	编号
千斤顶	60t	F-1-028
压力表	16MPa	01000127
百分表	50mm	1号、2号、3号、4号
承压板	0.25~0.50m^2	

（2）旁压仪有预钻式和自钻式两种，目前广泛使用的是预钻式旁压仪。预钻式旁压仪由旁压器、加压稳压装置、变形测量装置及导管等部分组成，如图 3-4 所示。

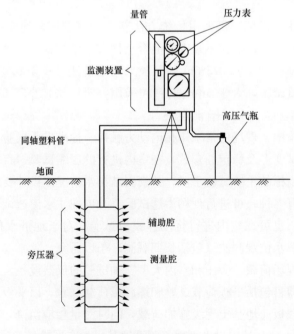

图 3-4　预钻式旁压仪组成

（3）三轴仪试验系统由主机架、电液伺服油缸及电液伺服控制液压系统、定量液压泵站及水冷却系统、计算机测控与数据采集及处理系统、试样制作模具等组成，试验过程中采用计算机进行自动控制，可按力或位移控制方式完成静力学试验。GST80 型粗粒土大型高压三轴仪如图 3-5 所示。

图 3-5　GST80 型粗粒土
大型高压三轴仪

试验仪应满足电力行业标准 DL/T 5356—2006《水电水利工程粗粒土试验规程》的要求，其主要技术参数如下：

试样尺寸：$\phi300\mathrm{mm}\times600\mathrm{mm}$；

最大轴向荷载：3000kN；

最大周围压力（σ_3）：6.0MPa；

稳压误差：$\pm1\%$；

最大反压力：0～1MPa；

孔隙压力：$-0.1\sim6.0$MPa；

最大轴向行程：300mm；

轴向变形速率：0.01～0.08mm/min（推力油源控制），0.09～6.00mm/min（伺服阀控制）；

轴向加荷最小可控制力：$\leqslant5$kN/min；

体变管容积：9000mL；

体变分辨率：10mL。

二、深埋覆盖层参数测试技术

对于深厚覆盖层中的砂层、黏土层，通过钻孔或开挖可以获取原状样，进而获取相应的基本物理参数；而对于砂卵石层，通常不能进行大开挖而获取原状样，只能通过开挖坑槽、竖井、沉井及大孔径钻孔等手段测试一定深度和浅部土层的天然密度、含水率和级配等原始数据，或采取类比方式和根据经验推测确定土层的基本物理参数，但不能较为准确地掌握土层的客观性质，如土的颗分、含水率，尤其是土的天然密度，当然也就难以获得设计计算所需的强度、变形和渗透特性指标。

"七五"期间研制成功的 SD 型金刚石双管钻具，具有双级单动机构和磨光内管，较好地满足了岩心品质和取心率要求，大大提高了新型钻具在复杂砂卵石覆盖层钻进的适应性，使取心率达到 90% 以上，平均回次钻进长度由 0.5m 提高至 1.0m 左右。覆盖层金刚石钻进的配套技术还包括植物胶冲洗液的配制。采用大孔径 $\phi196$ 钻头可以获取最大粒径近 200mm 的砂卵石料，对最大粒径在 200～300mm 的砂卵石料的力学特性影响较小。

影响砂卵石料力学特性的因素，除级配之外主要有密度等。通常砂卵石料无胶结性，需现场直接测试其密度，虽然也可以通过化学注浆或冷冻的方法测试其密度，但是代价是巨大的，甚至难以实现。因而如何获取深厚覆盖层砂卵石的密度，便成了确定深部砂卵石力学指标的关键和难点。成都院采用压缩试验上覆压力法进行了尝试和探讨。

1. 压缩试验上覆压力法简介

对同一层次不同高程的砂卵石料，无论其是否受先期压力或其他地质作用的影响，其密度差值主要应由上覆压力造成。根据这一设想，结合大渡河深溪沟深基坑开挖后对同一层次不同高程砂卵石料进行的一系列物理性能试验，获取了对应的现场密度资料，以浅部密度为制样密度，施加压力模拟现场漂卵砾石层的深度对应的上覆压力，其基础资料见表3-8，试验成果见表3-9和图3-6。

同时，依据岷江、大渡河深部与浅部的漂卵砾石层密度统计资料，进行与上述试验相同的试验，其基础资料见表3-8，试验成果见表3-10、图3-7。

表3-8　　　　　　　覆盖层研究物理性质试验基础资料（模拟上覆压力）

试样位置/编号	取样深度 h(m)	天然状态土物理性质指标			比重 G_s	颗粒级配组成（颗粒粒径，mm）												小于5mm含量
		湿密度 ρ (g/cm³)	干密度 ρ_d (g/cm³)	含水率 W (%)		>200 %	200~100 %	100~60 %	60~40 %	40~20 %	20~10 %	10~5 %	5~2 %	2.0~0.5 %	0.50~0.25 %	0.250~0.075 %	0.075~0.005 %	<5 %
浅部	<10	2.23	2.18	2.3	2.74	11.21	12.78	13.06	9.01	13.35	9.83	7.01	4.70	9.38	4.14	4.03	1.37	23.61
深部	>10	2.29	2.25	2.0	2.77	17.40	13.40	12.80	8.00	11.20	8.40	6.80	6.40	7.80	2.60	4.00	1.20	22.00
TK5	0~1	2.34	2.31	1.6	2.79	29.80	6.07	7.19	4.85	7.70	10.05	12.64	13.48	2.72	0.99	1.38	3.13	21.70
TK7	4~5	2.43	2.39	1.6	2.70	37.38	17.59	8.96	3.82	4.61	2.66	1.56	3.04	10.29	3.63	5.73	0.72	23.41
TK9	15~17	2.48	2.43	1.0	2.70	25.02	13.02	16.10	3.26	7.84	6.05	3.26	4.19	11.23	4.17	4.98	0.88	25.44

表3-9　　　　　　深溪沟坝基测试干密度与压缩试验后土的干密度对比

试样编号	深度（m）	实测干密度（g/cm³）	压缩试验后土的干密度（g/cm³）
TK5	0	2.31	2.309
TK7	5	2.39	2.313
TK9	17	2.43	2.316
TK5	20	—	2.317
TK5	30	—	2.318
TK5	40	—	2.318
TK5	50	—	2.319

表3-10　　　　岷江、大渡河实际测试干密度与压缩试验后土的干密度对比

试验位置	深度（m）	实测干密度（g/cm³）	压缩试验后土的干密度（g/cm³）
浅部	0	2.18	2.173
深部	10	2.25	2.201
深部	20	—	2.209
深部	30	—	2.214
深部	40	—	2.217
深部	50	—	2.220

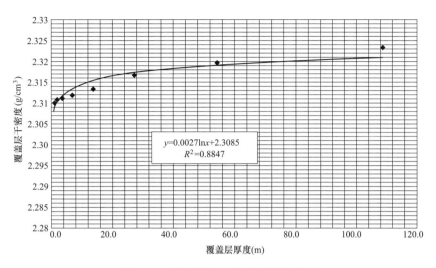

图 3-6　实测干密度与覆盖层厚度关系

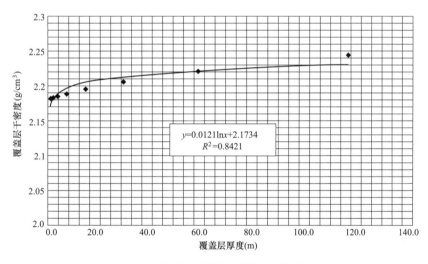

图 3-7　统计干密度与覆盖层厚度关系

通过上述图表可以看出以下两个方面的关系或规律：

（1）通过压缩试验获得的土料干密度与覆盖层厚度的关系，其相关性在 0.92 以上，相关性很好。

（2）比较压缩试验获得的土的干密度与实际测试获得的土的干密度可知，实际测试获得的土的干密度大于对应覆盖层厚度压缩试验获得的土的干密度，平均约大 $0.05\mathrm{g/cm^3}$。

采用此法，由浅部覆盖层砂卵石密度推求深部砂卵石的密度，经反复验证可行且较接近实际土体的密度。

2. 漂卵砾石层物理力学参数研究

我国西南地区深厚覆盖层中大量存在的漂卵砾石层，其厚度、结构特征、埋深、工程地质问题大致相同，强度和变形特征基本能满足高坝建设的要求，关键是存在渗漏和渗透稳定问题。目前，针对漂卵砾石层的常规土工试验手段有：浅层主要采用大型荷载试验获得土层承载能力和变形模量，采用原位渗透及渗透变形试验获得土层临界坡降、破坏坡降及渗透系数（有时也采用联合渗透和有上覆压力的渗透变形试验）；深层多采用钻孔旁压或动力触探试验获得不同深度的变形模量或承载能力，有时也采用原位大剪成果复核变形计算，采用抽、注水试验获得深层渗透参数。

依托泸定、深溪沟、长河坝、黄金坪、双江口、猴子岩等深厚覆盖层基坑开挖，对覆盖层不同深度、部位的土层进行了现场及室内试验，其中对猴子岩、长河坝、深溪沟水电工程利用坝基开挖后的揭示情况，进行了工程开挖后的深部漂卵砾石层现场及室内试验。考虑到常规试验一般在深度小于 10m 的覆盖层进行，故将浅部和深部的分界定在埋深 10m。埋深小于或等于 10m 的统称为浅部漂卵砾石层，埋深大于 10m 的统称为深部漂卵砾石层。

（1）基本物理性质统计及分析。下面分别对深部土层与钻孔样物理性质进行统计分析。

1）深部土层物理性质。汇总猴子岩、长河坝、深溪沟等水电工程探坑样深部漂卵砾石层物理性质成果，见表 3-11、表 3-12 和图 3-8。

表 3-11　　　　　　　　　　　深部漂卵砾石层密实度指标

评价指标	比重 G_s	干密度 $\rho_d(\mathrm{g/cm^3})$	孔隙比 e
统计组数	255	166	166
最大值	2.84	2.45	0.39
最小值	2.70	1.95	0.10
平均值	2.77	2.25	0.24
标准差 σ		0.086	0.052
变异系数		0.038	0.22
变异性评价		很小	中等

表 3-12　　　　　　　　深厚覆盖层砂卵石开挖后物理性质试验成果（深部）

级配范围	试验组数	物理性质指标					颗粒级配组成（颗粒粒径，mm）					小于5mm含量	不均匀系数 C_u	曲率系数 C_c	分类名称	
		湿密度 ρ (g/cm³)	干密度 ρ_d (g/cm³)	孔隙比 e	含水率 W (%)	比重 G_s	>200	200～60	60～2	2.000～0.075	<0.075	<5			典型土名	分类符号
							%	%	%	%	%	%				
上包线							0	17.0	50.5	21.5	5.0	32.5	101.8	1.4	卵石混合土	SlCb
平均线	255	2.29	2.25	0.23	2.0	2.77	17.4	22.0	40.8	14.4	1.2	22.1	77.2	2.0	卵石混合土	SlCb
下包线							40.0	26.2	29.0	8.5	0.5	13.0	72.7	2.5	混合土漂石	BSl

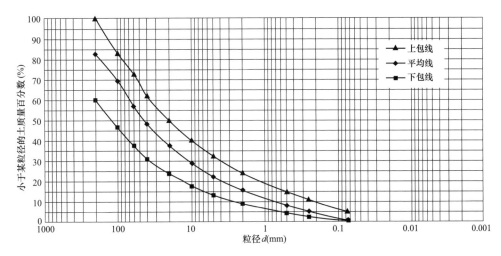

图 3-8　深部砂卵石颗分曲线

　　成果表明：深部探坑样干密度在 1.95～2.45g/cm³，平均 2.25g/cm³。其包络线组成：大于 200mm 的漂石含量在 0～40.0％，平均 17.4％；200～60mm 的卵石含量在 17.0％～26.2％，平均 22.0％；60～2mm 的砾石含量在 29.0％～50.5％，平均 40.8％；2.000～0.075mm 的砂含量在 8.5％～21.5％，平均 14.4％；小于 0.075mm 的细粒含量在 0.5％～5.0％，平均 1.2％；小于 5mm 的颗粒含量在 13.0％～32.5％，平均 22.1％。上包线、平均线、下包线分别定名为卵石混合土、卵石混合土、混合土漂石。

　　2）钻孔样物理性质。汇总猴子岩、长河坝、深溪沟等已建、待建水电工程钻孔样漂卵砾石层的物理性质成果，见表 3-13、表 3-14 和图 3-9。

表 3-13　　　　　　　　　　　　钻孔样漂卵砾石层密实度指标

评价指标	比重 G_s	干密度 ρ_d(g/cm³)	孔隙比 e
统计组数	168	44	44
最大值	2.84	2.30	0.38
最小值	2.62	1.73	0.15
平均值	2.72	2.11	0.27
标准差 σ		0.114	0.062
变异系数		0.054	0.23
变异性评价		小	中等

　　成果表明：钻孔取样干密度在 1.73～2.30g/cm³，平均 2.11g/cm³。其包络线组成：大于 200mm 的漂石含量在 0～36.0％，平均 5.6％；200～60mm 的卵石含量在 3.0％～26.0％，平均 24.4％；60～2mm 的砾石含量在 31.0％～49.0％，平均 43.8％；2.000～0.075mm 的砂含量在 6.5％～30.0％，平均 21.4％；小于 0.075mm 的细粒含量在 0.5％～18.0％，平均 4.7％；小于 5mm 的颗粒含量在 11.0％～59.0％，平均

33.6%。上包线、平均线、下包线分别定名为粉土质砾、卵石混合土、混合土漂石。

表 3-14　　　　　　　　　深厚覆盖层砂卵石钻孔物理性质试验成果

级配范围	试验组数	物理性质指标					颗粒级配组成（颗粒粒径，mm）					小于5mm含量	不均匀系数 C_u	曲率系数 C_c	分类名称	
		湿密度 ρ （g/cm³）	干密度 ρ_d （g/cm³）	孔隙比 e	含水率 W （%）	比重 G_s	>200	200~60	60~2	2.000~0.075	<0.075	<5			典型土名	分类符号
							%	%	%	%	%	%				
上包线							0	3.0	31.0	30.0	18.0	59.0	230.6	1.1	粉土质砾	GC
平均线	168	2.17	2.11	0.28	2.7	2.72	5.6	24.4	43.8	21.4	4.7	33.6	188.7	1.4	卵石混合土	SlCb
下包线							36.0	26.0	49.0	6.5	0.5	11.0	40.0	1.9	混合土漂石	BSl

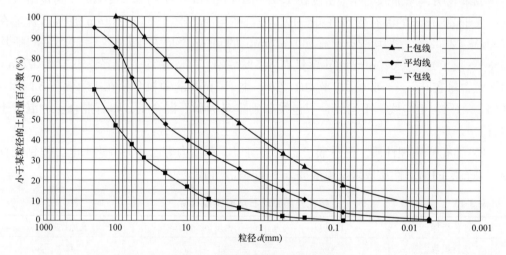

图 3-9　钻孔样砂卵石颗分曲线

（2）力学性质统计与分析。漂卵砾石层强度与变形参数一般能满足水电工程的需要，存在的主要工程地质问题为渗漏和渗透稳定问题，强度与变形参数问题次之。

1）渗透稳定性统计与分析。覆盖层的渗透稳定性对设计渗流控制方案至关重要，尤其是漂卵砾石层的渗透稳定性更是重中之重。冲洪积漂卵砾石层具有颗粒粒径差别大、孔隙率高、级配不良等特点。国内外因覆盖层渗透变形破坏导致的工程事故时有发生。抗渗透变形破坏参数是漂卵砾石层研究的重点内容。

统计了大渡河流域深溪沟、猴子岩、双江口、长河坝、硬梁包、巴底、金川等水电工程的现场砂卵石室内渗透变形试验数据 84 组、现场渗透变形试验数据 55 组，分别对现场和室内渗透变形成果进行了汇总，并对渗透系数量级分布进行了统计分析，成果见表 3-15、表 3-16。

表 3-15　　　　　　深厚覆盖层砂卵石原位渗透变形试验成果（深部）

评价指标	临界坡降 i_k	破坏坡降 i_f	渗透系数 k_{20}(cm/s)
统计组数	6	6	12
最大值	1.91	5.31	9.50×10^{-2}
最小值	0.59	1.27	1.21×10^{-3}
平均值	1.29	3.51	4.36×10^{-2}
标准差 σ	0.50	1.33	4.10×10^{-2}
变异系数	0.39	0.38	0.89

表 3-16　　　　　　深厚覆盖层砂卵石室内扰动渗透变形试验成果（深部）

评价指标	临界坡降 i_k	破坏坡降 i_f	渗透系数 k_{20}（cm/s）
统计组数	36	36	39
最大值	1.08	2.54	8.21×10^{-1}
最小值	0.13	0.29	2.33×10^{-3}
平均值	0.43	1.02	1.90×10^{-1}
标准差 σ	0.29	0.62	1.03×10^{-1}
变异系数	0.66	0.62	1.90

原位渗透系数在 $1.21 \times 10^{-3} \sim 9.50 \times 10^{-2}$ cm/s，平均 4.36×10^{-2} cm/s；临界坡降在 $0.59 \sim 1.91$，平均 1.29；破坏坡降在 $1.27 \sim 5.31$，平均 3.51。

室内扰动渗透系数在 $2.33 \times 10^{-3} \sim 8.21 \times 10^{-1}$ cm/s，平均 1.90×10^{-1} cm/s；临界坡降在 $0.13 \sim 1.08$，平均 0.43；破坏坡降在 $0.29 \sim 2.54$，平均 1.02。

2）强度特性统计与分析。土的抗剪强度特性是覆盖层主要工程特性指标之一。抗剪强度试验可分为现场大型剪力试验（试验工况为天然快剪）、室内直剪试验（饱和固结快剪）和室内三轴试验三种。

统计了大渡河流域猴子岩、双江口、长河坝、龙头石及西藏 ML 项目等水电工程坝址覆盖层砂卵石抗剪强度试验数据 84 组，其中直剪试验数据 55 组，高压大三轴试验数据 29 组，统计成果见表 3-17、表 3-18。

表 3-17　　　　　　深厚覆盖层砂卵石直剪试验成果（深部）

评价指标	直剪试验（饱、固、快）	
	黏聚力 c(kPa)	内摩擦角 φ(°)
统计组数	33	33
最大值	140	47.6
最小值	40	38.7
平均值	81.6	42.5
标准差 σ	23.65	2.02
变异系数	0.29	0.05

由直剪试验统计成果可知，内摩擦角 φ 在 $38.7°\sim47.6°$，平均 $42.5°$。

表 3-18　　　　深厚覆盖层砂卵石高压大三轴试验成果（深部）

评价指标	非线性参数		线性参数		E-μ、E-B 模型参数							
	φ_0 (°)	$\Delta\varphi$ (°)	φ (°)	c (kPa)	K	n	R_f	D	G	F	K_b	m
统计组数	13	13	13	13	13	13	13	13	13	13	13	13
最大值	53.4	9.8	40.6	263	1515	0.39	0.78	9.4	0.33	0.117	560	0.31
最小值	46.3	5.0	37.2	108	569	0.28	0.69	4.4	0.27	0.076	196	0.21
平均值	49.5	7.0	38.4	184.1	1077	0.3	0.7	7.2	0.3	0.1	381.9	0.3
标准差 σ	2.18	1.53	1.02	49.21	284.7	0.03	0.03	1.38	0.02	0.01	104.7	0.03
变异系数	0.04	0.22	0.03	0.27	0.26	0.09	0.03	0.19	0.06	0.11	0.27	0.11

由高压大三轴试验统计成果可知，深部非线性参数 φ_0 在 $46.3°\sim53.4°$，平均 $49.5°$；$\Delta\varphi$ 在 $5.0°\sim9.8°$，平均 $7.0°$；线性参数 φ 在 $37.2°\sim40.6°$，平均 $38.4°$；c 在 $108\sim263\text{kPa}$，平均 184.1kPa。E-μ 模型参数 K 在 $569\sim1515$，平均 1077。

3）压缩变形特性统计与分析。覆盖层的压缩变形特性试验包括室内压缩试验、现场旁压试验和现场荷载试验三种。汇总了猴子岩、长河坝、双江口、泸定、深溪沟等已建、在建水电工程漂卵砾石层的压缩变形特性成果，见表 3-19～表 3-22。

表 3-19　　　　深厚覆盖层砂卵石荷载试验成果（浅部）

评价指标	比例界限 f_{pk}（MPa）	变形模量 E_0（MPa）	相应沉降量 S（mm）
统计组数	43	41	41
最大值	0.98	77.8	7.6
最小值	0.25	29.3	2.7
平均值	0.63	47.1	5.2
标准差 σ	0.16	12.40	1.50
变异系数	0.26	0.26	0.29

表 3-20　　　　深厚覆盖层砂卵石室内压缩试验成果（深部）

评价指标	压缩试验（饱和）（0.1～0.2MPa）	
	压缩系数 a_V（MPa^{-1}）	压缩模量 E_s（MPa）
统计组数	35	35
最大值	0.022	192.6
最小值	0.006	55.5
平均值	0.01	98.6
标准差 σ	0.00	38.76
变异系数	0.32	0.39

由荷载试验（浅部）统计成果（见表 3-19）可知，比例界限 f_{pk} 在 $0.25\sim$

48

0.98MPa，平均0.63MPa；变形模量在29.3～77.8MPa，平均47.1MPa。

由室内压缩试验（深部）统计成果（见表3-20）可知，漂卵砾石层均具低压缩性；压缩模量 E_s 在55.5～192.6MPa，平均98.6MPa。

表3-21　　　　　　　　　深厚覆盖层砂卵石旁压试验成果（深部）

评价指标	试验深度 h(m)	极限压力 p_L(kPa)	承载力基本值 f_0(kPa)（极限荷载法）	旁压模量 E_m(MPa)	变形模量 E_0(MPa)
统计组数	31	31	31	37	37
最大值	54.7	6400	1629	69.3	218.8
最小值	10.9	2120	506	19.8	84.7
平均值		3546	916	37.02	134.8
标准差 σ		1106.5	281.7	12.9	36.6
变异系数		0.33	0.32	0.37	0.29

由旁压试验（深部）统计成果（见表3-21）可知，承载力基本值 f_0 在506～1629kPa，平均916kPa；旁压模量在19.8～69.3MPa，平均37.02MPa；对应变形模量在84.7～218.8MPa，平均134.8MPa。

表3-22　　　　　　　　深厚覆盖层砂卵石现场大型荷载试验（深部）

试样编号/评价指标	试验深度 ρ_d (g/cm³)	比例界限 f_{pk} (MPa)	变形模量 E_0 (MPa)	相应沉降量 S (mm)
E2-1	20.0	0.50	90.2	2.1
SE2	28.0	>1.29	108.4	6.1
SE3	28.0	>1.29	97.3	6.8
H①-1-1	75.0	0.85	125.3	2.9
H①-2-1	75.0	0.75	128.7	2.3
H①-3-1	80.0	0.85	166.1	2.2
H①-4-1	82.0	0.7	149.2	1.8
最大值		1.29	166.1	1.8
最小值		0.50	90.2	6.8
平均值		0.89	123.6	3.4

由现场大型荷载试验（深部）统计成果（见表3-22）可知，比例界限 f_{pk} 在0.50～1.29MPa，平均0.89MPa；变形模量在90.2～166.1MPa，平均123.6MPa。

3. 砂土层物理力学参数研究

利用覆盖层做地基建高土石坝时，应尽量避免砂土层。当砂土层埋深小于10m时，一般可采取挖除措施；当砂土层深度超过10m时，一般难以挖除，或挖除很不经济。但应查明砂土层的基本物理力学特性及其动力特性，采取相应的人工加密等处理措施，使得经过处理后的砂土层地基能满足变形、抗滑稳定、抗渗透和抗液化稳定的要求。部分中、粗砂的力学性质相对较好，一般不存在液化问题；细砂和粉细砂的力学性质较差，且须研究其抗液化能力。故在砂土层的物理力学参数研究中，应对中、粗砂和粉（细）砂分别予以探讨。

（1）基本物理性质统计与分析。成都院选取深厚覆盖层砂土层土样 559 组进行分析，统计了 211 组密度数据、512 组含水率数据，统计成果见表 3-23～表 3-29 和图 3-10～图 3-12。砂土的相对密度参数 D_r 可表征砂土的密实程度，由表 3-23 可知，其相对密度 D_r 在 0.33～0.98，平均 0.75。

由表 3-24、表 3-27 可知，砂层取样深度在 10.6～249.6m，平均 87.3m；干密度在 1.35～2.10g/cm³，平均 1.68g/cm³；孔隙比在 0.324～0.980，平均 0.624；含水率在 0.1%～33.9%，平均 8.2%；比重在 2.61～2.94，平均 2.70。砂层中小于 5mm 的颗粒含量在 55.8%～100.0%，平均 94.2%；2.00～0.25mm 的颗粒含量在 0.6%～90.4%，平均 46.5%；0.250～0.075mm 的颗粒含量在 1.5%～90.2%，平均 29.5%。砂层有效粒径 D_{10} 在 0.002～0.346mm，平均 0.086mm；中值粒径 D_{50} 在 0.08～1.95mm，平均 0.47mm。

表 3-23　　　　　　　　　　　　　　相对密度试验成果

评价指标	取样深度 h(m)	最小干密度 ρ_{dmin}(g/cm³)	最大干密度 ρ_{dmax}(g/cm³)	天然干密度 ρ_d(g/cm³)	相对密度 D_r	比重 G_s	孔隙比 e	孔隙率 n(%)	中值粒径 D_{50}(mm)	有效粒径 D_{10}(mm)
统计组数	69	81	81	81	81	81	81	81	76	76
平均值	76.9	1.33	1.86	1.70	0.75	2.70	0.60	37.07	0.505	0.101
最大值	259.0	1.51	2.03	1.91	0.98	2.80	0.96	49.09	1.951	0.346
最小值	12.0	1.15	1.69	1.40	0.33	2.63	0.42	29.78	0.087	0.004
标准差 σ		0.09	0.09	0.10	0.12	0.03	0.11	4.07	—	—
变异系数		0.07	0.05	0.06	0.16	0.01	0.18	0.11	—	—
变异评价		很小	很小	很小	小	很小	小	小		

表 3-24　　　　　　　　　　　　　　砂土层物理性质统计

评价指标	取样深度 h(m)	天然状态土的物理性质指标				比重 G_s	特征粒径 (mm)		不均匀系数 C_u	曲率系数 C_c
		湿密度 ρ(g/cm³)	干密度 ρ_d(g/cm³)	孔隙比 e	含水率 W(%)		D_{10}	D_{50}		
统计组数	547	211	211	211	512	559	559	559	559	559
平均值	87.3	1.89	1.68	0.624	8.2	2.70	0.086	0.47	18.5	1.4
最大值	249.6	2.27	2.10	0.980	33.9	2.94	0.346	1.95	224.7	13.6
最小值	10.6	1.43	1.35	0.324	0.1	2.61	0.002	0.08	1.7	0.1
标准差 σ	68.4	0.14	0.14	0.141	7.2	0.04	0.058	0.35	30.9	1.3
变异系数	0.78	0.08	0.08	0.23	0.88	0.01	0.67	0.74	1.67	0.94
变异性	很大	很小	很小	中等	很大	很小	很大	很大	很大	很大

表 3-25　　　　　　　　　　　　　中、粗砂物理性质统计

评价指标	取样深度 h（m）	天然状态土的物理性质指标				比重 G_s	特征粒径（mm）		不均匀系数 C_u	曲率系数 C_c
		湿密度 ρ(g/cm³)	干密度 ρ_d(g/cm³)	孔隙比 e	含水率 W(%)		D_{10}	D_{50}		
统计组数	389	134	134	134	383	401	401	401	401	401
平均值	98.3	1.90	1.71	0.589	6.7	2.70	0.101	0.59	17.4	1.2
最大值	248.4	2.27	2.10	0.901	29.2	2.94	0.346	1.95	219.9	13.6
最小值	10.6	1.43	1.42	0.324	0.1	2.61	0.003	0.26	1.7	0.1
标准差 σ	70.1	0.16	0.13	0.12	5.6	0.04	0.056	0.35	29.5	1.3
变异系数	0.71	0.08	0.08	0.21	0.84	0.02	0.558	0.59	1.7	1.1
变异性	很大	很小	很小	中等	很大	很小	很大	很大	很大	很大

表 3-26　　　　　　　　　　　　　粉（细）砂物理性质统计

评价指标	取样深度 h（m）	天然状态土的物理性质指标				比重 G_s	特征粒径（mm）		不均匀系数 C_u	曲率系数 C_c
		湿密度 ρ(g/cm³)	干密度 ρ_d(g/cm³)	孔隙比 e	含水率 W(%)		D_{10}	D_{50}		
统计组数	158	77	77	77	129	158	158	158	158	158
平均值	60.4	1.89	1.62	0.684	12.93	2.70	0.048	0.18	21.3	1.8
最大值	249.6	2.23	1.99	0.980	33.90	2.80	0.097	0.25	224.7	6.5
最小值	11.9	1.70	1.35	0.374	0.40	2.63	0.002	0.08	2.2	0.6
标准差 σ	57.8	0.12	0.14	0.15	9.25	0.04	0.04	0.04	34.1	1.22
变异系数	0.96	0.06	0.09	0.22	0.72	0.01	0.75	0.24	1.60	0.68
变异性	很大	很小	很小	中等	很大	很小	很大	中等	很大	很大

由表 3-25、表 3-27 可知，中、粗砂取样深度在 10.6~248.4m，平均 98.3m；干密度在 1.42~2.10g/cm³，平均 1.71g/cm³；孔隙比在 0.324~0.901，平均 0.589；含水率在 0.1%~29.2%，平均 6.7%；比重在 2.61~2.94，平均 2.70。中、粗砂层中小于 5mm 的颗粒含量在 55.8%~100%，平均 92.9%；2.00~0.25mm 的颗粒含量在 17.5%~90.4%，平均 54.7%；0.250~0.075mm 的颗粒含量在 1.5%~44.6%，平均 21.8%。中、粗砂层有效粒径 D_{10} 在 0.003~0.346mm，平均 0.101mm；中值粒径 D_{50} 在 0.26~1.95mm，平均 0.59mm。

由表 3-26、表 3-27 可知，粉（细）砂取样深度在 11.9~249.6m，平均 60.4m；干密度在 1.35~1.99g/cm³，平均 1.62g/cm³；孔隙比在 0.374~0.980，平均 0.684；含水率在 0.40%~33.90%，平均 12.93%；比重在 2.63~2.80，平均 2.70。粉（细）砂层中小于 5mm 的颗粒含量在 77.9%~100%，平均 97.6%；2.00~0.25mm 的颗粒含量在 0.6%~47.3%，平均 25.9%；0.250~0.075mm 的颗粒含量在为 5.8%~90.2%，平均 49.0%。有效粒径 D_{10} 在 0.002~0.097mm，平均 0.048mm；中值粒径 D_{50} 在 0.08~0.25mm，平均 0.18mm。

就平均值而言，与中、粗砂相比较，粉（细）砂的干密度小，孔隙比大，含水率大，但两者的比重接近。

表 3-27 砂土层级配包线组成

级配范围	颗粒级配组成（颗粒粒径，mm）												特征粒径（mm）		不均匀系数 C_u	曲率系数 C_c	分类名称	
	>60	60~40	40~20	20~10	10~5	5~2	2.0~0.5	0.50~0.25	0.250~0.075	0.075~0.005	<0.005	<5	2.00~0.25	0.250~0.075	D_{10}	D_{50}			典型土名	分类符号
	%	%	%	%	%	%	%	%	%	%	%	%	%	%						
砂层平均线	0.2	0.5	1.0	1.7	2.3	5.9	24.7	21.8	29.5	10.2	2.1	94.2	46.5	29.5	0.059	0.34	7.7	1.2	含细粒土砂	SF
砂层上包线		4.5	5.7	6.3	6.5	0.2	3.5	11.0	46.7	27.1	11.5	100.0	14.5	46.7	0.004	0.12	36.1	4.2	粉土质砂	SM
砂层下包线	0.2	0.6	1.3	2.0	2.8	11.3	33.8	17.0	14.8			76.9	50.8	14.8	0.193	1.31	9.1	0.7	级配不良砂	SP
粗、中砂平均线	0.3			5.5	5.2	7.3	30.8	23.9	21.8	7.9	1.2	92.9	54.7	21.8	0.082	0.45	9.2	1.0	含细粒土砂	SF
粗、中砂上包线					1.0	1.0	21.5	30.1	19.6	19.7	8.1	100.0	51.6	19.6	0.012	0.27	30.2	2.1	粉土质砂	SM
粗、中砂下包线	0.4	6.5	7.9	5.5	5.2	10.8	34.4	16.2	11.4	1.7		74.5	50.6	11.4	0.202	1.40	9.1	0.8	级配不良砂	SP
粉（细）砂平均线		0.1	0.4	0.8	1.0	2.3	9.3	16.6	49.0	16.0	4.4	97.6	25.9	49.0	0.030	0.18	7.3	1.8	粉土质砂	SM
粉（细）砂上包线				0.4			0.8	5.7	49.0	27.6	16.8	99.9	6.5	49.0	0.003	0.10	50.9	4.4	粉土质砂	SM
粉（细）砂下包线		0.1	4.2	3.1	4.4	5.4	17.4	14.7	46.2	4.6		88.3	32.1	46.2	0.095	0.25	4.3	0.8	级配不良砂	SP

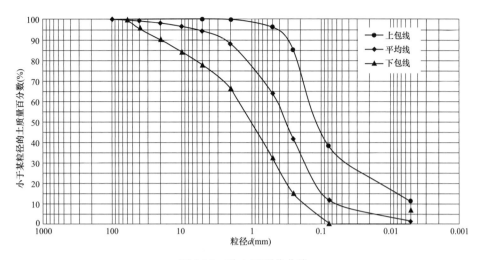

图 3-10 砂土层颗分曲线

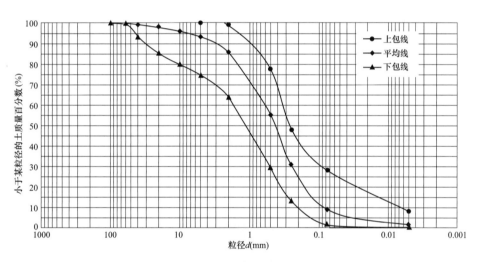

图 3-11 中、粗砂颗分曲线

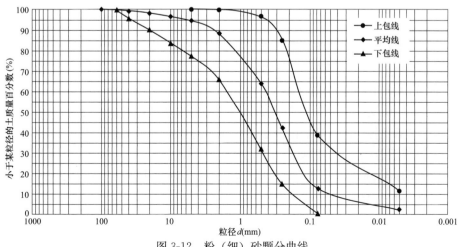

图 3-12 粉（细）砂颗分曲线

由表 3-28 和图 3-11 可知：中、粗砂天然干密度在 $1.51 \sim 1.88 \mathrm{g/cm^3}$，平均 $1.71 \mathrm{g/cm^3}$。中、粗砂的相对密度在 $0.33 \sim 0.92$，平均 0.74，其中约 81% 处于密实状态，即相对密度 $D_r > 0.67$；约 19% 处于中密状态，即相对密度 D_r 在 $0.33 \sim 0.67$。

由表 3-29 和图 3-12 可知：粉（细）砂天然干密度在 $1.40 \sim 1.91 \mathrm{g/cm^3}$，平均 $1.67 \mathrm{g/cm^3}$。粉（细）砂的相对密度在 $0.55 \sim 0.98$，平均 0.78，其中约 87% 处于密实状态，即相对密度 $D_r > 0.67$；约 13% 处于中密状态，即相对密度 D_r 在 $0.33 \sim 0.67$。

表 3-28　　　　　　　　　　中、粗砂相对密度参数统计

评价指标	取样深度 h (m)	最小干密度 ρ_{dmin} (g/cm³)	最大干密度 ρ_{dmax} (g/cm³)	天然干密度 ρ_d (g/cm³)	相对密度 D_r	比重 G_s	孔隙比 e	孔隙率 n (%)	中值粒径 D_{50} (mm)	有效粒径 D_{10} (mm)
统计组数	50	57	57	57	57	57	57	57	57	57
平均值	85.30	1.35	1.88	1.71	0.74	2.70	0.58	36.59	0.643	0.113
最大值	259.00	1.51	2.03	1.88	0.92	2.80	0.81	44.69	1.951	0.346
最小值	12.00	1.16	1.73	1.51	0.33	2.64	0.44	30.71	0.263	0.004
标准差 σ		0.09	0.08	0.09	0.13	0.03	0.10	3.71		
变异系数		0.06	0.04	0.05	0.17	0.01	0.16	0.10		
变异评价		很小	很小	很小	小	很小	小	小		

表 3-29　　　　　　　　　　粉（细）砂相对密度参数统计

评价指标	取样深度 h (m)	最小干密度 ρ_{dmin} (g/cm³)	最大干密度 ρ_{dmax} (g/cm³)	天然干密度 ρ_d (g/cm³)	相对密度 D_r	比重 G_s	孔隙比 e	孔隙率 n (%)	中值粒径 D_{50} (mm)	有效粒径 D_{10} (mm)
统计组数	24	24	24	24	24	24	24	24	24	24
平均值	59.26	1.28	1.82	1.67	0.78	2.70	0.63	38.22	0.180	0.071
最大值	228.65	1.41	1.99	1.91	0.98	2.78	0.96	49.09	0.239	0.325
最小值	21.42	1.15	1.69	1.40	0.55	2.63	0.42	29.78	0.087	0.004
标准差 σ		0.07	0.09	0.12	0.11	0.04	0.13	4.72		
变异系数		0.05	0.05	0.07	0.13	0.01	0.21	0.12		
变异评价		很小	很小	很小	小	很小	中等	小		

中值粒径 D_{50} 在 $0.25 \sim 0.50 \mathrm{mm}$ 时，天然干密度 ρ_d 在 $1.53 \sim 1.85 \mathrm{g/cm^3}$；中值粒径 D_{50} 大于 $0.5 \mathrm{mm}$ 时，天然干密度 ρ_d 在 $1.60 \sim 1.90 \mathrm{g/cm^3}$；中值粒径 D_{50} 小于 $0.25 \mathrm{mm}$ 时，天然干密度 ρ_d 在 $1.45 \sim 1.80 \mathrm{g/cm^3}$。

（2）力学性质统计与分析。砂土层力学性质的主要研究内容是砂土层的强度、变形、渗透及其工程稳定性。影响砂土层工程性质的主要因素是密实度，其主要由相对密度 D_r 来评价。

通过常规力学性质试验对覆盖层埋深超过 10m 的砂土层的力学性质进行了汇总。由表 3-30 可知：砂土层相对密度 D_r 在 $0.33 \sim 0.91$，平均 0.75，基本处于中密～密实状态；其压缩系数 $a_{V(0.1 \sim 0.2)}$ 在 $0.068 \sim 0.427 \mathrm{MPa^{-1}}$，平均 $0.150 \mathrm{MPa^{-1}}$；相应的压缩模量 E_s 在 $3.7 \sim 21.5 \mathrm{MPa}$，平均 $12.4 \mathrm{MPa^{-1}}$，具有低～中压缩性；其黏聚力 c 在 $2 \sim 23 \mathrm{kPa}$，平均

12kPa；内摩擦角 φ 在 $20.8°\sim28.9°$，平均 $26.4°$，具有中～中高抗剪强度；其渗透系数 k_{20} 在 $1.13\times10^{-5}\sim4.09\times10^{-2}$ cm/s，平均 4.38×10^{-3} cm/s，具有强～弱透水性。

表 3-30　　　　　　　　　　　　　砂土层力学性试验成果

评价指标	制样条件					压缩试验 $(0.1\sim0.2\text{MPa})$		渗透试验	直剪试验 (饱、固、快)	
	干密度 ρ_d (g/cm³)	取样深度 h(m)	相对密度 D_r	中值粒径 D_{50}(mm)	有效粒径 D_{10}(mm)	压缩系数 a_V (MPa⁻¹)	压缩模量 E_s (MPa)	渗透系数 k_{20} (cm/s)	黏聚力 c (kPa)	内摩擦角 φ(°)
统计组数	65	56	64	59	59	67	67	52	66	66
平均值	1.70	89.4	0.75	0.553	0.106	0.150	12.4	4.38×10^{-3}	12	26.4
最大值	1.88	237.1	0.91	1.951	0.346	0.427	21.5	4.09×10^{-2}	23	28.9
最小值	1.51	12.3	0.33	0.160	0.009	0.068	3.7	1.13×10^{-5}	2	20.8
标准差 σ	0.10		0.13			0.073	4.3	1.11×10^{-2}	5	2.1
变异系数	0.06		0.17			0.49	0.35	2.53	0.45	0.08
变异评价	很小		小			很大	大	很大	很大	很小

分析表 3-31～表 3-33 可知：

表 3-31　　　　　　　　　　　中、粗砂力学试验参数统计

评价指标	制样条件					压缩试验 $(0.1\sim0.2\text{MPa})$		渗透试验	直剪试验 (饱、固、快)	
	干密度 ρ_d (g/cm³)	取样深度 h(m)	相对密度 D_r	中值粒径 D_{50}(mm)	有效粒径 D_{10}(mm)	压缩系数 a_V (MPa⁻¹)	压缩模量 E_s (MPa)	渗透系数 k_{20} (cm/s)	黏聚力 c (kPa)	内摩擦角 φ(°)
统计组数	45	40	45	45	45	46	46	35	46	46
平均值	1.72	96.62	0.74	0.66	0.123	0.14	13.2	6.39×10^{-3}	11	26.6
最大值	1.88	237.10	0.90	1.95	0.346	0.43	21.5	4.09×10^{-2}	23	28.9
最小值	1.51	12.30	0.33	0.26	0.023	0.07	3.7	1.17×10^{-5}	2	20.8
标准差 σ	0.09		0.14	0.39	0.081	0.07	4.2	1.31×10^{-2}	5	2.3
变异系数	0.05		0.19	0.59	0.66	0.50	0.32	2.05	0.46	0.08
变异评价	很小		小	很大	很大	很大	大	很大	很大	很小

中、粗砂压缩压缩系数 $a_{V(0.1\sim0.2)}$ 在 $0.07\sim0.43$MPa⁻¹，平均 0.14MPa⁻¹；相应的压缩模量 E_s 在 $3.7\sim21.5$MPa，平均 13.2MPa，具有低～中压缩性，主要以中压缩为主，约占 76%；其黏聚力 c 在 $2\sim23$kPa，平均 11kPa；内摩擦角 φ 在 $20.8°\sim28.9°$，平均 $26.6°$，具有中～中高抗剪强度，主要以中强抗剪强度为主，约占 84%；其渗透系数 k_{20} 在 $1.17\times10^{-5}\sim4.09\times10^{-2}$ cm/s，平均 6.39×10^{-3} cm/s，具有强～弱透水性，平均属中等透水性。

粉（细）砂压缩系数 $a_{V(0.1\sim0.2)}$ 在 $0.09\sim0.32$MPa⁻¹，平均 0.18MPa⁻¹；相应的压缩模量 E_s 在 $4.9\sim18.4$MPa，平均 10.6MPa，具有低～中压缩性，以中压缩为主，约占 95%；其黏聚力 c 在 $5\sim23$kPa，平均 15kPa；内摩擦角 φ 在 $21.7°\sim28.8°$，平均 $25.9°$，具有中～中高抗

剪强度，以中强抗剪强度为主，约占 81%；其渗透系数 k_{20} 在 $1.13\times10^{-5}\sim1.80\times10^{-3}\,\mathrm{cm/s}$，平均 $2.35\times10^{-4}\,\mathrm{cm/s}$，具有强～弱透水性，平均属中等透水性。

表 3-32　　　　　　　　　　粉（细）砂力学试验参数统计

评价指标	制样条件					压缩试验 (0.1～0.2MPa)		渗透试验	直剪试验 (饱、固、快)	
	干密度 ρ_d (g/cm³)	取样深度 h(m)	相对密度 D_r	中值粒径 D_{50}(mm)	有效粒径 D_{10}(mm)	压缩系数 a_V (MPa^{-1})	压缩模量 E_s (MPa)	渗透系数 k_{20} (cm/s)	黏聚力 c (kPa)	内摩擦角 φ(°)
统计组数	20	16	19	14	14	21	21	17	21	21
平均值	1.65	71.37	0.78	0.20	0.055	0.18	10.6	2.35×10^{-4}	15	25.9
最大值	1.78	228.70	0.91	0.24	0.095	0.32	18.4	1.80×10^{-3}	23	28.8
最小值	1.52	21.40	0.50	0.16	0.009	0.09	4.9	1.13×10^{-5}	5	21.7
标准差 σ	0.09	56.04	0.10	0.02	0.034	0.08	4.0	4.54×10^{-4}	5	1.7
变异系数	0.05		0.13	0.12	0.62	0.43	0.38	2.05	0.33	0.07
变异评价	很小		小	小	很大	很大	大	很大	大	很小

表 3-33　　　　　　　　中、粗砂与粉（细）砂力学试验参数对比

评价指标	制样条件					压缩试验 (0.1～0.2MPa)		渗透试验	直剪试验 (饱、固、快)	
	干密度 ρ_d (g/cm³)	取样深度 h(m)	相对密度 D_r	中值粒径 D_{50}(mm)	有效粒径 D_{10}(mm)	压缩系数 a_V (MPa^{-1})	压缩模量 E_s (MPa)	渗透系数 k_{20} (cm/s)	黏聚力 c (kPa)	内摩擦角 φ(°)
中、粗砂平均值	1.72	96.62	0.74	0.66	0.123	0.14	13.2	6.39×10^{-3}	11	26.6
粉（细）砂平均值	1.65	71.37	0.78	0.20	0.055	0.18	10.6	2.35×10^{-4}	15	25.9
差值	0.07		−0.04			−0.04	2.60	6.16×10^{-3}	−4	0.7
差值占大值比	4.1%		5.1%			22.2%	19.7%	96.3%	26.7%	2.6%
平均值相比	1.04		0.95			0.78	1.25	27.19	0.73	1.03

4. 黏性土层物理力学参数研究

对于覆盖层黏性土，因其模量较低、变形较大，如在浅部大多做挖出处理，所以往往需重点关注其深部的物理力学特性；此外，作为深部的细粒土类，一般都要经历长期的水力搬运、冲刷、浸泡、静水沉积、上覆荷重等外力作用，河床深厚覆盖层已极少能寻到纯粉土层的分布。因此，依托西藏 ML 项目及大渡河猴子岩、泸定、硬梁包等大型水电工程，汇总了 20m 以下黏性土的钻孔资料，对黏性土物理性质间、力学性质间、物理性质与力学性质间的内在规律进行了探索，并提出了水电工程设计中需重点关注的物理力学参数。

（1）基本物理性质统计与分析。基本物理性质统计的项目包括干密度、含水率、孔隙比、液限、塑限、塑性指数、比重及颗粒级配特征含量。统计的西藏 ML 项目、猴子岩水电工程等深部黏性土的基本物理性质成果见表 3-34。

表3-34　深厚覆盖层黏性土物理性质成果

级配范围	天然状态土的物理性质指标								颗粒级配组成（颗粒粒径，mm）										小于5mm含量	小于0.075mm含量	不均匀系数C_u	曲率系数C_c	分类名称	
	湿密度ρ (g/cm³)	干密度ρ_d (g/cm³)	孔隙比e	含水率W (%)	液限W_L (%)	塑限W_P (%)	塑性指数I_P (%)	比重G_s	60~40 %	40~20 %	20~10 %	10~5 %	5~2 %	2.0~0.5 %	0.50~0.25 %	0.250~0.075 %	0.075~0.005 %	<0.005 %	<5 %	<0.075 %			典型土名	分类符号
ZKM平均线	1.82	1.56	0.746	16.3	37.3	20.7	16.6	2.72	0.03	0.06	0.19	0.24	0.14	0.87	0.87	5.80	64.48	27.31	99.47	91.79			低液限黏性土	CL
KZK平均线	1.91	1.61	0.70	18.6	30.90	18.10	12.8	2.74		0.17	0.18	0.66	1.22	1.66	0.63	4.34	64.77	26.37	99.00	91.14	7	0.7	低液限黏性土	CL
H②平均线	1.93	1.50	0.800	28.8	31.9	19.2	12.7	2.70					0.10	0.07	0.06	12.73	78.89	8.15	100	87.04				
HX②平均线	1.98	1.57	0.74	26.1	33.3	18.7	14.6	2.73					0.1	0.1	0.0	0.2	70.3	29.3	100	99.6			低液限黏性土	CL
BZK6平均线									—	0.15	0.23	0.15	0.95	2.23	0.76	37.72	42.59	15.21	99.46	57.80	4.4	0.63	砂质低液限黏性土	CLS

共收集统计物理性质指标 144 组，统计成果见表 3-35。其中，黏性土的干密度在 1.38～1.71g/cm³，平均 1.55g/cm³，干密度在 1.50～1.60g/cm³ 的占统计组数的近 60%；液限在 21.0%～51.0%，平均 33.2%；塑限在 10.5%～30.0%，平均 19.1%；塑性指数在 8.0～24.0，平均 14.1；黏粒含量在 6.00%～56.50%，平均 24.69%，黏粒含量在 15%～30% 的占统计组数的近一半。

表 3-35　　　　　　　　　　　　　　深厚覆盖层黏性土物理性质成果

评价指标	黏性土基本物理性质指标							颗粒级配特征含量		
	干密度 ρ_d (g/cm³)	含水率 W (%)	孔隙比 e	液限 W_L (%)	塑限 W_P (%)	塑性指数 I_P	比重 G_s	—	—	黏粒含量
								<5	<0.075	<0.005
最大值	1.71	36.7	0.940	51.0	30.0	24.0	2.80	100.00	100.00	56.50
平均值	1.55	22.8	0.743	33.2	19.1	14.1	2.69	99.67	88.16	24.69
最小值	1.38	4.4	0.547	21.0	10.5	8.0	2.58	94.19	51.30	6.00
标准差 σ	0.07	7.6	0.074	6.2	3.5	3.1	0.1	—	—	—
变异系数（%）	4.36	31.28	9.92	18.77	18.85	22.36	2.0	—	—	—

液限、塑限是反映黏性土具有不同软硬状态或稀稠状态的重要含水率界限指标，将黏性土的液限、塑限绘制成图 3-13，会发现两者的相关系数达到 0.95，线性公式（3-1）可供试验室资料校正或设计拟订。

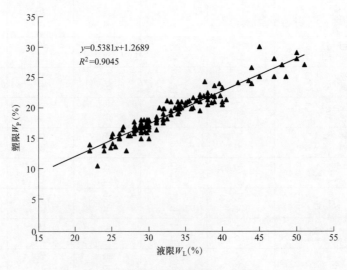

图 3-13　液限 W_L 与塑限 W_P 的关系

$$W_P = 0.5381W_L + 1.2689 \tag{3-1}$$

延伸拟合液限 W_L 与塑限 I_P 的关系，如式（3-2）所示，也可供分析使用。

$$I_P = 0.4616(W_L - 2.754) \tag{3-2}$$

（2）力学性质统计与分析。力学性质的统计与分析从以下两个方面进行：

1）常规力学性质试验。常规力学性质统计的项目包括对应干密度，含水率下的压缩系数、压缩模量、渗透系数，饱和固结状态下的直剪强度指标。统计的西藏 ML 项目、猴子岩水电工程等深部黏性土的力学性质参数见表 3-36。

表 3-36　　　　　　　　　　　　深厚覆盖层黏性土力学性质试验成果

评价指标	控制指标		压缩试验 （0.1~0.2MPa）		渗透试验	直剪试验 （饱、固、快）	
	干密度 ρ_d （g/cm³）	含水率 W （%）	压缩系数 a_V （MPa⁻¹）	压缩模量 E_s（MPa）	渗透系数 k_{20}（cm/s）	黏聚力 c （kPa）	内摩擦角 φ（°）
最大值	1.65	36.7	0.480	17.9	1.60×10^{-4}	28	29.0
平均值	1.56	18.5	0.220	9.0	3.02×10^{-5}	14	24.4
最小值	1.45	7.2	0.095	3.6	2.62×10^{-7}	8	16.6
标准偏差 σ	0.06	8.20	0.081	3.4	4.58×10^{-5}	9.57	2.58
变异系数（%）	3.62	44.3	36.9	37.8	151.1	57.8	10.7

共收集统计力学性质指标 44 组，由统计成果可知：

干密度在 $1.45 \sim 1.65$g/cm³，平均 1.56g/cm³。

压缩系数 $a_{V(0.1\sim0.2)}$ 在 $0.095 \sim 0.480$MPa⁻¹，平均 0.220MPa⁻¹，应属于中~低压缩土。低压缩土 $a_{V(0.1\sim0.2)}$ 为 0.095MPa⁻¹ 的有 2 组，占统计组数的近 5%；而中压缩土 $a_{V(0.1\sim0.2)}$ 在 $0.102 \sim 0.480$MPa⁻¹ 的有 42 组，占统计组数的近 95%。

$0.1 \sim 0.2$MPa 压力下的压缩模量 $E_{s(0.1\sim0.2)}$ 在 $4.0 \sim 18.0$MPa，平均 9.0MPa；压缩模量 $E_{s(0.1\sim0.2)}$ 小于 4MPa 的有 2 组，占统计组数的近 5%；压缩模量 $E_{s(0.1\sim0.2)}$ 在 $4.0 \sim 15.0$MPa 的有 38 组，占统计组数的近 86%；压缩模量 $E_{s(0.1\sim0.2)}$ 大于 15MPa 的有 4 组，占统计组数的近 9%。

渗透系数 k_{20} 在 $2.62 \times 10^{-7} \sim 1.60 \times 10^{-4}$cm/s，平均 3.02×10^{-5}cm/s。渗透系数

k_{20}在 $1\times10^{-5}\sim1\times10^{-4}$ cm/s（弱透水）的有 19 组，占统计组数的近 43%；渗透系数 k_{20} 在 $1\times10^{-6}\sim1\times10^{-5}$ cm/s（微透水）的有 14 组，占统计组数的近 32%；渗透系数 k_{20} 小于 1×10^{-6} cm/s（极微透水）的有 6 组，占统计组数的近 14%。

黏聚力 c 在 $8\sim28$ kPa，平均 14kPa。

内摩擦角 φ 在 $16.6°\sim29.0°$，平均 24.4kPa。其中，φ 在 $15.0°\sim20.0°$ 的有 2 组，占统计组数的近 5%；φ 在 $22.0°\sim25.0°$ 的有 22 组，占统计组数的近 50%；φ 在 $25.0°\sim29.0°$ 的有 20 组，占统计组数的近 45%。

可见，深部黏性土具有中~低压缩性、弱~极微透水性与一定的抗剪强度。

2）深部旁压试验。旁压试验是原位测试方法之一，可以直接在土层中进行，具有原位、准确、测试深度大等特点，由它所确定的坝基黏性土旁压模量与承载力是坝基沉降分析的重要指标。统计的硬梁包、ML 水电工程黏性土钻孔旁压试验成果见表 3-37。

黏性土层的旁压模量 E_m 在 $3.0\sim14.8$ MPa，平均 5.8MPa；按照临塑荷载法确定的承载力在 $280\sim660$ kPa，平均 413kPa；按照极限荷载法、安全系数为 3 确定的承载力在 $163\sim637$ kPa，平均 290kPa。变形模量 E_0 可根据公式 $E_m=\alpha\cdot E_0$ 推算（α 取 0.67）。

表 3-37　　　　　　　　　　　ML 水电工程钻孔旁压试验成果

统计值	初始压力 p_0(kPa)	临塑压力 p_F(kPa)	极限压力 p_L(kPa)	承载力特征值 f_{ak}（安全系数为 3）		旁压模量 E_m(MPa)	变形模量 E_0
				临塑荷载法（kPa）	极限荷载法（MPa）		
最大值	300	950	1590	660	637	14.8	22.2
平均值	163	576	951	413	290	5.8	8.7
最小值	60	380	600	280	163	3.0	4.5

三、深埋覆盖层邓肯-张模型参数分析

目前，在土体静力本构模型研究方面，主要分为非线性弹性模型和弹塑性模型两类。其中，邓肯-张非线性弹性模型（包括 E-μ 及 E-B 模型），由于其能反映土体的非线性变形特性，而且形式简单，参数确定方便，在长期使用中又积累了丰富的经验，因而得到广泛的应用。在表 3-38 中，统计了 10 余个水电工程深部覆盖层的邓肯-张非线性弹性模型（包括 E-μ 及 E-B 模型）参数，能较好地反映土体的非线性变形特性对不同土性参数的差异性，对深部漂卵砾石、中、粗砂，粉（细）砂和黏性土分别进行了统计，同时给出了相应的试验成果建议值。

表 3-38　覆盖层力学与变形（邓肯-张非线性弹性模型）参数对照表

土体类别	参数类别	ρ_d (g/cm³)	φ_0(°)	$\Delta\varphi$(°)	c'(kPa)	φ'(°)	R_f	K	n	K_b	m	G	F	D
深部漂卵砾石	试验统计值	1.95~2.45	46.3~53.4	5.0~9.8	108~263	37.2~40.6	0.69~0.78	569~1515	0.28~0.39	196~560	0.21~0.31	0.27~0.33	0.076~0.117	4.4~9.9
深部漂卵砾石	试验建议值	1.95~2.45	47~53	5~9	100~260	37~41	0.69~0.78	850~1500	0.28~0.39	300~550	0.21~0.31	0.27~0.33	0.076~0.117	4.4~9.9
中、粗砂	试验统计值	1.54~1.81	—	—	15~92	28.7~34.5	0.65~0.96	190~390	0.26~0.48	70~173	0.30~0.48	0.26~0.47	0.07~0.25	1.1~5.9
中、粗砂	试验建议值	1.54~1.81	—	—	20~60	30~34	0.65~0.96	250~390	0.26~0.48	90~170	0.30~0.48	0.26~0.47	0.07~0.25	1.1~5.9
粉（细）砂	试验统计值	1.68~1.78	—	—	21~59	31.1~34.5	0.70~0.96	240~380	0.28~0.49	66~171	0.30~0.44	0.34~0.49	0.10~0.26	1.1~5.9
粉（细）砂	试验建议值	1.68~1.78	—	—	20~50	30~34	0.70~0.96	240~380	0.28~0.49	88~170	0.30~0.44	0.34~0.49	0.10~0.26	1.1~5.9
黏性土	试验统计值	1.38~1.71	—	—	31~75	24.5~33.5	0.72~0.96	170~260	0.23~0.50	83~100	0.23~0.42	0.31~0.45	0.10~0.27	1.4~5.0
黏性土	试验建议值	1.38~1.71	—	—	30~75	25~34	0.72~0.96	170~260	0.23~0.50	85~100	0.23~0.42	0.31~0.45	0.10~0.27	1.4~5.0

❋　第四节　工程地质评价技术

利用深厚覆盖层建高土石坝，要求地基土体（天然或工程处理后）应满足抗液化稳定、渗漏与渗透稳定、变形稳定、抗滑稳定等要求，同时地基不应产生较大的震陷。所以，应根据工程地质勘探、试验成果，重点对深厚覆盖层地基在工程建设后的砂土液化、渗漏与渗透稳定、地基变形及抗滑稳定等方面予以评价。

一、地震反应与砂土液化评价

1. 地震反应分析

场地条件对地震中的地面运动存在较大影响。对于一般工程而言，其场地设计地震动峰值加速度及其对应的设计烈度，可根据 GB 18306—2015《中国地震动参数区划图》进行确定，在该规范中规定了不同场地地震动峰值加速度和地震动加速度反应谱特征周期的取值调整要求。而对于高土石坝工程而言，由于其规模及重要性，大多需要开展必要的场地地震反应分析。对于深厚覆盖层地基的地震反应分析有两方面的意义：第一，它有助于地震动的分析，如从基岩地震动推算地表土层的地震动，以及其上建筑物的反应或表层上的地震动特性，或者反过来，从地表土层的地震动特性推算基岩的地震动特性，两者都很重要；第二，研究地基本身的抗震性能，如地基的液化分析、动强度分析等。地基反应分析的对象是土，因而与结构相比，它有两个特点：一是土有明显的非线性；二是土为多孔介质，孔隙中水的存在使土的动力性质复杂化。地基的地震反应分析中应当考虑到这两个特点。

关于地基的地震反应分析方法，目前大多是考虑由基岩发生的剪切波通过地基土层向上传播到地面的作用。基于剪切波向上传播的地基反应分析方法主要有以下三种：

（1）剪切梁法。通过弹性介质的剪切振动微分方程和边界条件，求出地基的地震反应。该方法要求土层的剪切模量为常数或随深度有规律地变化，如此才能得到闭合形式的解。

（2）集中质量法。把地基看作有限个集中质量组成的体系，用结构动力学方法求出地基的地震反应。该方法主要应用于成层土体，可按剪切模量对土体进行层次划分，把每层质量的一半集中作用于上部边界，另一半集中在边界上。

（3）有限单元法。该方法将地基看作有限个单元组成的体系，采用结构动力学方法求出地基的地震反应。比起前两种方法来，该方法能够考虑复杂地形、土的非线性、土中孔隙水的影响等。

2. 砂土液化评价

砂土液化是一种十分复杂的现象，它的产生和发展有许多影响因素，如土的密度、结构、级配、透水性能及初始应力状态和动荷载特征等。液化判别方法包括经验法和动力反应分析法。经验法是指将过去地震时液化土层的反应资料类推到新的情况下进行判别的方法，或是根据液化土层的反应与各种原位测试实验指标之间的经验关系进行判别的方法。动力反应分析法是指先确定地震作用下土层的某一指标值（如动剪应力比或动孔压比），后与试验室确定的相应液化指标相比较，进而判断土层是否液化的方法。

对于砂土液化的评价，工程中经常采用多方法进行综合分析评价，一般可分初判和复判两个阶段。

（1）初判。初判主要是利用已有的勘察资料或较简单的测试手段对土层进行初步鉴别，以排除不会发生液化的土层。初判常用方法包括：

1）根据地层年代判断。地层年代在第四纪晚更新世（Q_3）或以前，设计地震烈度小于Ⅸ度时可判为不液化。

2）根据土的粒径、级配情况判断。对粒径大于 5mm 颗粒含量（质量百分率）大于或等于 70％的土，可判为不液化；对粒径小于 5mm 颗粒含量（质量百分率）大于 30％的土，当粒径小于 0.005mm 颗粒含量（质量百分率）相应于地震动峰值加速度为 0.10g、0.15g、0.20g、0.30g 和 0.40g 分别不小于 16％、17％、18％、19％和 20％时，可判为不液化。

3）根据剪切波速判断。当土层的剪切波速大于上限剪切波速时，可判为不液化。

4）根据地下水条件判断。工程正常运行后，地下水位以上的非饱和土可判为不液化。

（2）复判。对于初判为可能液化的土层，应进一步进行复判；对于重要工程，还需要做更深入的专门研究。GB 50287—2016《水力发电工程地质勘察规范》列出了四种复判方法，即标准贯入击数法、相对密度法、相对含水量法、液性指数法。NB/T 10339—2019《水电工程坝址工程地质勘察规程》收录了剪应力对比法、动剪应变幅法、静力触探贯入阻力法等复判方法。

1）标准贯入锤击数法。如果 $N_{63.5} < N_{cr}$，则判断为液化土，其中 $N_{63.5}$ 为标准贯入锤击数，N_{cr} 为液化判别标准贯入锤击数的临界值。注意，根据运用条件需进行标准贯入锤击数校正。

2）相对密度复判法。当饱和无黏性土的相对密度不大于液化临界相对密度时（0.05g-65％，0.10g-70％，0.20g-75％，0.40g-85％），可判为可能液化土。

3）相对含水量或液性指数复判法。当饱和少黏性土的相对含水量大于或等于 0.9 时，或液性指数大于或等于 0.75 时，可判为可能液化土。

除上述方法外，在工程实践中，特别是对深埋土体，还可采用振动台试验、动态离心模型试验等开展砂土液化的判别研究工作。振动台试验可以得到土体在不同应力状态、不同密实度和不同振动荷载下的动力响应特征和动孔压累积消散规律，揭示应力状态和密实度对土体动孔压的影响，进而分析深厚覆盖层砂土地震液化特性。动态离心模型试验技术是近年来迅速发展起来的一项高新技术，被国内外公认为研究岩土工程地震问题最有效和先进的方法，目前这项试验技术已在岩土工程地震问题的研究中得到较好应用。

对于高土石坝工程而言，通常需要预先对坝基土体进行液化判别，而高土石坝一般体型较大，对下部土体压重明显，因此在前期判别时，应合理考虑工程实际运行时的条件。

对凡判别为可液化的土层，应进一步探明各液化土层的深度和厚度，根据标准贯入锤击数的实测值和临界值，按式（3-3）计算液化指数：

$$I_{LE} = \sum_{i=1}^{n} \left(1 - \frac{N_i}{N_{cri}}\right) d_i \omega_i \qquad (3\text{-}3)$$

式中　I_{LE}——液化指数；

　　　　n——15m 深度范围内每一个钻孔标准贯入试验点的总数；

N_i、N_{cri}——i 点标准贯入锤击数的实测值和临界值，当实测值大于临界值时应取临界值的数值；

　　　　d_i——i 点所代表的土层厚度，m，可取与该标准贯入试验点相邻的上、下两标准贯入试验点深度差的一半，但上界不小于地下水位深度，下界不大于液化深度；

　　　　ω_i——i 土层考虑单位土层厚度的层位影响权函数值，m^{-1}，当该层中点深度不大于 5m 时应取 10，等于 15m 时应取 0，在 5～15m 时应按线性内插法取值。

可液化土层应根据其液化指数按表 3-39 划分液化等级。

表 3-39　　　　　　　　　　液化等级划分

液化指数	$0<I_{LE}\leqslant5$	$5<I_{LE}\leqslant15$	$I_{LE}>15$
液化等级	轻微	中等	严重

二、渗漏与渗透稳定评价

深厚覆盖层是固体颗粒集合形成的散碎多孔介质，其孔隙在空间上互相连通，在坝体上下游水头差的作用下，水体沿坝基覆盖层内孔隙易发生流动，当流量较大时，将影响工程效益和功能。同时，地基土体在地下水流渗透力作用下，土体颗粒发生移动或使土的结构、颗粒成分发生改变后，易引起土体的变形和破坏。所以，一直以来地基渗漏与渗透稳定，都是深厚覆盖层上建高坝较为突出的工程地质问题。地基渗漏与渗透稳定评价，主要依据勘探与试验成果、坝基水文地质体条件分析、坝基渗流估算、绕坝渗流估算、坝基渗透变形类型等方面开展。

1. 坝基水文地质条件分析评价

根据地质勘察和水文地质试验成果，重点对坝基覆盖层土体层次结构及空间展布进行分析，并根据渗透特性进行水文地质单元划分与评价。

（1）对于土体层次结构，特别是对于具有特殊水文地质特点的层次，应予以重点研究。例如，由崩塌、古滑坡及古洪流形成的孤块石层，由于其多为短时堆积，颗粒杂乱无序，并多具架空结构，渗透特性不均，水文地质条件较为复杂，而且大型孤石的存在会为以后可能的防渗墙施工及工程造价带来较大的影响，因此在前期研究时应予以分析评价。此外，由于前述成因的巨粒土层，一般为局部分布，且厚度上多存在一定的变化趋势，如中间厚、两侧渐薄，以及在颗粒组成和空间展布上也有所不同，如两侧颗粒更为均等，因此在前期坝址选择及防渗线设计时，应有针对性地开展相关的比较与研究工作。

（2）对于土层的空间展布，特别是对于谷底部位存在局部深槽（沟）等的特殊地形，或两侧存在基岩的反坡地形，这类地形对防渗体设计与封闭存在较大影响，如谷内两侧的反坡地形对混凝土防渗墙而言，施工处理是较为复杂的，针对此类现象应尽可能在前期予以查明，以便提前设计考虑。但在客观上，由于前期勘探点存在一定的间距，特别是当河床两侧岸坡总体较陡时，有限的勘探点未必能够完全查明，故针对此类问题，应在施工期内进一步做好施工地质工作（如防渗墙入岩深度鉴定等），以保证防渗体的有效封闭。对于深厚覆盖层内部各层次的空间展布，应重点分析相对隔水层、强透水层的空间展布特征，针对此类地质体，在研究时不能仅局限于防渗线甚至坝基等局部区域，而应对其平面分布、厚度变化、上下游延展特征等均予以调查，以判断分析其连通性状，以及是否可以作为防渗依托层等。

在坝基水文地质分析评价时，可在一般层次划分的基础上，按其渗透特性进行分层研究，可划分为强透水层、中等透水层、相对隔水层、隔水层。其中，对于相对隔水层及隔水层的确定，除了考虑其自身的水文地质特性（渗透系数、渗透坡降等），还需考虑该层埋深及厚度等特征，以及结合工程规模综合确定。例如，对于微弱透水性的连续土层，当其厚度较小（或局部较小）时，虽然在天然状态下可能具有较好的隔水性能，但在高坝建成后，在高水头差的作用下，可能存在击穿等现象，从而失去其隔水性能。对于此类问题，在前期分析评价时应予以重视。

2. 坝基渗流估算

（1）单层透水坝基。坝基为单层透水层，当其厚度等于或小于坝底宽度，并假设坝体不透水时，可按达西公式（3-4）计算单宽剖面渗漏量：

$$q = k \frac{H}{2b+T} T \tag{3-4}$$

式中　q——坝基单宽剖面渗漏量，$m^3/(d \cdot m)$；

k——透水层渗透系数，m/d；

H——坝上下游水位差，m；

$2b$——坝底宽，m；

T——透水层厚度，m。

整个坝基渗漏量为 $Q=qB$，其中 B 为坝轴线方向整个渗漏带宽度，m。其中，当 $T \leqslant 2b$ 时计算结果较准确，当 $T>2b$ 时计算结果则偏小。

（2）双层透水坝基。坝基为两层透水层，上层为黏性土，下层为砂砾石层，上层和下层的厚度分别为 T_1 和 T_2，则按式（3-5）计算单宽剖面渗漏量：

$$q = \frac{H}{\frac{2b}{k_2 T_2} + 2\sqrt{\frac{T_1}{k_1 k_2 T_2}}} \tag{3-5}$$

若上层为砂砾石层，下层为黏性土层，因黏性土层渗透性较小，则可按前述单层透水坝基计算公式计算，计算时把黏性土层当隔水层处理。

（3）多层透水坝基。当坝基为多层土（水平产状），其渗透系数均不一样，但差值不太大（在10倍左右）时，仍可按前述单层或双层透水坝基计算公式计算，其中渗透系数可取加权平均值 $k_{平}$，$k_{平}$ 可按式（3-6）计算：

$$k_{平}=\frac{k_1T_1+k_2T_2+k_3T_3+\cdots+k_nT_n}{T_1+T_2+T_3+\cdots+T_n} \tag{3-6}$$

3. 绕坝渗流估算

首先在坝基土体内绘制流线，对于均质的土体可按圆滑线处理；其次在流线方向上取单位宽度，计算每个单宽剖面的渗漏量 q；最后将它们加起来，即获得整个坝肩的渗漏量。

单宽剖面的渗漏量可按达西公式（3-7）求得：

$$q=k\frac{H}{L}\frac{h_1+h_2}{2} \tag{3-7}$$

式中　H——坝上、下游水位差，m；

　　L——剖面长度，即渗径长度，m；

　h_1、h_2——剖面上、下游透水层厚度，m。

显然，每个剖面的渗漏量有所差别，离坝肩越远，剖面越长即渗径越长，则渗漏量会越小，到一定距离后的剖面渗漏量就可以忽略不计了，这就是坝肩岩土体的渗漏范围，将此范围内的所有剖面的渗漏量加起来，则可获得此坝的绕坝渗漏总量。

4. 地基渗透类型判别评价

（1）渗透变形类型。渗透变形的类型主要有管涌、流土、接触冲刷和接触流失。

管涌是指土体内的细颗粒或可溶成分由于渗流作用在粗颗粒孔隙通道内移动或被带走的现象。渗流作用一般又可称为潜蚀作用，可分为机械潜蚀和化学潜蚀。管涌可以发生在坝闸下游渗流逸出处，也可以发生在砂砾石地基中。此外，穴居动物（如各种田鼠、蚯蚓、蚂蚁等）有时也会破坏土体结构，若其在堤内外构成通道，也可形成管涌，称为生物潜蚀。

流土是指在上升的渗流作用下，局部黏性土和其他细粒土体表面隆起、顶穿或不均匀砂土层中所有颗粒群同时浮动而流失的现象。流土一般发生在以黏性土为主的地带。坝基若为河流沉积的二元结构土层组成，特别是上层为黏性土、下层为砂性土的地带，下层渗透水流的动水压力如超过上覆黏性土体的自重，就可能产生流土现象。这种渗透变形常会导致下游坝脚处渗透水流出逸地带而出现成片的土体破坏、冒水或翻砂现象。

接触冲刷是指渗透水流沿着两种渗透系数不同的土层接触面或建筑物与地基的接触流动时，沿接触面带走细颗粒的现象。

接触流失是指渗透水流垂直于渗透系数相差悬殊的土层流动时，将渗透系数小的土层中的细颗粒带进渗透系数大的粗颗粒土孔隙的现象。

（2）渗透变形类型的判别。具体判别方法如下：

GB 50287—2016《水力发电工程地质勘察规范》中规定，无黏性土渗透变形形式的判别应符合下列要求：

对于不均匀系数小于或等于 5 的土，其渗透变形为流土。对于不均匀系数大于 5 的土，可采用下列方法判别：

流土型：$P_C \geqslant 35\%$；

过渡型：$25\% \leqslant P_C \leqslant 35\%$；

管涌型：$P_C < 25\%$。

其中，P_C 为土的细颗粒含量，以质量百分率计（%）。

土的细颗粒含量可按下列方法确定：级配不连续的土，级配曲线中至少有一个粒径级的颗粒含量小于或等于 3% 的平缓段，粗、细粒的区分粒径 d_f 以平缓段粒径级的最大和最小粒径的平均粒径区分，或以最小粒径为区分粒径，相应于此粒径的含量为细颗粒含量。对于天然无黏性土，不连续部分的平均粒径多为 2mm。级配连续的土，粗、细粒的区分粒径 d_f 按式（3-8）计算：

$$d_f = \sqrt{d_{70} d_{10}} \tag{3-8}$$

式中　d_f——粗、细粒的区分粒径，mm；

d_{70}——小于该粒径的颗粒质量占总土质量 70% 的颗粒粒径，mm；

d_{10}——小于该粒径的颗粒质量占总土质量 10% 的颗粒粒径，mm。

土的不均匀系数可采用式（3-9）计算：

$$C_u = \frac{d_{60}}{d_{10}} \tag{3-9}$$

式中　C_u——土的不均匀系数；

d_{60}——占总土质量 60% 的土粒粒径，mm；

d_{10}——占总土质量 10% 的土粒粒径，mm。

接触冲刷宜采用下列方法判别：对双层结构的地基，当两层土的不均匀系数均等于或小于 10，且符合式（3-10）规定的条件时，不会发生接触冲刷。

$$\frac{D_{20}}{d_{20}} \leqslant 8 \tag{3-10}$$

式中　D_{20}、d_{20}——较粗和较细一层土的土粒粒径，mm，小于该粒径的土的颗粒质量占总土质量的 20%。

接触流失宜采用下列方法判别：对于渗流向上的情况，符合下列条件将不会发生接触流失：

1）不均匀系数小于或等于 5 的土层：

$$\frac{D_{15}}{d_{85}} \leqslant 5 \tag{3-11}$$

式中　D_{15}——较粗一层土的土粒粒径，mm，小于该粒径的土的质量占总土质量的 15%；

d_{85}——较细一层土的土粒粒径，mm，小于该粒径的土的质量占总土质量的85%。

2）不均匀系数小于或等于10的土层：

$$\frac{D_{20}}{d_{70}} \leqslant 7 \tag{3-12}$$

式中　D_{20}——较粗一层土的土粒粒径，mm，小于该粒径的土的质量占总土质量的20%；

d_{70}——较细一层土的土粒粒径，mm，小于该粒径的土的质量占总土质量的70%。

土的渗透变形类型判别除应符合有关规范的规定外，还可参照下列方法判别土的渗透变形类型。

由多种粒径组成的天然土的渗透变形类型，可根据土颗粒级配的累积曲线和分布曲线判别：颗粒级配均匀，累积曲线为近似直线形，分布曲线呈单峰形的土，渗透变形类型多为流土型；颗粒级配很不均匀，特别是缺乏中间粒径，累积曲线呈瀑布形，分布曲线呈双峰形或多峰形的土，渗透变形类型多为管涌型；颗粒级配介于上述两者之间，累积曲线呈阶梯形的土，渗透变形类型多为过渡型，或为流土型或管涌型。

（3）允许水力坡降的确定。在工程应用时，为保证建筑物安全，通常将土体临界水力坡降 J_{cr} 除以 $1.5 \sim 2.0$ 的安全系数得到允许水力坡降 $J_{允许}$。对水工建筑物危害较大时，取 2.0 的安全系数；对于特别重要的工程，也可取 2.5 的安全系数。

当无试验资料时，无黏性土的允许水力坡降可参照表3-40选用。

表 3-40　　　　　　　　　　　　无黏性土允许水力坡降

允许水力坡降	渗透变形类型					
	流土型			过渡型	管涌型	
	$C_u \leqslant 3$	$3 < C_u \leqslant 5$	$C_u \geqslant 5$		级配连续	级配不连续
$J_{允许}$	0.25～0.35	0.35～0.50	0.50～0.80	0.25～0.40	0.15～0.25	0.10～0.20

两层土之间的接触冲刷临界水力坡降 $J_{K.H.g}$ 可按式（3-13）计算：

$$J_{K.H.g} = \left(5.0 + 16.5 \frac{d_{10}}{D_{20}}\right) \frac{d_{10}}{D_{20}} \tag{3-13}$$

黏性土流土临界水力坡降的确定可按式（3-14）计算：

$$J_{c.cr} = \frac{4c}{\gamma_w D_0} + 1.25(G_s - 1)(1 - n) \tag{3-14}$$

$$c = 0.2W_L - 3.5 \tag{3-15}$$

式中　c——土的抗渗黏聚力，kPa；

γ_w——水的容重，kN/m³；

D_0——取 1.0m；

G_s——土的比重；

n——土的孔隙率，%；

W_L——土的液限含水量，%。

三、变形稳定评价

如果地基土体在外荷载作用下发生压缩变形，使得建筑物的沉降或沉降差超过允许范围，则可能导致上部建筑物结构开裂、倾斜甚至破坏。同时，如果荷载过大，超过地基的承载能力，将会使地基产生滑动破坏，即地基的承载能力不足以承受如此大的荷载，从而导致建筑物丧失使用功能甚至倒塌。地基变形稳定评价，即通过对地基土体地质边界条件的分析、物理力学参数的选取、计算方法的应用，并根据控制标准的要求，对地基土体承载能力与抗变形能力是否满足工程安全和正常使用要求进行分析评价。

1. 地质边界条件分析

通过有效的勘察手段，在前期阶段需对影响地基土体变形稳定的地质边界条件予以分析研究。主要包括：①地基土体颗粒物质组成、成因、层次划分、空间展布（顶底板埋深与厚度等）；②各层土体的矿物成分与级配、含水量和天然密度、土体结构、前期固结情况等；③动力地质作用及新构造运动的影响；④水文地质条件。

同时，需对可能引起地基土体不均匀沉降的地质条件予以重视，主要包括：①地基土体层次复杂、物理力学性状相差较大，且土体空间分布不规则；②土层内部均一性差，如漂卵石层内局部细颗粒集中、局部粗颗粒间明显架空等；③谷底基岩面形态起伏强烈，或存在深槽、深潭等分布。

2. 变形验算方法

坝基最终沉降量的计算，一般采用分层总和法，可用式（3-16）计算：

$$S = \sum_{i=1}^{n} S_i = \sum_{i=1}^{n} \frac{e_{1i}e_{2i}}{1+e_{1i}} h_i = \sum_{i=1}^{n} \frac{1}{E_i} \frac{\sigma_{zi}\sigma_{z(i-1)}}{2} h_i \tag{3-16}$$

式中　S——基础最终沉降量，cm；

　　　S_i——第 i 层土的压缩量，cm；

　　　e_{1i}——第 i 层土在平均自重应力作用下压缩稳定时的孔隙比；

　　　e_{2i}——第 i 层土在平均自重应力和平均附加应力共同作用下压缩稳定时的孔隙比；

　　　h_i——第 i 层土的厚度，cm；

　　　n——压缩层范围内土层的数目；

　　　E_i——相应于第 i 层土在相应的压力变化范围内的（即一段压缩曲线上的）压缩模量，MPa；

　　　σ_{zi}——第 i 层土底部垂直附加应力，kPa；

　　$\sigma_{z(i-1)}$——第 $i-1$ 层土底部垂直附加应力，kPa。

对压缩层较薄（厚度 $H < 0.5b$）的均质土地基，可用式（3-17）或式（3-18）简单估算：

$$S = \frac{ap}{1+e} H \tag{3-17}$$

$$S = \frac{ph}{E} \tag{3-18}$$

式中　　H——压缩层厚度，cm；

$\qquad$ p——基础底面平均压力，kN；

$\qquad$ a——压缩系数，水工建筑采用 a_{1-3}；

$\qquad$ e——土的天然孔隙比；

$\qquad$ E——土在侧限条件下的压缩模量，kPa。

如对压缩层较薄的多层土用式（3-15）或式（3-16）估算时，E、a、e 采用各层的加权平均值；有时也采用荷载试验得出的变形模量 E_s 代替 E 进行估算。

有限元方法已广泛应用在坝基（坝体）应力、应变、沉降计算方面。有限元方法的突出优点是适合处理非线性、非均质分析。有限元方法是借单元离散化特点，计算复杂的几何与边界条件、施工与加荷过程、土的应力-应变关系的非线性，以及应力状态进入塑性阶段等情况，计算要点如下：

（1）将地基离散化为有限个单元以代替原来的连续结构。

（2）利用土的本构关系，对每个单元建立刚度矩阵。

（3）由虚位移原理，将各单元的刚度矩阵结合为整个土体的总刚度矩阵 $[K]$，得到总矢量荷载 $\{R\}$，与节点位移矢量 $\{\delta\}$ 之间的关系：

$$[K]\{\delta\} = \{R\} \tag{3-19}$$

（4）解式（3-19），求得节点位移。

（5）根据节点位移，计算单元的应变与应力。

土石坝应力和变形的有限元计算采用较多的本构模型有非线性弹性模型和弹塑性模型两大类，黏弹塑性模型也有采用，线性弹性模型一般已不采用。我国最常见的是邓肯等人提出的非线性弹性模型（包括 E-μ 和 E-B 模型）和南京水利科学研究院沈珠江提出的双屈服面弹性模型，其次是"八五"攻关期间提出的非线性解耦 K-G 模型。近年来，以大连理工大学为代表的国内学者将广义塑性模型发展应用于土石坝覆盖层地基的应力和变形分析之中。

四、抗滑稳定评价

高土石坝除应防止基础沉降过大而影响安全使用外，还要避免地基（多连同坝坡）发生滑动破坏。

地基土的抗滑能力与其成分、结构，以及受力方式（如挡水建筑物不仅有自身对地基土的附加应力，还有库水的水平推力及泥沙压力）有关。在进行抗滑稳定性评价时，应重点研究控制坝基抗滑稳定的多层次粗、细粒沉积物相间组合的土基中，尤其是表部一定范围内黏性土、砂性土等软弱土层的埋深、厚度、分布和性状，确定土体稳定分析的边界条件，分析可能的滑移模式，确定计算所需的土体物理力学参数，根据现有公式选择合适的稳定性分析方法进行计算，综合评价抗滑稳定问题，提出工程处理建议。

第四章

深厚覆盖层坝基防渗技术

对建于深厚覆盖层上的土石坝而言，覆盖层坝基的渗流往往是直接影响大坝安全的主要问题之一。因此，对坝基渗流的有效控制是大坝基础处理的关键。深厚覆盖层坝基渗流控制的主要要求是：①保证坝基的渗透稳定，尤其对第四纪砂砾石基础更为重要；②控制渗透流量，将渗透流量控制在限定范围内。

第一节　坝基防渗形式及特点

一、覆盖层坝基防渗技术的发展

覆盖层坝基防渗技术主要有水平铺盖和垂直防渗两种方式。水平铺盖主要包括黏土铺盖、土工膜铺盖，垂直防渗主要包括黏土截水墙（槽）、混凝土防渗墙、灌浆帷幕。

1. 水平铺盖

水平铺盖最初采用黏土铺盖，在 20 世纪 40 年代之前，美国、苏联等国已有黏土铺盖理论与实践的记载。20 世纪 50 年代建于密苏里河上的伦达尔（Randall）坝和加文斯芬（Gavinspoint）坝，都采用黏土铺盖结合减压井防渗。伦达尔坝建造在冲积层上，冲积层由含少量砾石的砂层构成，最大深度 60m。长达 7 年的观测资料表明，前 5 年间，由于水库淤积使铺盖削减的水头值增加 40％左右，可见该水库的运行状况良好，铺盖在不断加强。建在哥伦比亚河上的大约塞夫（Chief Joseph）坝和麦克纳里（Mcnary）坝，采用铺盖和排水方式控制坝基渗流。这两座坝的坝基都由粗颗粒冲积物构成，渗透系数约 0.5cm/s，运行 5 年后渗流量减少了 50％～60％。河流的淤积对铺盖很有意义，铺盖的有效性是随着时间和淤积而增加的。加拿大南萨斯喀彻温（South Sackatchewan）坝，其坝高 60m，坝基强透水层厚 30.5m，为中细砂层，采用黏土铺盖防渗。1967 年 7 月，该坝蓄水深度达 51.8m（设计深度 58m），下游减压井效果良好，渗透流量与渗透压力正常。加拿大的阿罗（Arrow）坝及西摩尔瀑布（Seymour Falls）坝，均属正常运行的黏土铺盖工程。美国建成水平铺盖的原因是密西西比河流域地质条件优越，土层防渗性能好，下部强透水层一般数十米厚，上细下粗，为级配连续的无黏性土，且天然铺盖比较连续。黏土铺盖的潜在风险是塌坑和裂缝问题，美国、加拿大、墨西哥等国的水电工程防渗铺盖及世界知名的巴基斯坦塔贝拉坝铺盖均有类似的问题。

成都院在太平驿水电工程施工期间，发现基坑地层阻渗效果良好，经研究决定充分利用闸前铺盖与天然河道地层形成的阻水结构，经优化取消了防渗墙，工程完工后运行正常并成功经历了汶川地震的考验。从太平驿水电工程的成功经验可知，河道的天然分层结构及其阻水效果是可以加以利用的，天然河道覆盖层地层构造对工程防渗能起到重要作用。但对于高坝大库，基础地层在大范围内分布不均、粒径相差悬殊，且可能有漂卵砾石架空层，水库运行情况复杂，建坝后冲淤情况难以准确把握，需慎重采用水平铺盖防渗。

20世纪30～40年代，土工合成材料开始应用于土工建筑，如聚乙烯薄膜应用于游泳池防渗，塑料防渗薄膜应用于灌溉工程等。20世纪30年代末，土工膜防渗在国外开始应用于灌溉工程；20世纪50年代，土工膜开始用于水库和大坝防渗。20世纪60年代，我国人民胜利渠、桓仁大坝裂缝处理等工程开始使用土工膜。20世纪80年代，土工膜防渗进入快速发展时期。根据国际大坝委员会统计，至2003年，世界上共有232座大坝使用了土工膜防渗。在国外，土工膜已成功应用于1984年建成的高97m的西班牙 Poza de Los Ramos 堆石坝、1996年新建的高91m的阿尔巴尼亚波维拉堆石坝、2002年建成的高188m的哥伦比亚米尔1号RCC重力坝等水电工程的防渗。在国内，成功应用土工膜防渗的工程案例也较多。1991年建成的甘肃夹山子水库库底采用50万 m^2 聚乙烯土工膜防渗，1995年建成的四川宁南高60.22m的竹寿坝采用土工膜和心墙组合防渗，2006年建成的泰安水电工程首次在我国大中型水电工程中使用土工膜防渗，2008年建成的坝高50m的仁宗海大坝采用土工膜面板防渗，汶川地震灾后重建工程开茂水库的右岸山脊与四个副坝均采用土工膜防渗。借鉴土工膜在坝体和库盆的防渗，土工膜可以作为水平铺盖用于坝基覆盖层的防渗。

2. 灌浆

灌浆技术最早应用在修建水闸和船坞工程中，即在压力作用下，将黏土一类的浆液灌入闸基或船坞边墙和地板的孔隙内。后来，灌浆技术在修建矿井、隧洞和大坝等工程中逐渐得以应用。灌浆材料则由黏土发展到水泥，由于水泥的优点很多，故水泥灌浆的使用范围比较广泛。

灌浆技术已有200多年的发展历史，法国人于1802年开辟先河，但在坝基处理中的大量使用却起源于美国。1876年，汤姆斯·海威克斯里对一座土坝的坝基岩体采用灌浆法止住了漏水，这是灌浆法发展历程中的一个重要发展。在20世纪早期，美国在坝基处理技术方面有了长足的进步，1900～1930年间有19座坝采用了灌浆方法。

在基岩灌浆经验的基础上，工程师们开始尝试使用灌浆方法处理覆盖层。对于覆盖层灌浆，既要寻求一种易于灌入的好材料，还需要一种好的灌注方法。在套阀花管法发明前，覆盖层灌浆都是靠打入地层的穿孔管进行的，在钻孔或拔管过程中利用管底出口进行灌浆。这种方法施工难度较大，尤其是当覆盖层厚度较大或存在大粒径的漂（块）石时，施工几乎是不可能的。1933年，易士奇发明的套阀花管法是覆盖层灌浆技术的一个重要发展。1951年，法国谢尔蓬松坝采用此法在深厚覆盖层坝基上实现了帷幕灌浆，并取得了良好的效果。我国水利水电工程覆盖层地基灌浆技术始于 20 世纪 50 年代，该技术曾在北京密云水库、河北岳城水库等大型工程中得以应用。在总结一些工程经验的基础上，当时的水利水电部水利水电建设总局于 1963 年颁布了《水工建筑物砂砾石基础帷幕灌浆工程施工技术实行规范》。后来因为混凝土防渗墙技术的快速发展，使得覆盖层灌浆工程大大减少。近一二十年来，由于水电水利工程建设的发展和各项技术的进步，覆盖层地基和围堰工程的灌浆应用渐多、推广较快。2012 年，由国家能源局颁布的 DL/T 5267—2012《水电水利工程覆盖层灌浆技术规范》，补充了国内水电水利工程几十年来在覆盖层灌浆工程中的技术成就和施工经验。

3. 混凝土防渗墙

混凝土防渗墙技术工程应用最早起源于欧洲，这项技术是从石油勘探钻井中发展而来的。20 世纪初，美国勘探钻孔开始采用清水泥浆进行泥浆护壁。1920 年德国开始应用防渗墙这一防渗技术，获得成功并拥有了专利。1929 年，防渗墙正式采用膨润土作为固壁泥浆。20 世纪 50 年代，意大利成功修建了一道以连锁桩柱孔为主的地下防渗墙，这种墙称为米兰墙。1950 年，意大利修建了圣玛利亚 40m 深的防渗墙和那弗罗 35m 深的防渗墙。20 世纪 50 年代，法国正式采用连续墙施工方法进行防渗处理，几年后此方法传到了瑞士、比利时、美国、苏联、澳大利亚及东南亚各国。1959 年，日本开始引进防渗墙技术，并在原来的技术上结合本国实际情况研制成功了凿刨式成槽机成槽的 TW 工法、多钻头切削式成槽机成槽的 BW 工法及双钻头滚刀式成槽机成槽的 TBM 工法等新的成槽工艺。

1972 年，加拿大在马尼克 3 号主坝建造了 131m 深的防渗墙。马尼克 3 号主坝坝基覆盖层深达 130m，有较大范围的细沙层，底部近基岩处有较多大卵石，且夹有大孤石。该工程布置有两道厚 0.61m 的防渗墙，两道墙中心距 3.2m，混凝土防渗墙成墙最大深度 131m；河床段采用柱列式施工方式，两岸采用槽孔式施工方式；墙顶部设有观测和灌浆廊道，廊道外包钢板。

我国防渗墙的建设开始于 20 世纪 50 年代末期。在这以前，国内对埋深较小的覆盖层大多采用黏土截水墙处理；而对埋深较大的覆盖层，常采用上游水平防渗、下游排水减压的办法。1958 年，湖北明山水库、山东崂山水库采用桩柱式防渗墙；1959 年，在北京密云水库建造了以钻劈法为主的深 44m、厚 0.8m 槽孔式防渗墙。1967 年，龚嘴水电工程首次在土石围堰基础上建造了深 52m 的防渗墙，其深度在当时我国已建成的防渗墙中是比较大的。

进入 20 世纪 80 年代后，我国对防渗墙施工技术进行了系统的研究。在"六五""七五""八五"国家科技攻关中，我国在造孔机械、施工方法、墙体材料、测控仪器和仪器埋设等方面取得了一批有价值的成果。1981 年，在葛洲坝水电工程建造了当时防渗面积最大、深 47.3m 的围堰防渗墙，该防渗墙首次使用拔管技术处理接头。1986 年，在四川铜街子水电工程左岸深槽建造了第一例兼做承重的防渗墙，其 74.4m 的深度创当时全国纪录。1996 年，结合长江三峡二期上游围堰防渗墙工程施工，在引进德国 BC-30 型液压铣槽机、各种抓斗、钻机等先进设备的基础上，研发了一批国产施工设备和系列施工工艺，解决了预埋基岩灌浆管、双反弧接头槽、钻孔预爆、预灌浓浆、防渗墙入岩、观测仪器埋设等技术问题。

近年来，随着工程建设的不断发展和科学技术的不断进步，防渗墙的设计和施工水平也在不断发展和创新，一些工程的难度在世界上都是罕见的。我国的防渗墙设计和施工水平已达到国际先进水平，尤其是防渗墙的深度、厚度和接头拔管技术得到了空前的发展。21 世纪初，受施工机械设备和施工技术的限制，在覆盖层中建造槽孔防渗墙的深度限于 80m 左右、厚度限于 1.2m，拔接头管的深度也受到限制。2006 年，成都院联合中国水电基础局有限公司在四川大渡河长河坝水电工程现场进行了防渗墙施工试验，成功在漂（块）卵（砾）石地层中完成了厚 1.4m 的试验防渗墙；2009 年和 2011 年，这两家单位分别在毛尔盖和长河坝工程覆盖层坝基中成功建造了厚 1.4m 的防渗墙。拔接头管的深度也已达 80m 以上，防渗墙拔接头管施工方法成功地解决了一、二期墙体的连接难题。

建成于 2006 年的冶勒大坝，其右岸覆盖层基础采用垂直分段联合防渗布置体系，即防渗墙垂直分段，上、下两层防渗墙采用廊道连接，墙下再接覆盖层灌浆帷幕的防渗形式，最大防渗深度约达 200m，难度在当时为国内外罕见。旁多水电工程沥青混凝土心墙堆石坝坝基防渗墙最大深度达 158m，其成墙最大试验深度已达 201m。大河沿引水工程，其防渗墙最大深度达 186m。在瀑布沟工程中开创了两道防渗墙技术，解决了高坝深厚覆盖层坝基防渗问题，其在 80m 深架空漂卵砾石层和松散砂层的河床覆盖层上采用两道深 82m、两道墙之间净距 12.8m 的混凝土防渗墙垂直防渗，坝基防渗墙和坝体防渗土心墙采用了插入式与廊道式相结合的连接形式。在此基础上，依托坝高达 240m 的长河坝水电工程，进一步研究优化了两道防渗墙的布置和结构设计，成功建造了两道厚分别为 1.4m 和 1.2m 的槽孔防渗墙，两墙间距 14m，并对两道墙分担水头比例、廊道连接形式的细部结构等进行了系统研究，深厚覆盖层建高坝坝基防渗墙技术达到国际先进水平。

二、覆盖层坝基防渗措施

在覆盖层上建土心墙堆石坝，覆盖层地基的渗透稳定是坝体坝基渗流控制的关键问题之一。采用适宜的防渗排水措施，降低坝基水力坡降，确保坝基覆盖层不发生渗透变形破坏，同时控制渗流量不超过允许值，这直接关系着工程的安全以及防止下游浸没、提高工程兴利效益。

为了保证坝基渗流稳定，防止产生过大的渗漏及在下游产生过高的渗透压力，选择和设计坝基防渗措施需要同时满足以下要求：①坝基水平平均渗透坡降不超过允许值；②出逸坡降不超过土的渗透允许坡降；③控制坝基的渗漏量；④控制下游的出逸高程。

目前主要的渗流控制措施可以分为防渗措施和排渗措施两类。其中，防渗措施包括水平、垂直、水平结合垂直防渗三种类型。水平防渗通常称为防渗铺盖，垂直防渗主要有黏土截水墙、灌浆帷幕、混凝土防渗墙及混凝土防渗墙和灌浆帷幕结合使用（墙接幕）等。

1. 水平防渗措施

上游水平铺盖一般有黏土铺盖和土工膜铺盖等。水平铺盖通过延长坝基渗径，使坝基渗漏量和渗透坡降控制在允许的范围内。防渗铺盖需要配合下游排水减压措施，控制渗流出口的出逸坡降，才能形成完整的渗流控制措施。铺盖适用于可灌性差的覆盖层地基，当覆盖层中无大的集中渗漏带时，采用水平铺盖防渗系统作为防渗措施是有效的。水平铺盖的优点是施工简便，造价低，且易于修补。当上游地形有利，存在天然铺盖或坝前淤积物较厚且可以利用时，水平铺盖应作为重点方案进行研究比较。

黏土铺盖的设计主要是通过渗流分析确定其长度、厚度和渗透系数。铺盖的长度应保证有一定的水平渗径，控制平均坡降不超过允许值，以防接触冲刷和内部渗透破坏。当长度超过一定限度时，防渗效果并不能显著增加。在水头较小、透水层厚度不大的情况下，一般铺盖长度采用5～8倍水头；当水头较大、透水层深厚时，采用8～10倍水头。铺盖的厚度必须保证其自身不产生渗透破坏。一般铺盖前端厚度为0.5～1.0m，末端厚度为水头的1/8～1/6。铺盖的渗透系数越小，防渗作用越好，一般要求铺盖的渗透系数小于地基覆盖层的1/2000。黏土铺盖与覆盖层之间要设置反滤层。黏土铺盖的填筑含水率应较最优含水率稍高，应充分压实，以减小因不均匀沉降而产生裂缝的风险。

巴基斯坦的塔贝拉坝为采用黏土铺盖防渗的典型工程，是目前世界上采用水平铺盖最高的坝，其铺盖也是目前世界上最长的，达2km以上。塔贝拉坝建在印度河上，最大坝高148m，坝长2.7km，库容137亿m³；原设计和施工的黏土铺盖长1432m（10倍水头），上游端厚1.5m，下游端厚12m，后来发生事故又经加长、加厚。该坝于1974年第一次部分蓄水时就发生了大量的裂缝和塌坑，后经放空水库进行了填补；自1975年蓄水后发现了近1000个塌坑，后经抛反滤性土料处理，至1978年未再出现塌坑，逐渐趋于稳定，下游减压井的排水量也从1975年的10.75m³/s降至1983年的1.81m³/s。目前该坝运行良好，铺盖发挥了有效的渗流控制作用。

多年的运行经验表明，黏土铺盖易出现裂缝、塌坑等问题。对高坝及复杂地层和防渗要求较高的工程，应慎重选用黏土铺盖。

上游水平铺盖还可以采用土工膜。土工合成材料是一种新型的岩土工程材料，它以人工合成的聚合物（如塑料、化纤、合成橡胶）等为原料，制成起过滤、排水、防渗、加筋、防护和隔离等不同作用的产品，其中土工膜用于防渗。从20世纪30年代到21世纪初，土工膜防渗应用技术得到了较好的发展，将土工膜作为水平铺盖用于覆盖层可使铺盖的防渗效果显著提高。土工膜防渗技术具有适用面广、经济性好等优点，应用前景较为广阔，但由于土工合成材料容易破裂、老化及受化学腐蚀等问题的限制，因此土工膜在我国一般仅用于中、低坝，高坝中的应用还有待进一步研究发展。

2. 垂直防渗措施

垂直防渗是有效解决坝基渗流控制问题的主要手段，是一种成熟的技术。绝大多数覆盖层上的土心墙堆石坝均采用垂直防渗或以垂直防渗为主的渗流控制措施。垂直防渗的主要结构形式有黏土截水槽（墙）、灌浆帷幕、混凝土防渗墙及墙接幕方式。当垂直防渗截断了整个透水层时，称为封闭式，反之称为悬挂式。

（1）黏土截水槽（墙）。当覆盖层厚度不超过20m时，采用明挖黏土截水槽的方式，将土石坝防渗体与基岩或可靠的相对不透水层连接起来，完全截断透水层。这是一种简单、稳定而且经济有效的措施。也有覆盖层厚度超过 20m 而采用黏土截水槽的工程案例，如加拿大的下峡口（Lower Notch）坝，其截水槽深度达 82m，为世界上截水槽最深的坝。泥浆槽截水墙是一种与黏土截水槽相同的防渗设施，但施工方法有所不同。泥浆槽截水墙一般采用的水力梯度为 7~12。早年间，美国、加拿大和我国都有较多采用泥浆槽截水墙的工程实例，但设计水头都较低。

（2）灌浆帷幕。覆盖层灌浆是利用机械压力或浆液自重，将具有胶凝性的浆液压入覆盖层中孔隙或孔洞内，浆液以充填、渗透和挤密等方式赶走土颗粒间的水分和空气后占据其位置，经人工控制一定时间后，浆液将原来松散的土料或裂隙胶结成一个整体，形成一个结构新、强度大、防水性能高和化学稳定性好的"结石体"，以改善覆盖层物理力学性能的工程措施。浆液在覆盖层内形成连续的阻水幕，以减小覆盖层地基渗漏量或降低渗透压力的灌浆工程称为帷幕灌浆。

20 世纪 50~60 年代，国外对覆盖层坝基采用灌浆帷幕防渗的工程较多，其中有代表性的 100m 以上的高坝有 3 座，分别是法国的谢尔蓬松坝、埃及的阿斯旺坝和瑞士的马特马克土斜墙堆石坝，其坝高分别为 120、110m 和 115m，坝基覆盖层厚度分别为 115、225m 和 100m，灌浆帷幕排数分别为 19、15 排和 10 排，灌浆帷幕深入基岩最深分别为 15、20m 和 10m。

单独采用灌浆帷幕进行深厚覆盖层坝基的渗流控制，在国内高坝中不多见，大多是和防渗墙一起作为联合防渗措施的一部分。

（3）混凝土防渗墙。混凝土防渗墙是在松散透水地基或土石坝坝体中连续造孔成槽，以泥浆固壁，在泥浆下浇筑混凝土而建成的起防渗作用的地下连续墙。

在坝基防渗形式中，防渗墙最为稳妥可靠。首先是因为防渗墙是在造成完整的槽孔并有可靠的接头条件下浇筑混凝土的，尤其是拔接头管技术的发展与成熟，大大地提高了防渗墙槽段接头的可靠性；其次是因为在造孔过程中，泥浆的渗透和泥皮的存在形成了一个附加的隔水层；最后是因为防渗墙的工序检验和最终检验的方法相对成熟，几乎所有的覆盖层地基中都可建造防渗墙。

与其他防渗形式相比较，防渗墙有以下优点：

1）墙体混凝土的渗透性能和力学性能可根据地层及结构要求进行设计与控制，防渗性能和效果可靠。

2）施工方法成熟简便，施工速度快，施工质量保证性高。

3）可适用于各种地层条件，材料消耗可控。

4）监测手段比其他隐蔽工程成熟，可以有效监控其运行状态。

尽管在巨粒土架空、倒坡形态地层中建造防渗墙比较困难，受设备和施工水平影响防渗墙的深度和厚度有一定限制，但近年来越来越多的深厚覆盖层建坝工程仍然选用混凝土防渗墙防渗。随着防渗墙施工技术的进步，防渗墙因其施工简便、速度快、消耗少、防渗效果好等优点，已成为我国水电工程覆盖层防渗处理的首选。

（4）墙接幕。与防渗墙施工水平和施工机械相适应，防渗墙的深度往往受到限制，对于坝基覆盖层厚度较大的工程，坝基防渗也可采用墙接幕（即覆盖层上部采用防渗墙防渗，下部采用灌浆帷幕防渗，上墙下幕、墙幕结合）的垂直防渗方案。四川南桠河冶勒大坝右坝肩采用 148m 深的防渗墙下接 3 排 60m 深的覆盖层灌浆帷幕进行防渗处理；新疆下坂地工程坝基覆盖层厚 150m，坝基采用 85m 深的防渗墙下接 4 排灌浆帷幕进行深厚覆盖层基础防渗处理；四川泸定工程坝基覆盖层厚 140m，坝基采用 80m 深的防渗墙下接 2 排灌浆帷幕进行深厚覆盖层基础防渗处理。冶勒和下坂地工程建成后坝基防渗系统运行正常，泸定工程因仅用了 2 排灌浆帷幕，蓄水后坝后渗漏量较大。

3. 水平铺盖结合垂直防渗

水平铺盖结合垂直防渗的主要优点是结合坝基弱透水地层的分布状况和渗透差异性，联合发挥水平和垂直防渗的作用，确保大坝安全。小浪底土石坝坝高 160m，坝基覆盖层厚 80m，坝基防渗采用黏土铺盖加混凝土防渗墙形式，防渗效果良好。

三、深厚覆盖层高土石坝坝基防渗特点

据不完全统计，国外坝高超过 200m 的土石坝，其防渗心墙均建于基岩上（见表 4-1），建于覆盖层上的百米级高土石坝主要有 9 座（见表 4-2），其中塔贝拉坝采用黏土铺盖防渗，阿斯旺、马特马克、谢尔蓬松采用灌浆帷幕防渗，马尼克 3 号、纳沃霍坝、穆德山坝采用混凝土防渗墙防渗。

表 4-1　　　　　　　　国外坝高超过 200m 的土石坝坝基防渗

序号	工程名称	所在国家	最大坝高（m）	坝型	坝基覆盖层厚度（m）	坝基处理方案	备注
1	努列克	塔吉克斯坦	300	直心墙堆石坝	约 20	心墙放在砂岩上	1980 年建成
2	康巴拉金 1 级	吉尔吉斯斯坦	275	定向爆破堆石坝			
3	博鲁卡	哥斯达黎加	267	斜心墙堆石坝			1990 年建成
4	凯班	土耳其	207	直心墙堆石坝	50	心墙放在灰岩上	1975 年建成
5	奇科森	墨西哥	261	直心墙堆石坝	40	心墙放在灰岩上	1980 年建成
6	特里	印度	260	斜心墙堆石坝	10～15	心墙放在千枚岩上	1990 年建成
7	瓜维奥	哥伦比亚	247	斜心墙堆石坝	7～10	心墙放在灰岩上	1989 年建成
8	买加	加拿大	242	斜心墙堆石坝	46	心墙放在花岗片麻岩上	1973 年建成
9	契伏	哥伦比亚	237	斜心墙堆石坝	50	心墙放在板岩上	1975 年建成
10	罗贡	塔吉克斯坦	335	斜心墙堆石坝	6～7	心墙放在砂岩上	在建
11	奥罗维尔	美国	230	斜心墙堆石坝	18	挖除覆盖层，局部密实的保留	1968 年建成

21 世纪以前，我国建设的土石坝的高度没有超过 200m 的。20 世纪后期，我国建成的有代表性的百米级高土石坝主要有 4 座（见表 4-3），其中碧口、小浪底坝基覆盖层采用混凝土防渗墙防渗，而石头河、鲁布革坝体防渗心墙建于基岩上。

表 4-2　　　　　　　　　　　国外建于覆盖层上的百米级高土石坝

序号	工程名称	所在国家	建成年份	坝型	最大坝高（m）	坝基防渗形式	墙厚/灌浆排数	最大深度（m）
1	塔贝拉	巴基斯坦	1975	土心墙堆石坝	147	黏土铺盖	—	—
2	下峡口	加拿大	1971	土心墙坝	123.5	黏土截水墙	—	82
3	阿斯旺	埃及	1967	土心墙堆石坝	110	悬挂式灌浆帷幕	15 排	245～250
4	马特马克	瑞士	1959	土心墙堆石坝	115	灌浆帷幕	10 排	110
5	谢尔蓬松	法国	1966	心墙堆石坝	120	灌浆帷幕	19 排	130
6	马尼克 3 号	加拿大	1972	黏土心墙土石坝	107	防渗墙	0.61m	131
7	纳沃霍	美国	1987	土石坝	110	防渗墙	1.0m	110
8	穆德山	美国	1990	土石坝	128	防渗墙	0.85m	122.5
9	圣塔·乔娜	智利	1995	混凝土面板堆石坝	110	混凝土防渗墙	0.8m	30
10	洛斯·卡拉科莱斯	阿根廷	2003	混凝土面板堆石坝	138	混凝土防渗墙		25
11	佐科罗	意大利	1965	沥青混凝土斜墙土石坝	117	混凝土防渗墙		

表 4-3　　　　　　　　　我国在 20 世纪建成的百米级高土石坝统计

序号	工程名称	建设地点	建成年份	坝型	最大坝高（m）	坝基防渗形式	墙厚（m）	最大墙深（m）
1	鲁布革	云南	1990	黏土心墙坝	101	心墙建于基岩上	—	
2	石头河	陕西	1989	土心墙坝	105	心墙建于基岩上	—	
3	碧口	甘肃	1973	壤土心墙土石坝	101	混凝土防渗墙	0.8	65.5
4	小浪底	河南	1998	土斜心墙堆石坝	160	混凝土防渗墙	1.2	81.9

　　进入 21 世纪以来，我国迎来了水电开发的高峰。伴随西部大开发的步伐，国内在强透水深厚覆盖层地基上建造的高土石坝越来越多。根据不同坝型基础防渗形式的运行情况统计，垂直防渗形式能较彻底地解决坝基防渗问题，技术上更可靠，所以被广泛采用，尤其是刚性混凝土防渗墙。随着工程建设的不断发展和科学技术的不断进步，混凝土防渗墙设计和施工技术日趋完善。防渗墙施工深度从 21 世纪初的 80m 发展到 186m，施工厚度已达到为 1.4m（长河坝主防渗墙厚度为 1.4m）。防渗墙已成为深厚覆盖层上高土石坝坝基渗流控制的主要措施（见表 4-4～表 4-6）。

表 4-4　　　　　　　　　　　深厚覆盖层上的土心墙堆石坝

序号	工程名称	建成年份	坝型	最大坝高（m）	坝基防渗形式	防渗墙最大深度(m)	防渗墙厚度（m）	心墙与防渗墙连接形式
1	硗碛	2006	土质心墙堆石坝	125.5	混凝土防渗墙	70.5	1.2	廊道式
2	水牛家	2006	土质心墙堆石坝	108	混凝土防渗墙	32	1.2	插入式
3	狮泉河	2007	土质心墙堆石坝	132	混凝土防渗墙	67	0.8	插入式

续表

序号	工程名称	建成年份	坝型	最大坝高（m）	坝基防渗形式	防渗墙最大深度(m)	防渗墙厚度（m）	心墙与防渗墙连接形式
4	狮子坪	2009	土质心墙堆石坝	136	混凝土防渗墙	90	1.3	廊道式
5	毛尔盖	2011	土质心墙堆石坝	147	混凝土防渗墙	52	1.4	廊道式
6	瀑布沟	2009	土质心墙堆石坝	186	两道全封闭混凝土防渗墙	70	均为1.2	主墙廊道式，副墙插入式
7	长河坝	2016	土质心墙堆石坝	240	两道全封闭混凝土防渗墙	50	1.4、1.2	主墙廊道式，副墙插入式

表 4-5　　　　　　　　深厚覆盖层上的沥青混凝土心墙堆石坝

序号	工程名称	建成年份	坝型	最大坝高（m）	坝基防渗形式	防渗墙最大深度（m）	防渗墙厚度（m）	心墙与防渗墙连接形式
1	冶勒	2007	沥青混凝土心墙堆石坝	124.5	悬挂式混凝土防渗墙	70.5	1.2	基座式
2	龙头石	2008	沥青混凝土心墙堆石坝	72.5	封闭式混凝土防渗墙	70	1.2	基座式
3	下坂地	2009	沥青混凝土心墙堆石坝	78	悬挂式混凝土防渗墙下接覆盖层灌浆帷幕	85	1.0	基座式
4	黄金坪	2015	沥青混凝土心墙堆石坝	85.5	封闭式混凝土防渗墙	129.5	1.2	廊道式
5	金平	2015	沥青混凝土心墙堆石坝	90.5	封闭式混凝土防渗墙	80	1.2	廊道式
6	旁多	2017	沥青混凝土心墙堆石坝	72.3	悬挂式混凝土防渗墙下接覆盖层灌浆帷幕	158	1.2	基座式

表 4-6　　　　　　　　深厚覆盖层上的混凝土面板堆石坝

序号	工程名称	建成年份	坝型	最大坝高（m）	覆盖层最大深度（m）	基础防渗形式及厚度（m）
1	那兰	2005	混凝土面板堆石坝	109	24.3	一道混凝土防渗墙，厚0.8
2	九甸峡	2008	混凝土面板堆石坝	136.5	56	两道混凝土防渗墙，均厚0.8
3	察汗乌苏	2007	混凝土面板堆石坝	110	46.8	一道混凝土防渗墙，厚1.2
4	多诺	2014	混凝土面板堆石坝	112.5	41.7	一道混凝土防渗墙，厚1.2

　　受施工设备和施工技术水平的限制，混凝土防渗墙的深度和厚度仍然局限在一定范围内。目前，已建成的泥浆槽孔混凝土防渗墙，单墙最大厚度为 1.4m，单墙最大深度为 186m。当墙的上、下游水头差超过 170m 时，高土心墙堆石坝深厚覆盖层坝基防渗墙防渗往往需要双防渗墙。当覆盖层厚度超过目前防渗墙的施工能力时，可能需要采用墙接幕的组合方式。

　　综上，当今深厚覆盖层高坝坝基防渗的特点是：①一般采用可靠性较好的刚性混凝土防渗墙进行防渗；②由于水头高，需较大的防渗墙厚度，当水头高到一定程度时需要布置双墙；③由于高坝基础防渗墙应力高，需采用高强混凝土（一般 28d 抗压强度大于 25MPa）和低弹性模量高抗渗混凝土；④超深厚覆盖层防渗问题可以采用墙接幕的组合方式得以有效解决。

⊛ 第二节　坝基混凝土防渗墙技术

混凝土防渗墙是指利用钻孔、挖槽机械，在松散透水地基中以泥浆固壁，挖掘槽形孔或连锁桩柱孔，在槽（孔）内浇筑水下混凝土或回填其他防渗材料而形成的具有防渗功能的地下连续墙。它是防止渗漏、保证地基渗透稳定和大坝安全的工程措施。

防渗墙材料按性质可分为普通混凝土、黏土混凝土、塑性混凝土、固化灰浆、自凝灰浆等几类。前三种混凝土均为大流动性混凝土，适合水下浇筑。普通混凝土是以水泥、粉煤灰为胶凝材料拌制而成的。黏土混凝土除水泥、粉煤灰外，还掺加了占胶凝材料总量 20％左右的黏土。塑性混凝土是用黏土和膨润土取代了普通混凝土中大部分的水泥，而其中的砂石等用量基本不变的一种柔性墙体材料。它的抗压强度低，一般仅为 1～2MPa；弹性模量也较低，一般仅为 400～1000MPa；允许渗透坡降低，一般小于70。由于塑性混凝土弹性模量和坝壳堆石体弹性模量相差的倍数不大，因而较能适应地基变形，也能改善结构的应力状态。固化灰浆是在已建成的槽孔内，以固壁泥浆为基本浆液，在其中加入水泥、水玻璃、粉煤灰等固化材料及砂和外加剂，经搅拌均匀后固化而成的柔性墙体材料。自凝灰浆是以水泥、膨润土等材料拌制的浆液，在建造槽孔时起固壁作用，槽孔建造完成后，该浆液自行凝结成柔性墙体材料。

防渗墙材料按照抗压强度和弹性模量，可以分为刚性混凝土和柔性混凝土。刚性混凝土有普通混凝土、黏土混凝土、粉煤灰混凝土等，一般抗压强度大于 5MPa，弹性模量大于 2GPa；柔性混凝土有塑性混凝土、自凝灰浆、固化灰浆等，一般抗压强度小于5MPa，弹性模量小于 2GPa。

防渗墙按照结构形式可以分为桩柱型防渗墙和槽孔型防渗墙，其中槽孔型防渗墙是我国混凝土防渗墙的主要形式。

随着防渗墙施工技术的日趋成熟，防渗墙越来越广泛地应用于覆盖层坝基防渗处理之中。坝越来越高，对防渗墙的要求也越来越高。高坝坝基防渗墙具有高应力、高水力坡降的特点，适合采用抗压强度和允许渗透坡降高的普通混凝土刚性防渗墙。本节结合西南地区漂卵砾石夹砂层地层的特点，主要介绍槽孔型普通混凝土刚性防渗墙的设计。

混凝土防渗墙设计除了结构布置和构造外，还应提出墙体混凝土材料的强度、弹性模量、抗渗等级和抗冻等级等要求。进行坝基防渗墙设计，首先需要取得以下基本资料：①坝体的结构布置图、坝基覆盖层的地质剖面图；②坝体上、下游水位；③筑坝材料的物理力学指标、渗透系数及允许坡降；④坝基覆盖层的物理力学指标、渗透系数及允许坡降；⑤坝基岩体的岩性、物理力学指标及透水性；⑥坝基地下水位分布及其性质；⑦枢纽工程的环境保护要求；⑧枢纽工程附近混凝土主材、黏性土、膨润土料源情况；⑨其他有关材料。

一、防渗墙的布置

1. 单墙布置

当坝基采用一道防渗墙进行防渗时，其轴线一般与大坝防渗体轴线一致。防渗墙轴线布置成直线是比较经济的，但为了避开不良地质条件或适应坝体顺水流方向变形等，也可以布置成折线或弧线。单墙与土心墙可以采用插入或廊道连接方式。

2. 双墙布置

当坝基采用两道防渗墙时，主要有两种布置方式：一种是集中布置，另一种是分开布置。

集中布置方式两墙的净距小，两道墙可以采用插入式与心墙连接，也可以在两道防渗墙顶共设一个灌浆廊道与土心墙连接。加拿大马尼克3号坝的两道防渗墙采用的是集中布置方式（见图4-1），两墙顶部设置灌浆廊道。采用集中布置方式时，两道墙可以对称布置，两道墙可以均衡地分担水头；当墙顶需要设置廊道时，两道墙位置靠近，廊道可以置于两道墙之上，廊道和防渗墙的受力条件较好。这种布置方式的最大缺点是两道防渗墙的施工干扰大，防渗墙需要的施工工期较长。

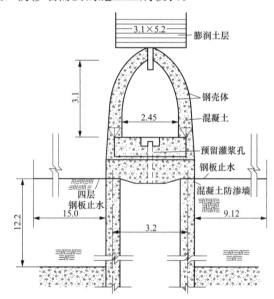

图 4-1　马尼克 3 号坝防渗墙集中布置方式（单位：m）

采用分开布置方式时，两墙之间保持可同时施工而不产生干扰的距离，一般为12～14m。这样布置的优点是两道防渗墙的施工可以同时进行，缩短防渗墙施工工期。两道墙分开布置有对称和非对称两种布置形式。

对称布置是将两道防渗墙对称于大坝防渗轴线，两墙之间可设置廊道对墙间覆盖层进行灌浆处理。这种布置方式的特点是：①两墙间覆盖层及下部基岩帷幕灌浆施工难度大，防渗墙与基岩灌浆帷幕连接差，防渗系统整体性和可靠性难以保证；②两墙间廊道位于覆盖层基础及接触性黏土上，廊道变形较大，灌浆廊道结构设计困难。

非对称布置是将一道防渗墙（称为主防渗墙）布置于大坝的主防渗平面内，另一道墙（称为副防渗墙）布置于主防渗墙的上游或下游，形成一主一副的布置格局，在主防渗墙顶设置灌浆廊道对墙下基岩进行灌浆处理。这种布置方式的特点是：①墙顶灌浆廊道尺寸小，防渗系统整体性和可靠性好，但主防渗墙及墙顶廊道应力状态稍差；②受各种边界条件制约，两道墙往往不能均衡地承担水头。我国在瀑布沟大坝工程中首次提出并成功设计应用了一主一副双防渗墙分开布置体系，并在长河坝大坝工程中进一步发展了该体系并成功解决了高 240m 的土心墙堆石坝坝基强透水深厚覆盖层的防渗问题。

采用一主一副分开布置，副防渗墙布置于主防渗墙前和主防渗墙后的两种方式如图4-2 所示，两种方式的渗流场及防渗墙、廊道及其连接部位的应力变形差异不大。当副防渗墙位于上游侧时，通过设置连接帷幕来隔断上游库水与两墙间隔之间的水力联系。

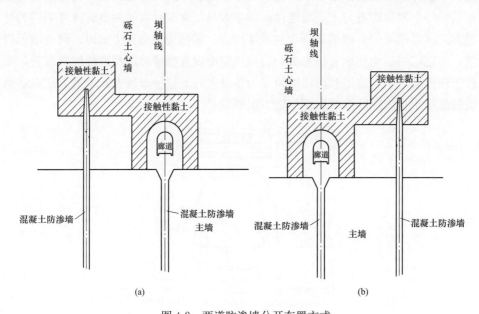

图 4-2　两道防渗墙分开布置方式
（a）副防渗墙布置于主防渗墙前；（b）副防渗墙布置于主防渗墙后

防渗墙对称布置情况下，两道防渗墙可以均衡地分担水头。防渗墙非对称布置情况下，两道防渗墙不能平均地分担水头。两道墙分担水头的比例主要同墙厚、岩石透水性、墙下帷幕透水性及深度，以及帷幕与岩石透水性的差异等因素有关。计算分析表明，副防渗墙下基岩灌浆帷幕越深，承担的水头越高，但由于副防渗墙下基岩灌浆需占直线工期，墙下灌浆深度应兼顾渗透和施工两方面的因素。根据二、三维渗流计算成果，当副防渗墙下帷幕深度与主防渗墙下帷幕深度相同时，副防渗墙可承担约 45% 的总水头；当副防渗墙下帷幕仅封闭下游水位以下强透水岩层时，副防渗墙承担约 40% 的总水头；当副防渗墙下基岩进行浅部灌浆帷幕时，副防渗墙承担约 30% 的总水头；若仅对墙下残渣进行灌浆处理，副防渗墙可承担约 25% 的总水头；当副防渗墙下基岩不灌浆时，副防渗墙承担总水头的比例随着副防渗墙底部残渣清理的干净程度而变化，当墙下残渣清理干净时副防渗墙承担 10%～20% 的总水头，当墙下残渣清理不彻底时副防渗墙只承担约 10% 的总水头。为了加强副防渗墙分担水头的作用，应对副防渗墙下残渣和基岩进行帷幕灌浆处理。副防渗墙承担水头的比例应根据工程具体情况，经技术经济比较确定。

根据瀑布沟工程研究成果，在漂卵砾石地层中，两道墙同时快速施工的最小间距约

12m。间距太小，两道墙需错开施工，工期增长。两道防渗墙造孔施工可考虑采用两排钻机"面对面"与"背靠背"两种施工方式。"背靠背"施工方式可合理地进行资源配置，减少施工中的相互干扰，加快施工速度，保证施工工期；而"面对面"施工方式对高强度、大规模施工和特殊情况处理较为不利。所以，两道防渗墙施工钻机布置多采用"背靠背"施工方式。瀑布沟和长河坝工程均采用"背靠背"施工方式。

二、防渗墙结构与构造

混凝土防渗墙结构与构造设计主要是确定防渗墙厚度和深度、混凝土配合比及材料性能指标、钢筋笼布置、应力变形情况及细部构造等。

1. 防渗墙厚度和深度

坝基混凝土防渗墙厚度的确定，主要考虑防渗要求、墙体的应力、混凝土的耐久性、现有造孔机械设备能力和施工技术水平等因素。防渗墙厚度 δ 可根据防渗墙破坏时的水力梯度来确定，见式（4-1）、式（4-2）。

$$\delta = H/J_p \tag{4-1}$$

$$J_p = J_{max}/K_s \tag{4-2}$$

式中　δ——防渗墙厚度；

　　　H——防渗水头；

　　　J_p——防渗墙的允许水力梯度，一般为 $80\sim120$；

　　　J_{max}——防渗墙破坏时的最大水力梯度；

　　　K_s——安全系数。

在满足防渗要求的基础上，当防渗墙墙体应力较高时，可适当增加防渗墙的厚度，以降低墙体应力。当需要的防渗墙厚度大于施工能力水平时，宜采用两道防渗墙。

墙体的深度主要依据满足坝基的渗透坡降要求并控制渗透流量来确定，可以将覆盖层全封闭，也可以悬挂于覆盖层的某个深度。坝基覆盖层一般具有透水性强、允许坡降低的特点，对高土石坝坝基防渗墙深度首先应考虑将覆盖层全封闭，当不能达到时，可进行悬挂式防渗墙或者墙接幕的布置研究。黄金坪工程坝基防渗墙最大深度为 129.5m，为目前国内最深的全封闭防渗墙；旁多工程坝基覆盖层最大深度为 424m，采用深 158m 的悬挂式混凝土防渗墙防渗。

2. 防渗墙结构计算和墙体混凝土强度

防渗墙混凝土的强度主要取决于防渗墙的墙体应力状况，同时考虑泥浆下浇筑混凝土的强度折减，并留有一定裕度。

（1）防渗墙结构计算。防渗墙应力的大小主要取决于河床覆盖层的厚度、覆盖层性质及大坝高度等。为了确定防渗墙墙体强度及相应的安全储备，需首先对防渗墙进行结构计算。防渗墙承受如下荷载：①作用在墙顶的土压力；②两侧覆盖层因沉降摩擦而对防渗墙产生的拖曳力；③水压力；④墙体自重。混凝土防渗墙的结构计算以往多采用弹性地基梁法，由于其边界条件及荷载等难以确定，计算结果往往难以符合实际，算出的墙的弯矩往往偏大，甚至存在足以导致墙体断裂的拉应力等。而根据加拿大马尼克3号坝及国内碧口、铜街子等工程的监测成果，墙身几乎没有拉应力，或者拉应力的区域和值都很小。

随着计算机技术的发展和岩土工程技术的进步，目前防渗墙的结构计算常常采用有限元法，有限元法的计算结果比弹性地基梁法的计算结果更符合实际情况，但目前采用的受力分析方法计算的墙体应力偏大。

分析认为，防渗墙与周围覆盖层及接触性黏土之间相对变形较大，防渗墙顶部周围覆盖层和接触性黏土单元应力水平较高，可能发生局部剪切和拉伸屈服；网格尺寸影响不容忽视，而且单元形状将发生扭曲甚至出现网格奇异问题。以往采用的小变形分析方法（始终采用初始网格）和粗糙的网格，难以准确描述防渗墙周围土体的复杂应力和变形状态，造成覆盖层对墙体产生较大的拖曳力，导致防渗墙应力被高估。

成都院联合大连理工大学提出，将一种简便高效的基于小变形模型的局部网格重剖分和插值技术（local remeshing and interpolation technique with small strain model，LRITSS）用于研究土石坝工程中土与结构（防渗墙）的相互作用问题，解决了结构体周围覆盖层和接触性黏土的大变形及网格奇异问题。采用该方法分析时对网格进行了加密，且对防渗墙周围区域节点坐标进行了实时更新和网格重剖分，以防网格粗糙及产生扭曲对计算结果造成影响。研究发现，对结构周围土体进行网格加密和采用大变形分析后，防渗墙的大主应力有所减小。

（2）墙体混凝土强度。深厚覆盖层上高坝的防渗墙应力往往较高，需采用高标号混凝土；同时为了降低防渗墙墙体应力，还希望混凝土防渗墙材料具有低弹性模量；考虑到施工需要，要求墙体混凝土具有早期强度低后期强度高的特点。目前，防渗墙的混凝土强度已高达 C45。国内外部分已建工程的混凝土防渗墙强度统计见表 4-7。

表 4-7　　　　　　　　　国内外部分已建工程的混凝土防渗墙强度统计

工程名称	大坝高度（m）	防渗墙最大深度（m）	混凝土强度指标
铜街子	48	70	C35
瀑布沟	186	73	C40
小浪底	160	82	C35
冶勒	124.5	140	C45（360d 龄期）
马尼克 3 号	107	130	C34
长河坝	240	50	C50（360d 龄期）

据试验结果，由于受到施工、养护等条件的影响，防渗墙结构混凝土强度一般仅为标准强度的 75%～80%，为国际标准草案中强度的 75%～85%。据中国建筑科学研究院有限公司建筑结构研究所对试验用墙板取心证明，28d 龄期的心样试件强度换算值也仅为标准强度的 86%，为同样条件养护试块强度的 88%。据日本樱井纪郎等著的《特殊混凝土施工》一书所载，在膨润土泥浆中浇筑的混凝土强度低于一般混凝土强度，而且强度的波动性大。按日本国营铁道的现场试验，从壁厚 60cm 的地下连续防渗墙取心的抗压强度与标准养护试件的抗压强度相比约低 20%，取心时的变差系数 C_V 是标准养护试件的 3 倍。从膨润土泥浆中浇筑的混凝土取心的抗压强度为标准养护试件抗压强度

的 70%~80%。

当然，也有例外的情况。在冶勒水电工程大坝施工前，进行了防渗墙施工试验。据防渗墙试验混凝土机口取样和试验防渗墙混凝土心样的检测成果表明，心样的抗压强度普遍高于机口样的抗压强度，但心样的强度增长系数低于机口样的，分析认为两者的长期强度可能趋于一致。

考虑到泥浆下浇筑条件对实际强度的不利影响，防渗墙混凝土浇筑强度应较设计强度适当提高。根据国内外经验，对普通混凝土可提高一个强度等级，对黏土混凝土和塑性混凝土可以提高 10%~20%。

3. 混凝土配合比设计

应根据混凝土的设计强度进行防渗墙混凝土配合比设计。考虑泥浆下浇筑对混凝土强度的影响，室内配制混凝土时，需要考虑在设计强度的基础上适当提高混凝土配制强度。为了降低混凝土配合比的设计难度，设计中可以根据坝体填筑工期进度安排，充分利用混凝土的后期强度，如 180、360d 龄期强度。防渗墙的应力状态还和混凝土的变形模量有关，在"八五"国家科技攻关期间，成都院开展了高强低弹混凝土的研究，取得了一系列的成果。

水泥品种、粉煤灰品种及掺量、外加剂品种及掺量、含砂率、水胶比等对混凝土性能均有一定影响，防渗墙混凝土配合比设计应对各影响因素进行敏感性分析和试验，最终确定满足混凝土防渗墙材料性能要求的配合比。

(1) 水泥品种。在相同水胶比、相同粉煤灰掺量条件下，普通硅酸盐水泥混凝土的弹性模量与强度之比（简称弹强比）较中热硅酸盐水泥混凝土的低 10%~15%，这表明使用普通硅酸盐水泥可以使防渗墙混凝土获得更好的高强低弹效果；但由于中热硅酸盐水泥的 C_3S 含量较普通硅酸盐水泥的低，其混凝土具有早期强度低、后期强度增长较多的特点。

(2) 粉煤灰品种及掺量。粉煤灰具有良好的活性，掺入一定量的粉煤灰，可以提高混凝土的后期强度增长系数；粉煤灰具有颗粒效应，据此可以改善新拌混凝土的和易性；掺入的粉煤灰取代水泥，可以延缓胶凝材料的水化和凝固过程，对混凝土防渗墙的变形性能有一定程度的改善。

试验资料显示，掺 40%粉煤灰的混凝土比掺 30%粉煤灰的混凝土的弹性模量低。因此，从降低弹性模量的角度，宜尽量选择粉煤灰掺量高的混凝土；但粉煤灰掺量过高，会对混凝土早期强度有一定程度的影响。综合考虑各种因素，粉煤灰掺量取 30%较为适宜。

(3) 外加剂品种及掺量。为了增强混凝土的和易性及流动性，需要在混凝土中加引气剂和减水剂。负离子型高效减水剂在混凝土中的使用，特别是在高流动性、自密实性的混凝土中使用，会带来诸如新拌混凝土的离析、泌水等负面影响；在施工过程中，可能还会导致出现堵管、拔管困难等现象。因此，在保证混凝土水灰比不变的条件下，应尽量选择较高的含砂率、少用减水剂，以保证新拌混凝土的和易性及施工的可操作性。

(4) 含砂率。防渗墙混凝土作为高流态自密实性混凝土，合适的含砂率可以使新拌混凝土具有较好的和易性。混凝土抗压强度先是随含砂率增加而增长，继续加大含砂率，混凝土抗压强度反而降低；混凝土弹性模量也具有同样的规律，混凝土各龄期的弹强比随含砂率的增加而降低。混凝土的含砂率在 44％～46％时坍落度和扩散度最大，施工和易性最好，且混凝土的弹强比相对较低。

（5）水胶比。胶凝材料是决定混凝土强度的重要因素，水灰比与混凝土强度是成反比的。研究表明，平均每加 10L 水，混凝土强度下降 7％～8％，说明水灰比对强度的影响很大。单位用水量的确定原则，是在混凝土坍落度和扩散度满足规范要求的前提下，选用最小的单位用水量，可以有效地降低混凝土的胶材用量和生产成本。

4. 防渗墙的细部构造

（1）防渗墙的入岩深度。防渗墙的入岩深度应该从防渗和结构两方面的要求来考虑。第一，应重视防渗，确保防渗墙整体都嵌入基岩；第二，防渗墙嵌入基岩太深对防渗有利，但会增加施工难度及基岩对墙体的约束，对墙体应力不利。近年来的工程实践表明，设计趋向减弱墙底约束。防渗墙嵌入基岩的深度一般为 0.5～1.0m，新鲜完整基岩嵌入深度可以小些，风化卸荷基岩嵌入深度可以大些，对墙底的透水岩层采用灌浆帷幕进行防渗。当两岸基岩陡峻时，岸坡槽段的防渗墙入岩深度应以靠河一侧的最小深度为准进行控制，若出现负地形，则应将突出岩体打掉，确保防渗墙底入岩。

（2）钢筋笼及预埋灌浆管。防渗墙计算成果表明，一般在防渗墙上部两肩的位置分布拉应力；另外，由于防渗墙混凝土浇筑是在泥浆下进行的，当防渗墙深度太大时，受限于吊装能力，很难对防渗墙全深度进行配筋。根据目前已有的工程经验，防渗墙钢筋笼的吊装能力已经超过 100m 深。有些防渗墙计算成果没有出现拉应力，为加强防渗墙槽孔混凝土与上部混凝土结构之间的连接，一般也在顶部布置钢筋笼。钢筋笼的竖向钢筋向上需留出搭接长度与上部混凝土结构钢筋可靠连接。钢筋笼一般按防渗墙施工槽段划分进行设计，并应考虑单个钢筋笼的质量不能超出现场的吊装能力。

防渗墙下部透水岩体或覆盖层一般需要灌浆处理，即使墙底岩体新鲜完整，由于底部清渣不可能彻底干净，墙底残渣常构成强透水带，所以在防渗墙墙体内一般需要预埋灌浆管。灌浆管应具有足够的强度和刚度，以保证灌浆管在混凝土浇筑过程中不会产生过大的变形。当墙体较深时，预埋灌浆管可以采用内径 100mm、管壁厚 4mm 的钢管。

三、防渗墙质量控制

混凝土防渗墙质量控制分为工序质量控制和墙体质量控制两种。工序质量控制包括终孔、清孔、接头管（板）吊放、钢筋笼制造及吊放、混凝土拌制与浇筑等检查。墙体质量控制包括墙体的物理力学性能指标、墙段接缝和可能存在的缺陷等检查。检查可采用钻孔取心、压水试验或其他检测方法。检查孔的数量宜为每 10、20 个槽孔一个，位置应具有代表性。

防渗墙的质量检查方法有些类同于常规混凝土的质量检查方法，但有些项目则有别于常规混凝土的质量检查方法。本节重点阐述墙体质量控制内容，对工序质量控制仅介绍出机口或槽口混凝土物理力学性能检验和数理统计分析的内容。

1. 检查数量和合格标准

（1）检查数量。防渗墙施工过程中应进行混凝土质量检查。混凝土浇筑机口或槽口取样试验数量可以参考以下标准：抗压强度试件每 100m³ 成型一组，每个墙段至少成型一组；抗渗性能试件每 3 个墙段成型一组；弹性模量试件每 10 个墙段成型一组。抗压强度检查要求分别进行龄期 28、90d 或更长龄期的检测。弹性模量和抗渗及抗冻性能检查可进行龄期 90d 的检测。

混凝土防渗墙成墙后，应根据施工资料确定检查的位置、数量和方法，检查应在防渗墙成墙 28d 以后进行。防渗墙的质量检查可采用无损检测与墙身取心检查相结合的方式进行。墙身及接头检查孔应重点布置在质量存在疑问处，对施工中出现问题的槽段必须取心检查。

墙身段取心检查孔数量为槽孔数量的 1/15～1/6，并不少于 3 孔；防渗墙接头取心检查孔数量为接头数量的 1/20～1/5，并不少于 2 孔。检查孔孔深应超过防渗墙设计深度 1m。每个检查孔均应做压水试验，段长 5m，试验压力不低于 1.5MPa。对每一钻孔取心样应进行室内物理力学性能（包括龄期 28d 抗压强度、龄期 90d 抗压强度和弹性模量）试验。

采用无损检测技术及仪器对防渗墙质量进行检查时，具体数量可参考以下标准：接头和墙身每个取心孔均可进行单孔声波检测，每槽段利用取心孔和预埋灌浆管至少进行 1 组跨孔声波检测，有条件时可以对每个接头进行跨孔声波检测；对检测中发现的异常部位可布置声波 CT 和钻孔全景图像进行补充检测；帷幕灌浆前后对防渗墙墙体与基岩接触部位进行声波、钻孔全景图像检测。

（2）合格标准。合格部分的混凝土物理力学强度指标和抗渗标准应达到设计值的 95% 以上，不合格部分的混凝土物理力学强度指标和抗渗标准必须达到设计值的 85% 以上，并不得集中在相邻槽段；压（注）水检查的标准为渗透系数 $k \leqslant 1 \times 10^{-6}$ cm/s；当采用声波检测时，声波波速不应小于 3850m/s。对防渗墙存在的质量问题，应采取切实有效的补救措施。

预埋灌浆管孔斜应满足有关技术规范的要求，且必须扫孔至孔底以验证孔深是否满足图纸要求。预埋灌浆管验收合格率必须达到 100%，对不合格的灌浆管，须在防渗墙预埋灌浆管的邻近位置钻孔，并需对防渗墙预埋管口进行有效保护。

2. 出机口或槽口混凝土取样检查

为了保证新拌混凝土的质量，首先要严格控制混凝土的配合比，各种原材料的添加量应控制在允许的误差范围内。DL/T 5144—2015《水工混凝土施工规范》规定，各种原材料的加量误差应控制在：水泥、混合材的加量误差为±1%；砂、石子的加量误差为±2%；水、外加剂溶液的加量误差为±1%。由于外加剂的加量少、影响大，更应控制其加量的精确性。

在拌好的混凝土入槽前，应检查混凝土的和易性。如果和易性不好，宁可将混凝土废弃也不能勉强浇入导管。为此，应对新拌混凝土的坍落度和扩散度进行检验、记录。每 2h 在拌和机口进行 1 次抽样检查。在冬季和夏季施工时，还要根据需要进行新拌混凝土温度的检验，若发现不合格者应查明原因并予以纠正。

DL/T 5199—2019《水电水利工程混凝土防渗墙施工规范》规定，入槽混凝土坍落度应控制在 18～22cm，扩散度为 38～46cm，坍落度保持 15cm 以上的时间不应小于 1h。为此要采取措施控制混凝土的运输距离、速度，做好运输车辆的调配，以控制新拌混凝土从出机到浇筑的时间。

(1) 混凝土试块物理力学性能的检查。对防渗墙混凝土物理力学指标的检查项目主要包括对混凝土的抗压强度、弹性模量、抗渗标号（或渗透系数）的检查。通常以槽孔为单元在混凝土拌和机口或浇筑槽口取样，按混凝土试件养护标准进行养护，对试验数据进行数理统计分析。

取样数量可参考以下标准：对抗压强度试件，混凝土体积在 100m³ 以内的槽孔，可取一组（3 块）试件；混凝土体积在 200～300m³ 的槽孔，可取 2 组（槽孔上、下部各 1 组）试件；混凝土体积在 300m³ 以上的槽孔，可取 3 组（槽孔上、中、下部各 1 组）试件。弹性模量试件每 10 个墙段成型一组。试件一般以 15cm×15cm×15cm 立方体试模成型。抗压强度进行 28d 龄期试验，如有需要也可适量增加 7、90d 龄期的试验；弹性模量可以进行龄期 90d 检测。

混凝土强度的评定按照 GB 50204—2015《混凝土结构工程施工质量验收规范》的规定进行：

1) 划分验收批。混凝土防渗墙通常是枢纽建筑物的一个分部或分项工程，因此一般可取整个墙体为一个验收批。当防渗墙工程规模巨大、工期很长，或墙体是由若干具有不同性能要求的墙体材料组成时，可划分为若干个验收批。同一验收批的混凝土强度，应以同批内标准试件的全部强度代表值来评定。每个验收批的试件不应少于 10 组。

2) 确定判定条件。强度合格的判定条件是满足式（4-3）、式（4-4）。

$$R - \lambda_1 S \geqslant 0.9 R_K \tag{4-3}$$

$$R_{min} \geqslant \lambda_2 R_K \tag{4-4}$$

式中　R、R_{min}——同一验收批的混凝土试件强度的平均值和最小值，N/mm^2；

$\quad\quad$ λ_1、λ_2——混凝土强度的合格判定系数（见表 4-8）；

$\quad\quad$ R_K——设计的混凝土抗压强度，N/mm^2；

$\quad\quad$ S——同一验收批混凝土试件强度的标准差，N/mm^2。

试件的强度标准差按式（4-5）计算：

$$S = \sqrt{\frac{\sum_{i=1}^{n}(R_i - R)^2}{n-1}} \tag{4-5}$$

式中　R_i——第 i 组试件的抗压强度值，N/mm^2；

$\quad\quad$ n——本验收批混凝土试件的组数。

当 S 的计算值小于 $0.06 R_K$ 时，取 $S = 0.06 R_K$。

表 4-8　　　　　　　　　　　　　混凝土强度的合格判定系数

试件组数	10～14	15～24	≥25
λ_1	1.70	1.65	1.60
λ_2	0.90	0.85	

某一验收批工程量很小，试件数少于 10 组时，该验收批用非统计方法评定其强度是否合格。要求满足：$R \geqslant 1.15R_K$；$R_{min} \geqslant 0.95R_K$。

（2）混凝土试块抗渗指标（或渗透系数）、抗冻标号的检验。混凝土抗渗指标的检验，目的是检查机口取样混凝土所具有的抗渗性能。一般不对每个槽孔都进行抗渗指标的检验。对于中、小型工程，每 5～8 个槽孔可取 1 组（6 块）试件；对于大型工程，每 3 个槽孔取 1 组试件，也可根据工程的重要性适当增减。各类混凝土的抗渗试件均成型为圆台体，底面直径 185mm、顶面直径 175mm、高 150mm。

混凝土的抗渗、抗冻试验一般按 DL/T 5150—2017《水工混凝土试验规程》的规定进行龄期 90d 的抗渗及抗冻性能检测。

3. 混凝土防渗墙成墙质量检查

对混凝土防渗墙成墙质量的检查，目前采用的方法有钻孔取心法和压水试验法、超声波法和地震波 CT 法等。采用钻孔取心强度和压水试验成果对防渗墙成墙质量进行评价的方法较为成熟。墙体的物理力学性能指标，如抗压强度、弹性模量、抗渗等级、抗冻等级等必须通过对取心样的试验获得。超声波法属于无损检测，值得推广应用，具体内容见后文"防渗墙及接头质量的无损检测"，本小节主要讲述钻孔取心法。

钻孔取心法是使用岩心钻机在混凝土防渗墙墙体上获取试样，通过对试样的检查试验了解墙体混凝土的情况，即有无夹泥和水平冷缝、混凝土密实程度、物理力学性能、与基岩面的接触情况、墙底沉渣厚度等。这种检验方法的优点是比较简单直观，缺点是钻孔及试验时间长，要求施工人员具有一定的专业技术水平，成本较高，检验的结果实际上是钻孔通过的部分混凝土样本的情况。

由于钻孔对墙体有一定的削弱甚至破坏作用，钻孔取心法主要用于对试块抗压强度的测试结果存在疑义的情况。钻孔取心数不宜过多，检查孔孔深应超过防渗墙设计深度 1m。每个检查孔均应做压（注）水试验。

CECS 03—2007《钻芯法检测混凝土强度技术规程》针对工业民用建筑规定了实施钻孔取心法的各项技术要求，主要包括钻心法适用的条件，适用的混凝土强度等级，对钻孔取心机械、钻具和取心工艺的要求，对心样加工机械和工艺的要求，对试验结果的处置和换算的规定等。一般采用内径 100mm 或 150mm 的金刚石或人造金刚石薄壁钻头钻取心样，水工混凝土防渗墙钻心取样时最好采用双管单动钻具取心。钻取的心样直径一般不宜小于骨料最大粒径的 3 倍，在任何情况下不得小于骨料最大粒径的 2 倍。心样抗压试件的高度和直径之比应在 1～2，心样试件内不应含有钢筋。

对心样试件进行抗压强度试验测得的混凝土强度可以按式（4-6）换算成相应于测试龄期的、边长为 150mm 的立方体试块的抗压强度值（即心样试件的混凝土强度换算值）。

$$f^c_{C_u} = \alpha \frac{4F}{\pi d^2} \tag{4-6}$$

式中　$f^c_{C_u}$——心样试件混凝土强度换算值，MPa；

F——心样试件抗压试验测得的最大压力，N；

d——心样试件的平均直径，mm；

α——不同高径比的心样试件混凝土强度换算系数（见表 4-9）。

表 4-9　　　　　　　　不同高径比的心样试件混凝土强度换算系数

高径比 h/d	1.0	1.1	1.2	1.3	1.4	1.5	1.6	1.7	1.8	1.9	2.0
换算系数 α	1.00	1.04	1.07	1.10	1.13	1.15	1.17	1.19	1.22	1.23	1.24

该规程还规定：高度和直径均为 100mm 或 150mm 心样试件的抗压强度测试值，可直接作为混凝土强度换算值。

当使用钻孔取心法检测墙体质量时，应当注意：

（1）当混凝土强度低于 10MPa 时，不宜在墙体上取心检查；有时混凝土强度等级虽较高，但龄期较短，一般也不能钻取心样。

（2）钻孔取心抗压强度试验结果一般来说低于混凝土机口取样的标准，这已为国内外的实践所证明和认同。国内外的经验都证明，防渗墙钻孔取心试样的抗压强度只有机口取样的抗压强度的 $50\% \sim 80\%$，而且离散性很大；钻孔取心试样的抗压强度变差系数 C_V 是机口取样试件变差系数 C_V 的 3 倍。防渗墙钻孔取心的抗压强度值可作为了解混凝土防渗墙整体质量均匀性的参考；如果设计对防渗墙体混凝土质量有特殊要求，应当提高混凝土标号，使其有足够的安全保障。

对检测中发现的异常部位可布置地震波 CT 和钻孔全景图像进行补充检测。

4. 防渗墙接头质量检查

各单元墙段由接缝（或接头）连接成防渗墙整体，墙段间的接缝是防渗墙的薄弱环节。由于施工方法的不同，墙段接头的形式有所差异。如果接头方案不当或施工质量不好，就有可能在某些接缝部位产生集中渗漏，严重者会引起墙后地基土的流失，进而导致坝体的塌陷。对于防渗墙接头质量的检查，可以采用对接头孔部位开挖一定的深度而后进行直观检查的方法，也可以采用打斜孔而后进行注水试验、全深度取心、声波检测等的方法。

根据多个工地对接头孔开挖的观察结果来看，膨润土泥浆的夹泥厚度要大于优质黏土泥浆接头的夹泥厚度；并且膨润土泥浆接头部位的夹泥在防渗墙的顶部厚度大，随着防渗墙深度的加大而减少，而优质黏土泥浆接头孔部位的夹泥随着防渗墙深度的加大而减少的情况要好于前者。这是由于膨润土的主要成分蒙脱石与混凝土浇筑过程中的钙离子发生比较剧烈的反应而形成较多的絮凝物所致；而黏土是岩浆岩和变质岩中的硅酸盐矿物（如长石、云母等）风化后形成的，通常是以一种矿物为主的多种矿物混合体，主要成分是黏土矿物，以高岭石为主的叫高岭土，而高岭土对水泥中的钙离子的絮凝反应远不如蒙脱石。对已经开挖过的防渗墙接头孔部位，事后一定要恢复泥皮保护层，或者对接头部位进行水泥砂浆封堵，以保证防渗墙整体的防渗效果。

一些工程曾对接缝的透水性进行了检查，如贵州猫跳河四级水电工程防渗墙曾进行过接缝钻孔压水试验，当夹泥不破坏时，其透水率 $q=0.015\mathrm{Lu}$（相当于 $k=3\times10^{-7}$

cm/s）；又如云南以礼河毛家村水电工程大坝防渗墙也曾进行过类似试验，当夹泥不破坏时，其 $q=0.06$Lu（相当于 k 为 $1×10^{-7}$cm/s）。这样的接缝质量是比较好的。

但无论怎样，泥浆下浇筑的混凝土，接头部位无论如何都会存在一定的夹泥，哪怕是对接头部位进行非常仔细地刷洗后浇筑的混凝土。但总的来说，采用冷拔接头管施工的接头孔连接质量要好于套打接头法施工的接头质量，其夹泥厚度可控制在 1cm 或者小于 1cm 的范围内。不一定要求接头孔部位的渗透系数一定等于防渗墙混凝土的渗透系数，毕竟接头孔部位是防渗墙的薄弱部位。只要经过验算，接头孔部位的渗透不会引起地基渗透变形，那么比防渗墙混凝土的渗透系数低 1~2 个数量级的接头孔，质量同样是合格的。

经验表明，接头孔取心难度大，所以全深度接头孔取心数量不宜过多，一般为 1~2 孔；检查孔检查完成后必须按机械压浆封孔法进行封孔；封孔材料应为水泥砂浆，水泥与砂的质量比为 1：1.3。

5. 防渗墙及接头质量的无损检测

对于防渗墙及接头质量的检查，以往多采用钻孔取心和压水试验法进行，考虑到取心和压水试验对墙体的削弱及工期的占用，一般需要控制取心的数量；但坝基防渗墙混凝土通过导管在泥浆下浇筑，为隐蔽工程。若取心数量太少，则不能准确地反映防渗墙的真实质量状况。有的工程因为防渗墙的问题，蓄水后漏水严重，且修复难度极大。

随着物探技术的发展，采用超声波法等无损检测技术，可以较为全面地反映防渗墙的质量状况。无损检测一般采用超声波法，即可利用取心孔和预埋灌浆管进行单孔和跨孔声波测试，对墙体及接头质量进行检查，对检测中发现的异常部位可布置声波 CT 和钻孔全景图像进行补充检测。这种方法对墙体无损伤，是值得推广应用的检测手段。采用超声波法对墙体进行全面检测，费用相对较高，且由于目前积累的经验较少，对声波测值尚无一套较为完整的评价标准，所以目前该方法的应用还不普及。

当采用超声波法检测时，需要先进行若干室内试验，求得各种混凝土强度和声波波速之间的关系。将测得声波值与相应强度的混凝土声波值相比较，以了解和判断混凝土的质量。一般质量好的混凝土对弹性波有很好的传播性能，频率为 $5×10^4$Hz 的超声波在混凝土中的波速接近 4000m/s。当混凝土中夹有泥沙等软弱材料或密实度较差时，其波速减小，振幅衰减大，从而可以判断墙体混凝土的质量。

在大渡河流域的黄金坪水电工程大坝基础防渗墙施工质量检测中，由于防渗墙深度大（最大深度达 129.5m），施工过程中曾发生过塌孔、接头管抱管等情况，因此对坝基混凝土防渗墙质量的检查除了进行钻孔取心和压水试验等常规检查外，还利用取心孔进行了单孔声波检测，利用取心孔和两排预埋灌浆管按"之"字形布置的情况，对墙体及接头的质量采用跨孔声波测试法进行了较全面的检查，共完成单孔声波检测 13 个，跨孔声波测试 86 对，其中槽段接头孔 48 对，墙体跨孔 38 对，应用效果较好。单孔、跨孔声波检测成果表明，坝基防渗墙混凝土浇筑较均匀，个别槽段及墙体局部存在低值（低于设计值）。混凝土防渗墙单孔声波波速在 3636~4651m/s，平均波速在 3997~4397m/s。低值主要集中在混凝土与基岩的接触段，声波波速在 3333~4348m/s，平均波速在 3677～4149m/s。混凝土防渗墙跨孔声波波速在 3390～4698m/s，平均波速在 4012～4470m/s。

由于单孔声波测试间距较小，反映的是孔壁附近混凝土的波速变化情况；而跨孔声波测试间距相对较大，反映的是两孔之间混凝土的波速变化情况，均化效应要大一些，所以单孔声波与跨孔声波的统计分析结果略有差异，但总体趋势是一致的。

对于波速低值区进行了补充取心、压水试验和孔内摄像检测，压水试验表明声波检测波速较低的范围透水率较小，取心和孔内摄像检测表明混凝土较完整，没有蜂窝、麻面等现象，能够满足设计要求。

四、防渗墙与坝体防渗结构的连接

深厚覆盖层上建坝，需要解决的一个关键技术问题就是坝基防渗墙与坝体防渗结构的连接，只有两者之间连接可靠，才能保证坝体防渗系统的安全。对不同的坝型，坝基防渗墙与坝体防渗结构的连接技术难度各有差异。本节主要讲述防渗墙与土心墙、沥青混凝土心墙、混凝土面板、防渗土工膜的连接技术。

1. 防渗墙与土心墙的连接

修建在深厚覆盖层透水地基上的土心墙堆石坝工程，混凝土防渗墙是坝基防渗体系的主要结构，而混凝土防渗墙与土心墙的连接问题一直是关键问题之一。国内外防渗墙与土心墙常用的连接形式有插入式和廊道式两种。

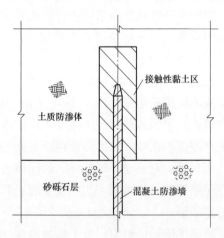

图 4-3　插入式连接形式

（1）插入式连接。插入式连接是将地基防渗墙顶部直接插入土质防渗体中一定高度（见图 4-3），插入部分墙体采用人工浇筑混凝土。为改善墙体与土心墙接头部位的应力状态，墙顶采用上窄下宽的楔形。由于防渗墙刚度远大于坝体填土及坝基覆盖层，因此墙顶填土与墙两侧填土之间存在不均匀沉降变形，墙侧填土通过摩擦力将部分自重传给墙顶填土，使墙顶出现大于土柱自重的高应力区，混凝土防渗墙的压力大大增加。而墙体两侧填土则由于土拱效应而产生小于上填土重的低应力区，易在防渗墙两侧形成渗漏通道。为了弥补上述缺陷，可通过在墙顶及两侧设置接触性黏土区来适应墙顶和两侧填土之间的不均匀变形，削弱土拱效应，加强土体整体性。小浪底和碧口大坝都在防渗墙顶设置 4m×5m（宽×高）的接触性黏土区，水牛家在防渗墙顶设置 5.2m×15m（宽×高）的接触性黏土区。插入式接头形式较廊道式接头形式而言，墙体受力状态相对简单，国内已有较成熟的设计、建造及运行经验。坝高 160m 的小浪底大坝、坝高 108m 的水牛家大坝和坝高 101m 的碧口大坝均采用这种接头形式。

防渗墙插入心墙的高度取决于挡水水头及接触性黏土与防渗墙间的接触允许渗透坡

降。对于高坝，因为混凝土防渗墙和土心墙连接部位侧压力比低坝的稍大，使土心墙与防渗墙间的接触允许渗透坡降比低坝的也稍大，故墙体插入高度可稍小一些。根据工程经验，接触性黏土与防渗墙接触允许渗透坡降取 5 时，插入高度可取 $H/10$ 左右（H 为防渗墙上、下游最大水头差，为了简单起见，H 也可采用坝高），同时不小于 2m。对于重要高坝，应根据渗流计算成果确定插入高度。插入高度越大，插入段防渗墙及两侧心墙填筑施工难度越大，所以在高坝设计中，有时为了减小墙体插入高度，可在防渗墙的上、下游设置水平防渗土工膜以延长接触渗径。

（2）廊道式连接。廊道式连接是近年来随着我国西南地区一系列深厚覆盖层上高土心墙堆石坝的建设而出现、发展并广泛应用的防渗墙与土心墙的连接形式。与插入式连接相比，廊道式连接虽然结构及应力变形复杂，但有插入式连接无法比拟的优点，如廊道可作为运行期防渗墙及墙底帷幕维护的通道，使后期基础维护方便、快捷、经济；设置廊道后，防渗墙下部基岩帷幕灌浆可以在廊道内进行，墙下帷幕灌浆可以不占用直线工期；廊道还可作为大坝监测、巡视、交通通道，方便运行期的维护和管理。

世界上最早采用防渗墙与土心墙廊道式连接的大坝为加拿大马尼克 3 号坝，该坝坝高 107m，大坝基础覆盖层厚 126m，采用两道厚 0.6m 的混凝土防渗墙防渗，两道防渗墙顶通过廊道与土心墙连接。我国第一座采用防渗墙与土心墙廊道式连接的大坝为硗碛砾石土心墙堆石坝，该坝最大坝高 125.5m，坝基覆盖层采用一道厚 1.2m 的混凝土防渗墙防渗，防渗墙最大深度 70.5m，防渗墙与土心墙采用廊道连接。随着硗碛大坝的建设，国内一批深厚覆盖层上的高土石坝，如已建的狮子坪、泸定、毛尔盖、瀑布沟、黄金坪、长河坝、金平等，坝基防渗墙与土心墙的连接均采用了廊道式连接方式。这部分内容将在本章第四节中详述。

2. 防渗墙与沥青混凝土心墙的连接

防渗墙与沥青混凝土心墙的连接主要有基座连接和廊道连接两种方式。

（1）基座连接。在深厚覆盖层基础上建沥青混凝土心墙堆石坝，沥青混凝土心墙与坝基混凝土防渗墙的有效连接是防渗体系设计的关键。冶勒大坝是我国第一座在覆盖层上建设的高沥青混凝土心墙堆石坝，最初在沥青混凝土心墙与混凝土防渗墙之间采用基座连接形式。混凝土防渗墙与沥青混凝土心墙通过混凝土基座连接，但混凝土基座内设置有廊道，混凝土防渗墙与混凝土基座间预留有 30cm 的空隙。通过坝体应力应变分析及接头模型试验，发现由于基座尺寸太大导致下部混凝土防渗墙应力状况恶化，因此优化方案决定取消廊道，重新拟订了三种基座接头形式，通过平面有限元计算，优选出一种接头形式进行接缝的抗渗性能及抗渗透破坏能力试验研究。这三种基座接头形式分别为：①防渗墙顶部设基座与沥青混凝土心墙直接连接（简称硬接头），见图 4-4（a）。②混凝土防渗墙与沥青混凝土心墙通过混凝土帽子连接，但混凝土帽子与混凝土防渗墙之间预留有 20cm 的空隙，空隙内设置三道止水（简称软接头），见图 4-4（b），其目的是避免沥青混凝土心墙和防渗墙间约束过大。③混凝土防渗墙与沥青混凝土心墙间设置浇筑式沥青混凝土连接接头（沥青含量高于碾压式沥青混凝土），防渗墙插入浇筑式沥青混凝土内，心墙筑于浇筑式沥青混凝土上（简称软沥青接头），见图 4-4（c）。

三种接头形式的主要应力应变结果见表 4-10。

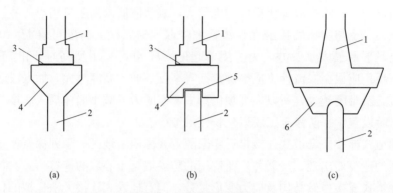

图 4-4　基座接头形式

（a）硬接头；（b）软接头；（c）软沥青接头

1—沥青混凝土心墙；2—混凝土防渗墙；3—沥青玛瑞脂；4—混凝土基座；5—空隙；6—浇筑式沥青混凝土

表 4-10　　　　　　　　　　三种接头形式的主要应力应变结果

接头形式	工况	坝体最大变位（m）		防渗墙顶垂直变位（m）	心墙最大压应力（MPa）	防渗墙最大压应力（MPa）	心墙与底座接触面		墙顶空隙压缩量（cm）
		水平	垂直				相对滑移（cm）	剪应力（MPa）	
硬接头	竣工	0.267	−0.973	−0.605	3.470	17.25	0.250	0.374	—
	蓄水	0.924	−0.843	−0.470	3.210	11.60	0.231	0.413	—
墙顶预留 20cm 空隙软接头	竣工	0.260	−0.960	−0.540	3.090	7.97	0.239	0.450	10.34
	蓄水	0.973	−0.811	−0.432	2.563	4.93	0.213	0.500	8.64
浇筑式软沥青接头	竣工	0.523	−1.402	−1.070	1.538	15.66	0.950	0.113	—
	蓄水	0.754	−1.265	−0.999	1.792	14.98	1.110	0.147	—

1）硬接头方案。由于心墙及一部分坝体荷载通过混凝土基座直接传给防渗墙，因而混凝土防渗墙内的压应力较大，但常规混凝土的强度均可满足其要求。该接头方案的一个显著优点是结构简单，施工方便，便于防渗处理。

2）软接头方案。因为混凝土帽子尺寸相对较小，而且预留的空隙使混凝土帽子上面的荷载只有部分传给混凝土防渗墙，所以防渗墙的压应力比硬接头方案的小，墙顶的沉降量也最小。但该方案接头结构复杂，施工难度大，止水要求较高，止水一旦出现问题则修补困难，防渗可靠性差。

3）软沥青混凝土方案。心墙最大压应力最小，这是因为软沥青接头的存在使心墙产生"拱效应"的结果，尽管沥青混凝土有较强的抗水力劈裂能力，但该方案的心墙应力状况不如其他方案。其混凝土防渗墙的应力虽比硬接头方案和最初设方案的小，但防渗墙顶部的沉降较大，对防渗墙轴向应力和变形均不利。软沥青混凝土与混凝土防渗墙接合部位在软沥青内会出现局部剪切破坏屈服，并有拉应力，由于防渗墙插入软沥青混凝土的渗径比较短，因此将在该处形成渗漏通道。但该方案结构简单，施工方便，不需要特别的止水结构。

综合技术、经济及防渗可靠性方面的比较，可知基座采用硬接头方案时结构简单、防渗性能较为可靠。冶勒、龙头石、下坂地工程均采用了这种接头方式（见图4-5～图4-7）。

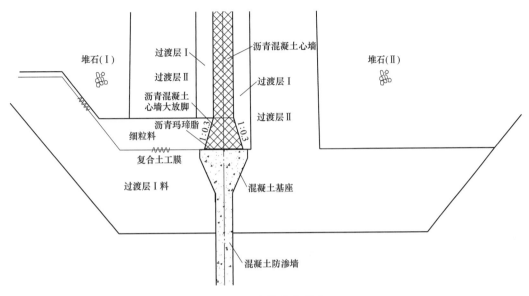

图 4-5　冶勒接头形式

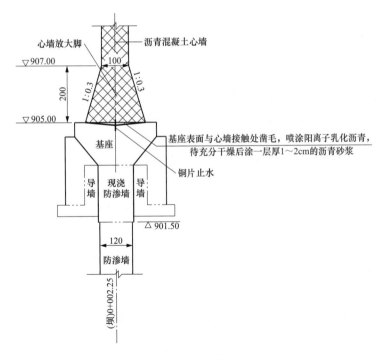

图 4-6　龙头石接头形式

（2）廊道连接。对建在深厚覆盖层基础上的心墙堆石坝，在坝基设置河床廊道，不

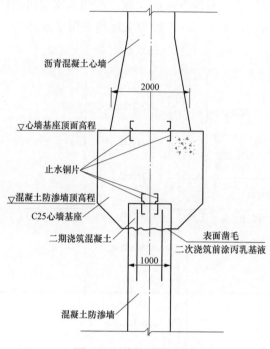

图 4-7　下坂地接头形式

但可以在河床廊道内对墙底及其下部基岩进行帷幕灌浆，从而缩短工程建设直线工期，而且可以为后期工程运行期间大坝防渗系统（防渗墙、灌浆帷幕等）的监测、运行、维护等提供通道。因此，通过多工程、长时间的研究，坝基河床廊道在工程中得到了较普遍的应用，但最初的应用限于土质防渗体分区坝。

相比土心墙堆石坝坝基混凝土廊道，沥青混凝土心墙堆石坝坝基廊道周边没有接触性黏土的保护且直接与渗透性较强的过渡料相接，其防渗可靠性要求相对更高、结构更为复杂。

在冶勒工程设计时，最初在防渗墙和沥青混凝土心墙之间采用带廊道的基座，考虑到结构防渗要求，带廊道的基座尺寸大，虽然接头处预留有 30cm 的空隙，但由于混凝土基座传给下部防渗墙的荷载仍然很大，使得混凝土防渗墙的应力很大；而且由于混凝土基座体积大、适应变形的能力差，使得混凝土防渗墙顶的沉降较大（比无廊道硬接头方案大 50%）。所以，在沥青混凝土心墙和防渗墙之间采用廊道连接，关键是要在满足防渗要求的前提下减小廊道的体积，以减小因体积庞大而造成的防渗墙过大的应力。廊道外轮廓形状不仅影响与廊道接触处心墙的应力应变，而且影响廊道传给下部防渗墙荷载的大小。对廊道外轮廓形状的分析表明，采用顶部抛物线形或城门洞形、底部倒梯形的外轮廓，不仅可以减小传给下部混凝土防渗墙的荷载，并且可以使廊道顶部心墙的应力状况得到改善。同时，廊道的内部空间越大，廊道及防渗墙结构受力条件就越差，因此在满足使用要求的情况下，廊道的内净空宜尽量小。通常廊道内净空尺寸应考虑满足在廊道内进行防渗墙底帷幕灌浆的需要，多数工程设置为宽度 3.0～3.5m、高度 3.5～

4.0m。廊道边墙、顶拱及底板混凝土厚度，多数工程廊道设置为边墙、顶拱厚度1.5~2.5m，底板厚度2.5~3.5m。

在黄金坪工程设计中，对廊道结构进行了优化，采用受力性能和运维方便性兼具的城门洞形（见图4-8），并采用有限元子模型对廊道结构尺寸进行精细计算分析，在子模型中对每一根钢筋都进行了模拟；通过精细模型计算，确定廊道的结构尺寸和配筋方案；在此基础上，通过采用低热水泥、高强度等级混凝土及掺加纤维等措施，提高廊道混凝土的抗裂性能，并在廊道外表面增加一层防渗保护层，以确保其防渗可靠。

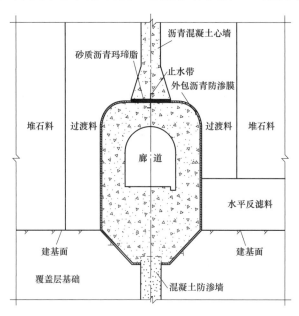

图4-8　沥青混凝土心墙与防渗墙间廊道连接

（3）连接部位的抗渗性能。不管采用何种连接形式，在保证基座或廊道结构可靠性的基础上，沥青混凝土心墙与基座（或廊道）连接处是防渗的关键部位。为了增强连接部位的防渗性能，通常采用在连接部位将心墙厚度放大、通过在基座接面处设置圆弧或键槽式凹面延长渗径、设置沥青玛蹄脂、设置铜片止水等措施。有观点认为，通过放大心墙厚度和设置沥青玛蹄脂，可以使接面的抗渗性能满足工程要求。设置止水和凹面虽有利于增加连接处的防渗性能，但会增加施工难度，降低施工质量的保证性，并在一定程度上影响施工进度。

成都院曾联合河海大学开展过心墙与防渗墙顶部连接处沥青玛蹄脂接缝抗渗能力的试验研究。试验研究分三个部分：接缝抗渗性能试验研究、接缝渗透破坏试验研究、水压分级加荷及循环加荷接缝抗渗性能试验研究。试验中采用了平面平行渗流模型、平面轴向渗流模型两种不同的模型。通过试验研究，得到如下结论：

1）接缝抗渗性能满足要求。当施加2.5MPa的水压力，心墙相对防渗墙剪切错动1.5cm时，水迹长度37.6cm，占心墙与防渗墙接缝长度（120cm）的1/3，接缝的抗渗安全性是有保证的。

2）接缝上、下水平剪切错动量的大小对接缝抗渗性能有一定影响。水平剪切错动量增大，接缝产生贯穿性渗透通道的可能性也增大，接缝的抗渗性能有所降低。

3）连接部位设置的沥青玛琋脂是一种非常重要的过渡材料，具有极佳的抗渗性能和适应变形的能力。它的存在可以保证沥青混凝土与基座或廊道在发生相对变形时，整体结构是安全的。

3. 防渗墙与混凝土面板的连接

通过水平趾板连接，是覆盖层上面板坝防渗墙与混凝土面板连接的普遍形式。由于趾板直接建在覆盖层上，竣工期在坝体自重作用下，上游坝体及其下的覆盖层被压缩并向上游方向挤压，使面板、混凝土防渗墙和趾板发生沉降并向上游位移，混凝土防渗墙因刚度相对较大而沉降很小，趾板的沉降从连接板上游端到趾板下游端逐渐变大；运行期在库水压力的作用下，混凝土防渗墙、坝体和覆盖层被进一步压缩并向下游方向挤压，使混凝土防渗墙、连接板和趾板发生沉降并向下游位移，混凝土防渗墙同样因相对刚度较大而沉降很小，趾板的沉降从连接板上游端到趾板下游端同样逐渐变大。顺水流方向，面板、趾板及混凝防渗墙之间产生不均匀变形；同样地，在坝轴线方向，由于覆盖层厚度的变化，无论在竣工期还是在运行期，趾板下的覆盖层都将产生不均匀变形。

当坝高越高、覆盖层越厚时，趾板和防渗墙之间的不均匀变形越大，因此趾板应有较好的柔性以适应地基变形。此时，可在趾板和防渗墙之间设置1～2块连接板，或者说设置较宽且分缝的趾板，通过增加趾板的柔性来适应面板和防渗墙间的不均匀沉降。我国浙江的梅溪坝、梁辉坝、横山扩建坝，由于坝低、覆盖层浅均采用了趾板不分缝而直接和防渗墙连接的形式，横山扩建坝趾板与防渗墙的连接形式见图4-9；智利帕克拉罗坝、智利圣塔杨纳坝、阿根廷皮其皮克利弗坝、中国新疆察汗乌苏坝趾板均设置有两道缝，即趾板通过两块连接板和防渗墙连接；而中国甘肃汉平咀坝和四川多诺大坝趾板设置有一条伸缩缝，即趾板通过一块连接板和防渗墙连接，多诺大坝覆盖层地基防渗墙与趾板、面板的连接形式见图4-10。趾板和水平连接板均采用抗裂设计。

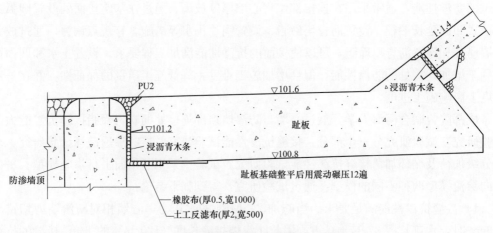

图 4-9　横山扩建坝趾板与防渗墙连接形式

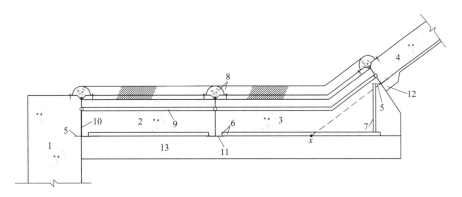

图 4-10　多诺覆盖层地基防渗墙与趾板、面板的连接形式

1—混凝土防渗墙；2—连接板；3—趾板；4—面板；5—F 型止水铜片；6—W 型止水铜片；

7—趾板伸缩缝内 U 型止水铜片；8—表面柔性止水；9—φ100mm 氯丁橡胶棒；

10—20mm 厚沥青木板；11—2mm 厚橡胶垫片；12—沥青混凝土垫块；13—沥青混凝土垫层

趾板与连接板及连接板与防渗墙接缝均采用柔性止水，以适应较大变形。面板与趾板接缝按周边缝要求设置止水，趾板的分缝及趾板与防渗墙的接缝一般设两道止水，底部设铜片止水，顶部设柔性填料止水。为防止止水破坏、控制通过接缝的渗透流量，可采用淤填式自愈止水，即用粉细砂覆盖趾板顶部以封闭渗流通道（如智利圣塔杨纳坝），趾板下特别是接缝下的垫层料要能够对设置在接缝口处的细料起到反滤作用，反滤材料也可用土工织物。另外，也有在趾板下设置浇筑式沥青混凝土或沥青砂浆等柔性辅助防渗层强化防渗设计的（如阿根廷皮其皮克利弗坝）。

4. 防渗墙与防渗土工膜的连接

防渗墙与防渗土工膜之间一般有锚固式、浇筑式和粘贴式等连接形式。其中锚固式应用最广泛，浇筑式次之，粘贴式由于黏结牢靠程度受材料和施工水平影响较大，采用较少。无论采用哪种形式连接，在接头之外的土工膜都应留有伸缩节，防止接头处承受较大拉力。

锚固式连接是指在防渗墙顶混凝土中埋设螺栓或膨胀螺钉，将土工净膜（去掉两侧土工布后）用扁钢板或工字钢条借助螺栓压紧，在螺栓穿过土工膜的孔处应设置橡胶垫板或铺筑沥青胶泥等材料止水。

浇筑式连接是指在防渗墙顶浇筑盖帽混凝土时，直接将土工膜的边缘部分浇于混凝土之中，土工膜插入混凝土的部分不应短于 0.8m，并至少有 20cm 去掉两侧土工布后的净膜浇于混凝土中。

粘贴式连接是指将聚氯乙烯（polyvinylchloride，PVC）或聚乙烯（polyethylene，PE）膜用 TMJ-929 胶或其他有机胶黏附于混凝土表面，黏结强度可达 0.2MPa 以上。两面的布一般为聚对苯二甲酸乙二酯（polyethyleneterephthala，PET），也可用布间黏合剂将其黏附于混凝土上，其黏结强度可达 0.2MPa。

五、防渗墙缺陷影响分析及缺陷处理

防渗墙工程为地下隐蔽工程，由于多种原因的影响，防渗墙可能产生裂缝、开叉、冷缝、强度偏低等缺陷。防渗墙槽孔采用冲击钻成槽，当墙体深度大时，钻孔偏斜可能造成墙底在接头部位开叉；墙体混凝土在泥浆下浇筑，可能出现局部强度偏低或冷缝现象；运行过程中，由于墙体应力复杂，可能产生局部开裂。防渗墙的水平裂缝、垂直裂缝和底部开叉等对坝基渗流场有影响，局部混凝土强度偏低、冷缝等对墙体应力变形有影响。

1. 缺陷影响分析

局部强度偏低和施工冷缝对墙体应力变形情况的影响可以通过混凝土参数敏感性进行分析。防渗墙是坝基的主要防渗措施，这里主要介绍墙体缺陷对坝基渗流场产生的不利影响。下面以深厚覆盖层上的高土心墙堆石坝——长河坝工程为例，对不同的防渗墙缺陷可能对坝基渗流场带来的不利影响进行分析预测。

（1）裂缝单元理论模型。根据裂缝渗流理论，裂缝的渗透性可用立方定律即式（4-7）描述：

$$k_f = \frac{gb^3}{12\nu} \tag{4-7}$$

式中　k_f——裂缝的渗透系数，cm^2/s；

　　　g——重力加速度，$981cm/s^2$；

　　　b——裂缝的宽度，cm；

　　　ν——水的运动黏滞系数，$0.01cm^2/s$。

对于裂缝单元的渗流控制方程，则可用式（4-8）描述：

$$k_f \frac{\partial^2 H}{\partial X^2} + k_f \frac{\partial^2 H}{\partial Y^2} = 0 \tag{4-8}$$

式中　k_f——裂缝的渗透系数，cm^2/s；

　　　H——水头。

此时，裂缝单元是由平面上 4 个点（节点 1、2、3、4）构成的一个面单元，裂缝单元与裂缝两侧实体单元的关系如图 4-11 所示。在实体单元和裂缝单元的节点上，仍需遵守节点流量连续原则。对于图 4-11 中的节点 2 来说，在考虑裂缝单元时，只需按照节点自由度顺序，在常规三维有限元单元系数矩阵的基础上叠加裂缝单元在节点 2 处的值。显

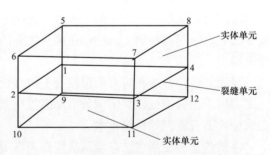

图 4-11　裂缝单元与裂缝两侧实体单元的关系

然，此时虽然增加了裂缝单元，但并未增加自由度数量，这是该方法的一个显著优点。

这样，对于上述裂缝单元理论模型，可归结为沿裂缝面的二维面单元求解，从而有效解决裂缝单元在大型三维网格模型中的网格剖分，保证单元形状特性的正规性。

（2）裂缝和开叉部位的渗透系数。对于覆盖层无黏性土而言，裂缝充填后的渗透系数可用式（4-9）描述：

$$k = 2.3n^3 d_{20}^2 \tag{4-9}$$

式中　n——充填物的孔隙率；

d_{20}——土的等效粒径。

长河坝工程覆盖层的孔隙率 $n=0.2\sim0.3$，假定填入裂缝中的细颗粒比较均匀，其孔隙率取 $n=0.4\sim0.5$，并认为填入裂缝的细料与覆盖层的细料相同，则等效粒径也相同，那么

$$R=\frac{k_\text{缝}}{k_\text{地基}}=\frac{2.3n_\text{缝}^3 d_{20}^2}{n_\text{地基}^3 d_{20}^2} \tag{4-10}$$

式中　$k_\text{缝}$——裂缝的渗透系数，cm/s；

　　　$k_\text{地基}$——地基的渗透系数，cm/s；

　　　$n_\text{缝}$——充填物的孔隙率；

　　　$n_\text{地基}$——地基的孔隙率；

　　　d_{20}——土的等效粒径，mm。

取 $k_\text{缝}=8k_\text{地基}$，即假定主防渗墙中裂缝的渗透系数为其周围覆盖层渗透系数的 8 倍。

（3）防渗墙缺陷影响分析。防渗墙缺陷影响分析，一般根据防渗墙的设计情况和应力计算成果及施工质量检测情况，找出可能存在缺陷的部位，并对该部位可能存在的缺陷进行计算和敏感性分析。

防渗墙在拉应力和高压应力部位或者边坡、变坡处容易出现裂缝，假定在这些部位的某处或多处存在裂缝，对不同裂缝长度和宽度进行敏感性分析，进而分析裂缝对坝体及坝基渗流场带来的影响。分析成果表明，混凝土防渗墙出现微裂缝时对渗流场影响不大，渗流量在控制范围内，而且微裂缝会由于荷载作用及缝中充填物而逐渐密实。当裂缝宽度达到 1.0mm 以上时，坝基防渗墙在不同部位的开裂都将对坝基渗流特性产生较大影响，主要体现在渗流场的分布、地下水位的上升和坝基渗透介质的渗流梯度等方面。

防渗墙开叉一般容易出现在深槽段的接头部位。根据防渗墙施工过程记录，假定在孔斜偏大处出现分叉，并设定不同的分叉宽度和高度，分析防渗墙分叉对坝体及坝基渗流场带来的影响。一般在假定不同开叉宽度的情况下，寻找危及坝体安全的最小开叉高度。某工程分析成果表明，当开叉宽度 $D=60$cm 时，开叉高度应控制在墙深的 1/15 以下；当 $D=30$cm 时，开叉高度应控制在墙深的 $1/10\sim1/8$ 以下；当 $D<14$cm 时，开叉高度应控制在墙深的 1/4 以下。当开叉宽度很小（≤6cm）时，墙深的 $1/6\sim1/4$ 以下出现开叉对渗流控制效果影响不大。

2. 缺陷处理

对于防渗墙底部开叉和墙体裂缝，通常采用灌浆法进行维护处理，可以通过预先在防渗墙内埋设的钢管实施。对于强度偏低的情况（波速低值区），可以结合取心、压水试验和孔内摄像检测情况，判断是否需要维护处理，通常也采用灌浆法进行处理。

六、防渗墙施工及难点

1. 施工方法

防渗墙的造孔机械很多，不同机械的施工方法、适应的地层条件和工作效率有所不同。

（1）液压铣槽机的适应地层主要为均质地层，这种钻机无法适应大漂石，尤其是夹

在疏松层内的大石块和大卵石。抓斗抓取法对于存在漂石、块石的地层也不是最佳施工方法，抓斗施工深度也受到一定的限制。

（2）钻劈法造孔成槽较适应含有较多卵石和漂石的地层。成槽方法是先采用钢绳冲击钻机钻凿主孔，后劈打副孔。劈打副孔时在相邻的两个主孔中放置接砂斗以便接出大部分劈落的钻渣。由于在劈打副孔时有部分（或全部）钻渣落入主孔内，因此需要重复钻凿主孔，此作业称作"打回填"。当采用常规冲击钻机造孔时，钻凿主孔和打回填都是用抽砂筒出渣。当采用冲击反循环钻机造孔时，主要用砂石泵抽吸出渣，有时也要用抽砂筒出渣（如开孔时）。由于钻头是圆形的，在主、副孔钻完之后，其间会留下一些残余部分，称作"小墙"。这需要找准位置，从上至下把它们清除干净（俗称"打小墙"）。至此就可以形成一个完整的、宽度和深度满足要求的槽孔。

（3）钻抓法成槽是目前水利水电工程防渗墙施工中广泛使用的造孔成槽方法。这种方法一般使用冲击钻机钻凿主孔（也称导孔），抓斗抓取副孔，可以两钻一抓，也可以三钻两抓、四钻三抓形成长度不同的槽孔。这种方法能充分发挥两种机械的优势：冲击钻机的凿岩能力较强，可钻进不同地层，先钻主孔为抓斗开路；抓斗抓取副孔的效率较高，所形成的孔壁平整。抓斗在副孔施工中遇到坚硬地层时，随时可换上冲击钻机或重凿。这种方法的工作效率一般比单用冲击钻机成槽的工作效率高 1～3 倍，且其地层适用性也较广。主孔的导向作用能有效地防止抓斗造孔时发生偏斜。应注意副孔长度一定要小于抓斗的最大开度，一般要求不大于抓斗最大开度的 2/3，否则可能出现漏抓的部位，而且抓取困难。

2. 槽段划分和墙段接头

（1）槽段划分。根据工程槽孔划分的经验和教训，为了在最短的时间内完成Ⅰ期槽孔施工并浇筑成墙，对地层进行有效支撑，确保孔壁的稳定和槽孔的安全，使得深槽段顺利完工，通常以孔深 60m 为界限进行槽孔划分。孔深大于 60m 的槽孔：Ⅰ期槽孔多采用 2 主孔 1 副孔，Ⅱ期槽孔可采用 4 主孔 3 副孔或者 3 主孔 2 副孔。孔深小于 60m 的槽孔：Ⅰ期、Ⅱ期槽孔均可采用 4 主孔 3 副孔或者 3 主孔 2 副孔。

（2）墙段接头。混凝土防渗墙接头施工方法包括钻凿法、双反弧法、单反弧法、拔接头管法等。其中，钻凿法适用于低强度混凝土防渗墙的施工，目前普遍采用的接头施工方法为反弧法（包括单反弧法和双反弧法）和拔接头管法。拔接头管法是目前混凝土防渗墙进行接头处理的先进技术，具有质量可靠、施工效率高的特点，是超深防渗墙的关键施工技术之一，尤其适用于墙体材料强度高、工期紧的工程。

拔接头管法是在Ⅰ期槽孔混凝土浇筑前将专用接头管置于槽孔两端，然后浇筑混凝土，待混凝土初凝后，以一定速度将接头管拔出，从而在Ⅰ期墙段的两端形成光滑的半圆柱面和便利Ⅱ期槽孔施工的两个导孔，Ⅱ期槽孔施工完成后，即在此形成一个接缝面。虽然拔接头管法施工难度较大，但它也有着其他接头连接技术无可比拟的优势。首先，采用拔接头管法施工的接头孔孔形质量较好，孔壁光滑，不易在孔端形成较厚的泥皮，同时由于其圆弧规范，也易于接头的刷洗，可以确保接头的接缝质量；其次，由于接头管的下设，节约了套打接头混凝土的时间，提高了工作效率，对缩短工期有着十分重要的作用，但同时加大了施工成本；最后，采用拔接头管法，由于Ⅱ期槽孔施工以拔去接头管后的半圆柱面作为导孔，防渗墙底部一般不容易产生开叉，有利于提高防渗墙的施工质量。

限于目前的施工工艺和设备，拔接头管的深度被限定在一定的范围内，目前保证率较高的拔管深度约为 80m。超过拔管深度的深部防渗墙可采用钻凿法施工。

3. 施工难点及对策

漂卵（砾）石地层中存在漂石和孤石，局部存在砂层，漂孤石和砂层的钻进是施工过程中的难点；漂卵石、孤石形成的架空区，容易出现漏浆和塌孔等现象；覆盖层下覆的基岩，在两岸可能存在陡倾甚至负地形，给防渗墙入岩施工带来一定的难度。

（1）漂卵石和孤石钻进。漂卵石和孤石岩性坚硬、形状不规则，冲击钻钻进效率低，易歪孔，修孔时间长，影响进度和工期。主要对策有：

1）钻孔预爆。槽段施工前，在漂卵石和孤石密集地带布设钻孔，在漂卵石和孤石部位下设爆破筒进行爆破，可显著提高冲击钻钻进效率。

2）槽内聚能爆破。在漂卵石、孤石表面下置聚能爆破筒进行爆破。为了减轻冲击波对已浇筑墙体的作用，在Ⅱ期槽孔内则采用减震爆破筒，即在爆破筒外面加设一个屏蔽筒。槽内聚能爆破方法简便易行，对防渗墙施工干扰很小，有时还可用于修正孔斜等处理故障。

3）槽内钻孔爆破。在防渗墙造孔中遇漂卵石、孤石时，可采用地质钻机在遇到孤石的槽孔部位下设套管钻进，在漂卵石、孤石部位下置爆破筒，爆破后漂卵石、孤石被破碎，从而提高了钻进速度。

4）钻头镶焊耐磨耐冲击高强合金刃块。一般冲击钻头强度低、磨损快，纯钻工作效率低，补焊频繁，辅助时间长，有时钻头供应不上还会造成停工，而在冲击钻头上加焊耐磨耐冲击的高强合金刃块可克服上述缺陷，大约可提高工作效率15%。

（2）漏浆。漂卵石、孤石架空区是主要的渗漏通道，造孔时泥浆会大量漏失，严重时会发生槽孔坍塌事故，危及人员、钻机安全，延误工期。可以采取预灌浓浆和投置堵漏材料等措施堵漏。

1）预灌浓浆。槽孔造孔前，可根据现场实际需要在漂卵石和孤石架空区布设灌浆孔，对架空区灌注水泥黏土浆或水泥黏土砂浆，以封闭架空区的渗漏通道，为防渗墙造孔创造有利条件。一般将预灌浓浆与钻孔预爆配合使用。

2）投置堵漏材料。造孔过程中，如遇少量漏浆，可采用加大泥浆比重、投堵漏剂等方法处理；如遇大量漏浆，对于单孔可采用投黏土钻进的方法处理，对于槽孔可采用投锯末、膨润土粉、水泥等堵漏材料或孔底灌注纯水泥浆的方法处理，以确保孔壁、槽壁安全。

（3）粉细砂层的钻进。冲击钻机在粉细砂层中造孔的进度很慢。使用冲击反循环钻机钻进时进度虽快，但易造成局部孔径过大。用冲击钻机钻进粉细砂层时，可采取向孔内投放加石子的黏土球和掏槽扩孔法，以防止发生流砂，提高钻进速度。掏槽扩孔法是在投放黏土球的同时，用小钻头快速钻进，先钻透粉细砂层，再扩大至全断面，这对于较薄的粉细砂层的钻进很有效。

（4）塌孔。漂卵砾石地层施工中容易遇到塌孔，可采用黏土回填槽孔至塌孔位置以上 1.5m，再用冲击钻机夯实，挤密孔壁。若塌孔较严重，可采用直升导管法回填灌注低标号混凝土或黏土加碎石块填平，重新造孔。

（5）高陡坡嵌岩。在陡坡状基岩中造孔，由于钻具在下落冲砸基岩时容易溜钻，嵌岩很困难，不仅钻进效率极低而且钻进效果极差，如处理不好，将严重影响防渗墙工期，嵌岩不好也会严重影响防渗墙质量。

高陡坡基岩造孔，可以在孔内下置定位器和爆破筒，将爆破筒定位于陡坡斜面上，经爆破使陡坡斜面产生台阶或凹坑；然后在台阶或凹坑上设置定位管（排渣管）和定位器（套筒钻头），用地质钻机钻爆破孔；下置爆破筒，提升定位管和定位器进行爆破，爆破后用冲击钻头进行冲击破碎。

🏵 第三节　高土石坝基础覆盖层帷幕灌浆技术

我国水电水利工程覆盖层地基灌浆技术始于 20 世纪 50 年代，后来由于混凝土防渗墙技术的快速发展，使得采用覆盖层灌浆帷幕的工程大大减少。近一二十年来，由于水电水利工程建设的发展和各项技术的进步，覆盖层地基的灌浆应用渐多，推广较快。深厚覆盖层帷幕灌浆的最大缺点是坝基处理工作量大，投资高，施工工期长。只有经过比较，采用灌浆较为经济和可实施性强时，才考虑采用帷幕灌浆方案。国内高土石坝中没有单独采用灌浆帷幕进行深厚覆盖层坝基渗流控制的工程案例，当坝基强透水覆盖层深厚，防渗墙深度受限时，常采用墙下接灌浆帷幕的方法进行防渗。

首先可以根据可灌比初步判断其可灌性，然后在探明覆盖层工程地质特性和水文地质条件的情况下确定地层的可灌性。覆盖层帷幕灌浆设计常常依据现有的工程经验，初步确定灌浆要达到的效果和质量控制指标、灌浆的范围、钻孔的孔排距、灌浆方法、灌浆材料、灌浆段长和压力等，根据初步确定的方案开展现场灌浆试验，并根据试验成果调整和修改设计方案。

一、帷幕灌浆布置

在覆盖层上修建的大坝多为土石坝，坝基灌浆帷幕应与大坝防渗体或者坝基防渗墙相连，本节主要介绍坝基灌浆帷幕与坝基防渗墙的连接。灌浆帷幕设计的主要内容有帷幕厚度与灌浆孔排数、帷幕深度及帷幕与防渗墙的连接。

1. 帷幕厚度与灌浆孔排数

帷幕的厚度主要根据幕体内的允许坡降和承担水头来确定，见式（4-11）。

$$T = H/J \tag{4-11}$$

式中　T——帷幕的厚度；

H——最大设计水头；

J——帷幕的允许坡降。

对于覆盖层灌浆帷幕的允许坡降，DL/T 5395—2007《碾压式土石坝设计规范》中规定可采用 3～4，DL/T 5267—2012《水电水利工程覆盖层灌浆技术规范》中规定可采用 3～6。根据工程经验，帷幕允许水力坡降一般随着深度的增加而提高，如德国西尔弗斯坦坝坝基帷幕上部水力坡降为 1.8，17m 以下采用 4.2；法国谢尔蓬松坝上部采用 2.9，4m 以下采用 5.0。在实际工程中也有采用较大值的，如中国的密云水库、岳城水库等都采用 6.0，中国的小湾水电工程下游围堰采用 8，法国的克鲁斯登坝采用 8.3，印度的吉尔纳坝采用 10.0 等。由于地层颗粒组成不同，形成的帷幕差异性也很大，类比采用以上经验数值时，一定要结合工程的具体地层条件和灌浆情况综合考虑。

当帷幕深度较小时，可采用等厚式帷幕，即帷幕各排的深度均相同。当帷幕深度较大时，由于渗流坡降随深度的加大而逐渐减小，可根据渗流计算的成果和已有的工程经验随深度的加大而逐渐减薄，采用阶梯式帷幕，即帷幕上部厚度大、排数多，往下阶梯式减小帷幕厚度和帷幕排数。

帷幕厚度一定时，帷幕排数取决于浆液的扩散情况，当浆液扩散范围大时，帷幕灌浆孔的间排距可取较大值。覆盖层帷幕排距一般取 2.5~3.0m。边排孔可以采用较小的孔距和较高的灌浆压力进行浓浆灌注，以避免浆液扩散到帷幕范围以外；中间排孔则宜采用较大的孔距和较低的灌浆压力进行灌浆。

2. 帷幕深度

帷幕进入相对不透水层的深度不宜小于 5m，当相对不透水层埋深较大时，可根据渗流分析并结合类似工程经验确定。当覆盖层厚度不超出帷幕灌浆施工能力时，帷幕宜布置成全封闭形式，即帷幕穿透覆盖层并深入基岩 3~5m。

3. 帷幕与防渗墙的连接

采用防渗墙下帷幕灌浆时，帷幕灌浆孔的成孔方法主要有 3 种：一是在墙体形成后在墙体开钻成孔，成孔精度要求高，钻灌比大，工期紧，难以保证工期和质量；二是在墙体浇筑时利用拔管技术成孔，虽经济快捷，但成孔率低，且对防渗墙浇筑施工干扰大，技术复杂；三是在墙体浇筑时预埋管，这个方法虽耗费管材，但便于成孔，成孔率高，可缩短工期。因此，防渗墙下帷幕灌浆工程常采用墙内预埋管技术成孔。

采用墙接幕方式时，防渗墙与下部灌浆帷幕之间应形成可靠的连接。通常情况下，厚度为 1.2~1.4m 的防渗墙内可以布置两排灌浆管，为加大帷幕厚度可尽量增大排距，一般排距约 0.9~1.1m。渗流计算成果表明，防渗墙底部等势线密集，渗透坡降较大，两排灌浆形成的帷幕厚度往往不能满足要求，需在防渗墙的上、下游再布置若干排帷幕，并对防渗墙形成一定的包裹，才能保证该部位的渗透稳定性。

二、灌浆方式方法

1. 灌浆方式

灌浆方式主要有两大类：循环式与纯压式。采用纯压式灌浆时，浆液单纯向地层内压入，不能循环流动，灌注一段时间后，注入率逐渐减小，由于浆液易于沉淀，常会将灌浆段内孔隙口堵住，影响灌浆质量。采用循环式灌浆时，将灌浆泵送出的浆液通过送浆管和下入孔内的循环式灌浆塞内管直接送到孔段内，部分浆液渗入地层空隙中，部分浆液通过回浆管返回，确保孔段内的浆液呈循环流动状态。循环式灌浆可减少浆液在孔内的沉淀，提高灌浆效果。由于循环式灌浆要求将灌浆塞的尾管插入距灌浆孔段底部不大于 50cm 处，栓塞较复杂，容易发生"铸塞"事故，且下管较多，费时、费工。覆盖层灌浆多采用循环式灌浆。

2. 灌浆方法

灌浆通常采用"孔内卡塞""孔口封闭"两大类灌浆方法。

(1) 孔内卡塞法。覆盖层灌浆采用传统的孔内卡塞灌浆法时，面临以下问题：①卡塞不严，浆液绕流，灌浆效果差；②覆盖层孔壁稳定性差，易掉块、塌孔，导致埋塞出现孔内事故。因此，覆盖层灌浆通常采用套阀管法灌浆（也称预埋花管灌浆法），套阀管法灌浆是孔内卡塞灌浆法的一种。

灌浆孔可采用回转钻机跟管钻进或泥浆护壁回转钻进，一次钻至设计孔深，在钻孔内预先下入带有射浆孔的套阀管，管外与孔壁间灌入填料，待填料具有一定强度后在灌浆管内用双层灌浆塞进行分段纯压式灌浆（见图 4-12）。由于覆盖层具有不均质复杂性，孔壁很不稳定，采用该灌浆法时，面临一次成孔难度大、填料施工困难、双塞式灌浆塞卡塞不严等诸多问题。

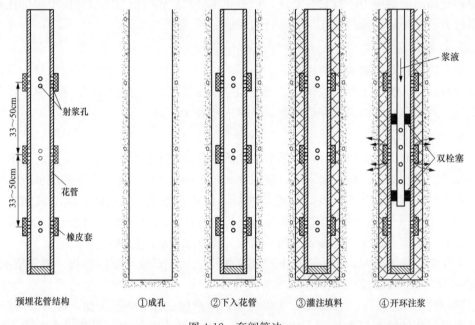

图 4-12　套阀管法

(2) 孔口封闭法。钻孔前在灌浆起始段以上镶铸孔口管，在孔口管上端安装孔口封闭器，自上而下分段钻孔灌浆的循环式灌浆法。该方法的优点为：①孔内不需下入灌浆塞，施工简便，可以节省大量时间和人力；②每段灌浆结束后，不需待凝，即可开始下一段的钻进，有助于加快作业进度；③多次重复灌注，有利于保证灌浆质量；④可以使用大的灌浆压力等。该方法的主要缺点就是灌浆管容易在孔内凝住，灌注浓浆时间较长时，尤其容易发生。为此必须使用性能良好的孔门封闭器，在灌浆过程中需要经常转动和升降灌浆管，防止其在灌浆孔内被水泥浆凝住。灌浆压力大时要求孔口管必须镶铸牢固，绝不允许孔口管四周有漏、冒浆现象。

该方法由于在自上而下分段钻灌的过程中，上部已灌段孔壁总体上是稳定的，因此有利于灌浆段成孔作业；且由于孔口封闭灌浆，不存在孔内卡塞困难，因此能保证灌浆作业。

三、灌浆施工技术要求

1. 灌浆试验

灌浆试验对具体工程的帷幕灌浆方案确定和灌浆技术的进步具有重要的作用。在设计阶段就应重视灌浆试验，通过试验研究，不断提高勘察、设计、施工水平，使覆盖层帷幕灌浆技术能够向更加安全合理的方向不断发展。

覆盖层帷幕灌浆试验可以按浅层灌浆试验、深层灌浆试验分步实施。在浅层灌浆试验初步选择合适的灌浆材料、选定灌浆孔间排距、确定灌浆分段长度的基础上进行深层灌浆试验。通过试验，论证工程所采用的灌浆方法在技术上的可行性、施工效果的可靠性、经济上的合理性，评价帷幕的渗透性和抗渗透破坏能力，确定合适的灌浆材料与配合比，推荐合理的灌浆技术参数。帷幕灌浆试验的主要目的有：

（1）通过地质资料与钻孔试验分析各地层组成及其透水情况，选择适宜的钻孔和灌浆施工设备。

（2）对不同地层的灌浆材料及浆液配合比进行分析选择。

（3）选择合适的钻孔施工方法、施工控制措施。

（4）选择适用于各地层灌浆的施工方式、施工措施及灌浆参数。

（5）选择合理可靠的灌浆检查手段，了解灌后帷幕的临界水力坡降和破坏水力坡降。

（6）通过试验确定帷幕灌浆合理的孔、排距，确定合理的灌浆排数。

（7）分析评价覆盖层帷幕灌浆的综合施工效率和经济性。

2. 灌浆材料与浆液

（1）灌浆浆液。常用的灌浆浆液主要有以下几类：

1）水泥浆。水泥浆的优点是胶结情况好，结石强度高，制浆方便。水泥浆的缺点是水泥价格高；颗粒较粗，细小孔隙不易灌入；浆液稳定性差，易沉淀，常会过早地将某些渗透断面堵塞，因而影响灌浆效果；灌浆时间较长时，易将灌浆器胶结住，难以起拔。灌注水泥浆时，其配合比也常分为 10:1、5:1、3:1、2:1、1.5:1、1:1、0.8:1、0.6:1、0.5:1 九个比级，也可采用稍少一些的比级。灌浆开始时，采用最稀一级的浆液，以后根据覆盖层单位吸浆量的情况，逐级变浓。

2）水泥黏土浆。水泥黏土浆是一种最常使用的浆液，国内外大坝覆盖层灌浆绝大多数都采用这种浆液。其主要优点是稳定性好，能灌注细小孔隙，而且天然黏土材料较多，可就地取材，费用比较低廉，防渗效果也好。

水泥黏土浆中水泥和黏土的质量比例多为 1:1~1:4；浆液中干料与水的质量比多为 1:1~1:3。

有的大坝通过灌浆试验，对灌注的水泥黏土浆液给出下列控制指标：①浆液结石 28d 龄期的强度不小于 30~50N/cm²；②浆液黏度不超过 60s；③浆液稳定性应小于 0.02；④浆液自由析水率应小于 2%。

当灌注水泥黏土浆时，为简便起见，从灌浆开始直至结束，多采用一种固定比例的水泥黏土浆，灌浆过程中不再变换。但也有少数工程，灌浆开始时，使用稀浆，以后逐级变浓，如岳城水库大坝基础帷幕灌浆就采用了这种方法。水泥黏土浆浆液浓度若分级时，较常使用的方法是：浆液中水泥与黏土的掺量比例固定不变，而用加水量的多少来调制成不同浓度的浆液。

3）黏土浆。黏土浆胶结慢，强度低，多用于覆盖层较浅、承受水头也不大的临时性小型防渗工程，如白莲河坝围堰砂砾石层基础的防渗帷幕就是采用黏土浆进行灌注的。

但也有极少数大坝，其基础防渗帷幕基本上就是采用黏土浆进行灌注的，如日本的船明坝和印度的可达坝。

4）水泥黏土砂浆。为了有效地堵塞砂砾石层中的大孔隙，当吸浆量很大且采用上述浆液难以奏效时，可在水泥黏土浆中掺入细砂，掺量的多少，视具体情况而定。这种浆液仅用于处理特殊地层，一般情况下不予采用。

5）化学灌浆材料。为了进一步降低帷幕的渗透性，或为了灌注大坝基础中的细砂层，有些大坝的防渗帷幕也采用化学灌浆材料。

(2) 灌浆材料与浆液选择。覆盖层帷幕灌浆使用的灌注材料，主要为水泥和黏土。灌浆的浆液应具备以下条件：①颗粒细，流动性好，有良好的稳定性；②浆液胶结情况好，结石具有一定强度；③浆液配制简便。

国内有的学者曾对覆盖层灌浆帷幕的渗透破坏机理做过研究，认为为了提高覆盖层灌浆帷幕的稳定性，防止细颗粒流失和产生管涌，关键是要设法降低帷幕本身的透水性，而不是提高浆液结石的强度，因而没有必要在浆液中过多地提高水泥含量。一般认为，浆液结石 28d 的强度如果达到 $30\sim50\text{N/cm}^2$，即可满足要求。

对于多排孔构成的帷幕，在边排孔中，宜采用水泥含量较高的浆液；在中间排孔中，则可采用水泥含量较低的浆液。

3. 灌浆段长和压力

覆盖层中的灌浆段长度，取决于覆盖层的渗透性、孔壁的稳定性和所采用的施工方法，一般较基岩中帷幕灌浆的分段长度短，采用套阀管法灌浆时，灌浆段长度仅为 $0.3\sim0.5\text{m}$；采用其他方法灌浆时，段长也不超过 $2\sim3\text{m}$。这是由于覆盖层砂砾石的渗透性强，吸浆量大，地层变化又很复杂，孔壁不易维持稳定，为了施工操作的便利和有利于灌浆质量的缘故。

覆盖层灌浆可能使用大的压力，如密希安坝的灌浆压力有时增高至 $70\times10\text{N/cm}^2$，这对灌浆质量是有好处的，但也要防止浆液过远地流失到帷幕范围以外，造成灌注材料的浪费。值得注意的是，当在其上已修建坝体后，所使用的灌浆压力应以不引起地面抬动或虽有抬动但不超过规定的允许值为限。

由于灌浆孔段在帷幕中所处的位置不同，其使用压力的大小也应有所区别。帷幕下部的灌浆压力应比上部的大些，后期孔的灌浆压力应比前期孔的大些，内排孔的灌浆压力应比外排孔的大些，中排孔的灌浆压力应比边排孔的大些。

灌浆过程中，主要根据覆盖层各段吸浆量的实际情况相应地控制压力，总的情况是采用由小到大的方式来控制。但在有升压的条件时，则宜尽快升压，尽可能地使全部或大部分的灌浆过程在规定的最大压力下进行。灌浆压力小，则浆液在砂砾石层中的流速小，克服阻力的能力也弱，因而浆液仅能扩散较小的范围便停止流动。这样不仅缩小了浆液的扩散范围，也降低了帷幕的密实性，从而影响了帷幕的防渗效果。

4. 灌浆结束标准

DL/T 5267—2012《水电水利工程覆盖层灌浆技术规范》规定，当采用套阀管法灌浆时，达到下列条件之一，可结束灌浆：①在最大灌浆压力下，注入率不大于 2L/min，并已持续灌注 20min；②单位注入量达到设计规定最大值（设计单位注入量应根据地质条件和工程情况通过计算或现场试验确定），一般边排孔单位注入量不大于 3~5t，中排孔应满足条件①。当采用孔口封闭法灌浆时，在规定的灌浆压力下，注入率不大于 2L/min 后继续灌注 30min，可结束灌浆。

四、帷幕灌浆施工及难点

1. 常用设备

（1）钻机。钻机是造孔的专用设备，其基本功能是以机械动力带动钻机，以回转、冲击、振动或冲击回转等方式在地层中钻进成孔。目前，水利水电灌浆主要采用油压给进式立轴钻机和转盘钻机。在工程施工组织设计时，应根据施工环境、地层性质、钻孔深度、钻孔方向、钻孔直径和灌浆方法等因素选择高效率的钻孔方法和钻机。

1) 回转式钻机。回转式钻机是目前使用最多的一种钻孔设备。按回转机构的不同，回转式钻机分为立轴式、转盘式和动力头式三种。其中，立轴式液压钻机由于分档较多，转速高，机体较轻，操作简便、能耗较低，是我国帷幕灌浆钻孔的主要设备。这种钻机按其钻进能力分为 100、300、500(600)、1000m 级，即Ⅰ、Ⅱ、Ⅲ、Ⅳ四种规格。

2) 冲击回转式钻机。冲击回转式钻机是以回转式钻机为基础，在钻头上部连接一个专门的冲击器（也称潜孔锤），在钻进中为钻机提供一定的轴向压力和回转力矩，冲击器给钻具一定频率的冲击能量，在孔底通过冲击和回转切削的共同作用破岩钻进的一种机械。与回转式钻机相比，它具有钻孔速度快、机动灵活、钻孔费用较低等优点。

（2）灌浆泵。灌浆泵根据其构造形式和工作原理，可分为往复式泵、螺杆泵、隔膜式泵等；按其原理的不同，可分为气压式和活塞式两种；按其工作压力的大小，又可分为低压、中压和高压灌浆泵三种。在灌浆施工前，根据灌浆的目的、技术要求和具体条件（包括岩石地质条件和工作地点条件等）慎重选用灌浆泵。我国经常使用的灌浆泵是往复式泵，其形式主要有 SGB6-10、2SNS、3SNS、BW250/50、BX200、BW200/60、2DN-6/30、2DN-15-40、YBS-250/120 等，属于隔膜式泵的主要是 100/15（C232）砂浆泵。

常用灌浆泵型号及主要性能参数见表 4-11。

（3）高速制浆机。高速制浆机，又称高速搅拌机、高速胶体拌和机。这种制浆机主要由桶体、高速搅拌室、回浆管和回浆阀、排浆管和排浆阀及叶轮等组成。高速搅拌室内装有叶轮，设置于桶体的一侧或两侧，由电动机直接带动。其工作原理为：浆液由桶底出口被叶轮吸入搅拌室内，借叶轮高速（一般为 1500~2000r/min）旋转产生强烈的剪切作用，将水泥团粒充分分散、水化，而后由回浆管返回浆桶。当浆液返回浆桶时，以切线方向流入桶内，在桶内产生涡流，这样往复循环，使浆液搅拌均匀。待水泥浆拌制好后，关闭回浆阀，开启排浆阀，将浆液送入储浆搅拌桶内。

表 4-11　　　　　　　　　　　常用灌浆泵型号及主要性能参数

型号	流量（L/min）	压力（MPa）	功率（kW）	质量＊＊（kg）	生产厂家
BW-160H 泥浆泵	160	1.3	5.15	130	衡阳探矿机械厂
HBW-150/10 泥浆泵	153～50	3.3～10	11		
HBW-160/10 泥浆泵	160～44	2.5～10	11		
BW-200/5 泥浆泵	200～160	4.0～5.0	18.8		
BW-200 泥浆泵	200～102	5.0～8.0	22		
BW-250 泥浆泵	250～35	2.5～7.0	15		
SXS200/高压注浆泵＊	204～86	6～10	22	1000	中南黑旋风集团公司
2SNS 高压注浆泵＊	135～63	4～8	11	612	
3SNS 高压注浆泵＊	161～54	4～12	18.5	700	
3SNST 变量注浆泵	85～0 / 177～0	4～10	18.5	730	
ZBB-2 变量泥浆泵	178～35	2.7～6	11	300	
BW-160 泥浆泵＊＊	160	1.3	7.5	200	无锡探矿机械厂
BW-200 泥浆泵	200～125	4～6	11	300	
BW-120QF 泥浆泵	120	1.4	7.5	120	长沙探矿机械厂
LGB-200/30 螺杆泵	200	3.5			北京探矿机械厂
SGB-10 泥浆泵	100	10	18.5	750	杭州钻探机械厂
SGB-1 泥浆泵	90	8	11	400	
NSB100/30 泥浆泵	100	3	7.5	210	
ZBE-100 灌浆泵	90	5～14	7.5	380	瑞典克拉留斯
ZBA150-01 灌浆泵	150	0～3.7	气动	190	
PUMPAS 搅拌机组及泵组	200	10	22	1300	

注　＊—可灌砂浆；

　　＊＊—设备质量中有的包括电动机质量，有的未包括。

表 4-12 给出了几种高速制浆机的型号和技术性能。

表 4-12　　　　　　　　　　几种国产高速制浆机的型号和技术性能

型号	GZJ	ZJ-200	ZJ-400	ZJ-800
搅拌容量（L）	200～800	200	400	800
额定功率（kW）	7.5	5.5	5.5	29.5
搅拌转速（r/min）	1440～2880			1460
许用水灰比	0.5：1	0.5：1	0.6：1	
搅拌时间（水灰比 0.5：1）（min）	2～3	2	3	
质量（kg）	240	315	360	
生产厂家	长委陆水自动化设备厂	杭州钻探机械厂		

2. 防渗墙下帷幕灌浆技术

防渗墙下帷幕灌浆存在钻孔和灌浆两大难题。

（1）对于钻孔问题，首先要考虑的是布设在墙内的帷幕灌浆孔的成孔问题。目前已有3种成孔方法：①墙体形成后，在墙体开钻成孔；②在墙体浇筑时利用拔管技术成孔；③在墙体浇筑时预埋管。在深厚覆盖层中采用墙幕结合技术时，防渗墙都很深，如果采用方法①成孔，成孔精度要求高、钻灌比大，工期紧，难以保证工期和质量；如果采用方法②成孔，虽经济快捷，但成孔率低，且对防渗墙浇筑施工干扰大，技术复杂；如果采用方法③成孔，虽耗费管材，但便于成孔，成孔率高，可缩短工期。因此，防渗墙下帷幕灌浆工程常采用墙内预埋管技术成孔。

（2）对于灌浆问题，如墙内采用预埋钢管法成孔，宜采用自上而下分段钻孔、孔口封闭、孔内循环法灌浆；如墙内采用预埋塑料管或钻机钻探成孔，宜采用自上而下分段灌浆，采用孔内阻塞、孔内循环法灌注，阻塞器下设至灌浆段以下以保护墙体安全。

3. 施工难点及对策

（1）特大吃浆量灌浆处理方法。在灌浆时，有时会出现大量吃浆不止，长时间灌不结束的情况。一般采用的方法有：

1）降低灌注压力，限制吸浆率，以减小浆液在缝隙里的流动速度，促使尽快沉积。

2）掺入速凝剂，如水玻璃、氯化钙等，促使尽快凝结。

3）灌注更稠的水泥砂浆。根据灌注情况，掺砂量宜逐步增加，砂的粒径也可逐渐变粗。

4）间歇灌浆，以促使浆液在静止状态下沉积，将通道堵住。

（2）冒浆、串浆孔段的处理。一般采用的方法有：

1）降低灌浆压力，如降压无效，再将浆液逐渐变浓；如仍无效，可采用限流、限量、间隙、待凝等方法进行处理。

2）如发现与邻孔串浆时，可与串浆孔同时灌浆。同时灌浆的孔数不得超过3个，否则应立即封堵串浆孔；待灌浆孔灌浆结束后，再对串浆孔进行扫孔冲洗、灌浆。

五、质量检查方法与标准

1. 检查方法

（1）整理分析灌浆资料。灌浆过程中获得了大量的灌浆成果资料，如灌浆分序统计表、各次序孔灌浆成果表、灌浆综合剖面图等。为准确评价灌浆效果，在灌前、灌后按照有关规程规范进行注水试验、疲劳压水试验、耐压压水试验等。这些灌浆资料和测试资料为分析、评价灌浆效果提供了可靠依据。一般而言，单位注入量随灌浆次序的增加而减少，中间排的单位注入量较边排孔的小。

（2）钻孔取心和注水试验。对于坝基覆盖层灌浆效果，可采用检查孔植物胶取心、钻孔常水头注水试验、疲劳压水试验和耐压压水试验等方法进行检测，检测结果能够反映覆盖层灌浆前后的变化情况，并且检测简便易行。此外，还可以采用电、磁等物探方法作为辅助检查手段。

由于覆盖层钻孔常规压水试验须采用孔口封闭的方式，难以客观反映试验段的实际透水率，因此其不宜作为覆盖层帷幕灌浆质量的检测手段。声波在覆盖层的穿透能力有限，不能反映灌浆前后地层的变化情况，因此声波测试不宜作为覆盖层帷幕灌浆的检查手段。

2. 检查标准

帷幕灌浆检查一般采用取心率、渗透系数作为指标。帷幕灌浆体具有较高的取心率，幕体渗透系数在 $1 \times 10^{-5} \sim 1 \times 10^{-4}$ cm/s，即可认为达到防渗标准。实际检查时，渗透系数通过注水试验成果求得。实际中多采用透水率来衡量帷幕灌浆质量。试验成果表明，覆盖层灌浆帷幕的合格透水率一般在 4～6Lu。

※ 第四节 防渗系统内的廊道连接技术

相对于插入式连接，采用廊道式连接时，可在廊道内进行墙下帷幕灌浆从而缩短工期，廊道可作为后期基础防渗结构维护通道、坝内交通和监测巡视通道，以及监测仪器的更新通道等。随着深厚覆盖层上建坝技术的发展，廊道连接形式的应用前景越来越广阔。多个已建工程廊道结构的成功应用表明，深厚覆盖层上土心墙堆石坝采用廊道式连接是可行、可靠且经济的。

依托"八五"国家科技攻关项目"高土石坝关键技术问题研究"，以及"深厚覆盖层上高土石坝地基处理关键技术研究""强震区深厚覆盖层上 250m 级高土心墙堆石坝防渗系统关键技术研究"等，成都院对混凝土防渗墙与土心墙防渗体连接部位的设计关键技术进行了全面系统的研究，在此基础上已建成一批覆盖层上的高土心墙堆石坝。

国内在土心墙和防渗墙之间采用廊道连接形式的第一座坝为硗碛大坝，坝高125.5m，防渗墙最大深度 70.5m；随后陆续建成的泸定、毛尔盖、瀑布沟、长河坝等水电工程均采用了廊道连接形式，其中瀑布沟是第一个采用双防渗墙的水电工程，长河坝是深厚覆盖层上当前世界最高坝，坝高达 240m。随着一个个水电工程的建成，土心墙和防渗墙廊道连接技术已日渐成熟。黄金坪工程是将廊道连接形式应用到了沥青混凝土心墙堆石坝中。廊道连接形式看似简单，但其每一步跨越都需要解决大量的关键技术问题，如廊道布置和结构设计、廊道与防渗墙之间的连接、廊道与岸坡的连接、廊道配筋计算、廊道与心墙连接部位的变形协调及渗透保护等。

不同于基岩上的廊道，置于深厚覆盖层上的廊道对覆盖层的大变形和不均匀变形的适应性是问题的关键。对廊道进行强约束，可以缓解廊道与岸坡之间的大变形差，但同时也会带来巨大的约束应力，从而增加廊道结构和下部防渗墙结构的设计难度。反之，则廊道与岸坡的变形差大，止水设计难度大，容易出现破坏和造成渗漏，同时相对变位大还将造成防渗墙应力增大。廊道连接技术需要解决的正是这样一对矛盾。

一、廊道连接技术

1. 廊道与岸坡的连接

坝基河床廊道建于覆盖层上，左、右两端需与两岸基岩内的灌浆平洞相接。置于覆盖层上的河床廊道，在上覆荷载作用下产生沉降；水库蓄水后，在水压力荷载作用下，还会产生向下游的变形。而相对于河床廊道，基岩内的灌浆平洞变形量极小，廊道与平洞之间存在显著的不均匀变形，因此需设置结构缝，以适应不均匀变形。

廊道与两岸灌浆平洞之间的分缝位置不同，廊道受到两岸岩体的约束程度也不同。根据不同的分缝位置，廊道与两岸基岩的连接主要有以下几种方式：

（1）自由式连接。河床廊道在基岩与覆盖层分界线处设置结构缝，廊道变形基本不受两岸基岩的约束，硗碛、狮子坪、瀑布沟、泸定等水电工程采用的就是这种方式。在施工及运行过程中发现，这种分缝方式下，廊道两端的拉应力和剪应力较小，廊道的结构和配筋设计难度相对较小，但在分缝处张开和错动变形较大而且变形状态复杂。有些应力变形条件特别复杂的工程，对该结构缝止水参照面板坝进行周边缝止水设计，仍难以适应这种变形，廊道两端结构缝止水均会出现一定程度的破坏。

（2）简支式连接。将廊道底板搁置在两岸基岩岩台上，但廊道的边墙和顶拱不伸入岩体中，廊道与两岸灌浆平洞之间的分缝位于岸坡岩体部位，廊道近似于简支在两岸岩台上。例如，毛尔盖水电工程就采用这种方式，其搁置段长度约10m，同时加强了结构缝止水结构，并预留了后期处理措施；从运行情况看，在蓄水初期出现了轻微的渗水，经灌浆处理后未再出现渗水现象。这种连接方式一般需要较长的岩台，岩台的存在对心墙变形不利，结构缝变位较自由式连接小。

（3）半固端式连接。为了避免全固端式连接廊道的高应力，半固端式连接将廊道伸入两岸基岩一定深度，廊道如同半固支于两岸岩体上，在廊道应力和变形之间寻找一个平衡点，通过结构缝位置、止水结构等设计，在尽量降低结构应力的同时，使廊道变形量控制在允许范围之内。这种连接方式结构缝变位较小，大大减小了止水的设计难度；但入岩段廊道的应力较高，解决的办法是在入岩段与岩体接触的部位设置弹性垫层，有效地降低入岩段固端处的弯曲应力。长河坝、黄金坪水电工程采用的就是这种方式。

对长河坝水电工程进行半固端式和自由式连接方式的分析比较，半固端式连接比自由式连接分缝处的错位值有较大幅度的减小，顺河向及竖直向错位值减小量均较大，顺河向错位左岸从4.7cm减小到1.6cm，右岸从3.9cm减小到0.9cm；竖直向（顺坡向）错位左岸从6.8cm减小到1.7cm，右岸从5.1cm减小到1.5cm。这说明廊道与岸坡灌浆平洞之间采用半固端式连接能较好地起到减小分缝处错位变形的作用，能有效地减小结构缝止水结构设计的难度，提高止水设计成功率。半固端式连接的缺点是廊道两岸固端处出现了较大的拉压应力，且防渗墙靠两岸的拉应力极值和区域都增大了。

通过对在不同位置设置结构缝的瀑布沟、长河坝、毛尔盖水电工程廊道的计算分析，可以得出如下结论：

（1）通过采取工程措施，三种方式均可行。

（2）结构缝位置不同，两岸对廊道的约束就不同，因此会影响廊道的应力、变形分布。

（3）结构缝位置对廊道两端沿横河向（坝轴向）应力影响明显，但对顺河向应力、竖向剪应力影响不是很大。

（4）随着结构缝位置向两岸基岩内移动，廊道两端的约束加强，廊道上游面的反弯拉应力逐渐增大,但在结构缝位置的错动、沉降差则逐渐减小;反之,当结构缝位置向河谷移动时,廊道应力逐渐减小,但相应的错动、沉降差则增大。

(5)对于中低坝,采用自由式连接可以降低廊道结构的设计和施工难度;对于高坝,可以结合实际情况,采用其中一种连接方式;对于特高坝,由于上覆荷载和水压力大,为了更好地适应坝基覆盖层的沉降,坝基廊道宜采用半固端式连接。

2. 廊道与防渗墙的连接

(1)廊道与防渗墙接头形式。防渗墙与廊道的连接形式对两者的应力变形均有一定的影响。以瀑布沟工程为依托的"八五"国家科技攻关成果《高土石坝关键技术问题研究　混凝土防渗墙墙体材料及接头型式研究》,通过数值计算分析、离心机模型试验和大比尺土工模型试验比较了刚性接头、软接头和空接头三种接头形式(见图4-13)。所谓刚性接头,即混凝土防渗墙与廊道底座采用刚性连接,如加拿大马尼克3号大坝所采用的接头形式。软接头是在混凝土防渗墙与廊道底座之间留有一定的空隙,空隙中充填一种既有防渗性能又能在一定压力下自由流动的塑胶材料,随着坝体填筑的上升,在坝体自重作用下,空隙逐渐被压缩紧密,塑胶材料被挤出空隙,直至廊道与防渗墙顶部直接接触贴紧。空接头是在混凝土防渗墙与廊道底座之间留有较大的空隙,空隙中不充填材料,廊道与防渗墙顶部最终直接接触贴紧。

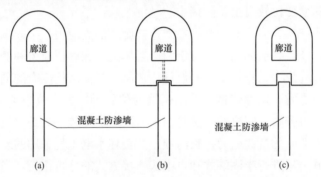

图 4-13　混凝土防渗墙与廊道接头形式
(a)刚性接头;(b)软接头;(c)空接头

通过三种不同接头形式的模型在填土压力下的试验,发现采用空接头时防渗墙内应力比采用刚性接头时约降低一半,采用软接头时介于前两者之间,说明软接头和空接头有明显的减载效果,对防渗墙应力有所改善。与空接头相比,在填土压力增大后,软接头廊道的下沉量减小,说明软接头中的弹塑性填料有减缓和减小廊道下沉的作用。软接头厚度越大,减载和缓冲作用越显著,但接头构造也越复杂。

三种接头形式各有优缺点:软接头不仅施工难度大,选择满足高水头防渗要求的接头填料也很困难;空接头结构止水设施复杂,要求高,施工难,防渗可靠性较差;刚性接头虽然会带来增加防渗墙高应力的问题,但可以通过在局部位置配置钢筋,在廊道顶部及周边设置接触性黏土等措施得以改善,而且刚性接头连接可靠、施工方便,防渗效果较好,可以使高水头作用下的防渗可靠性得到最大的保障。已建的硗碛、狮子坪、瀑布沟、毛尔盖、泸定、黄金坪、长河坝等水电工程均采用刚性接头,廊道及防渗墙运行情况良好，达到了预期的效果。

（2）防渗墙顶部杯型放大。廊道与防渗墙刚性连接时，在两者之间是否设置过渡连接段及连接段大小都会对廊道、防渗墙应力变形有影响。在长河坝工程设计过程中，对防渗墙顶部进行了不同尺寸的杯型放大设计（见图 4-14），通过有限元精细模型进行了分析比较研究。

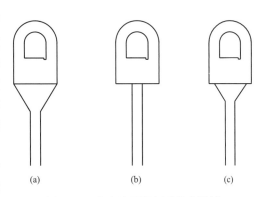

图 4-14　防渗墙顶部杯型放大设计
(a) 形式 1；(b) 形式 2；(c) 形式 3

研究成果表明，防渗墙顶部杯型尺寸放大时，廊道和防渗墙的变形情况变化不大，廊道的顶部应力状况基本不变，而廊道边墙和底部、接头本身及接头与防渗墙连接部位则对接头形式的变化相对敏感。相对形式 3，形式 1 虽然在杯型结构和防渗墙的连接部位会出现一定的应力集中，但其一方面可以明显改善廊道特别是廊道底板的受力状态，明显减小底板的主拉应力及顺河向和竖直向的正应力，以及两侧边墙的竖直向压应力；另一方面接头本身的应力状况也有明显改善，该部位拉应力和压应力绝对值均减小。因此，推荐廊道与防渗墙之间的连接采用形式 1。

3. 廊道用于防渗墙垂直接续

针对冶勒水电工程右岸坝肩深厚覆盖层防渗难题，成都院开展了防渗墙垂直接续技术研究，即防渗墙竖直分层，上、下两层防渗墙之间采用灌浆帷幕进行连接，必要时还可在下层防渗墙下再接灌浆帷幕。

冶勒大坝右岸坝基覆盖层最大深度 420m，根据大坝的防渗要求坝基以下需做超 200m 的深的防渗，最初的方案是采用 100m 深的防渗墙下接 100m 深的防渗帷幕，在当时的工艺条件下，防渗墙施工质量和进度都难以控制，帷幕灌浆难度大且投资大、工期长。经多次结构研究、计算分析，冶勒工程右岸坝基防渗方案优化为采用超 150m 深的防渗墙和防渗墙下 0~60m 深的灌浆帷幕。防渗墙分为上、下两层，上层深 70.0~78.5m，下层深 60~84m，两层防渗墙之间设有连接廊道，作为两层墙之间搭接帷幕、下层防渗墙及其下部灌浆帷幕的施工通道，其结构形式见图 4-15。

自 2006 年冶勒工程建成以来，监测资料表明该防渗体系运行状况良好。到目前为止，冶勒工程也是世界上唯一在覆盖层上采用多层防渗墙立体连接再接灌浆帷幕防渗的工程，有效地延伸了防渗墙和灌浆帷幕的防渗深度。

二、廊道结构与构造

1. 廊道的布置

当坝基覆盖层防渗采用一道防渗墙时，为实现在廊道内灌浆以缩短工期，防渗墙与土心墙的连接廊道一般设置在防渗墙顶（见图 4-16）。

当大坝壅水较高，坝基覆盖层需采用两道防渗墙防渗时，两道防渗墙主要有以下三种布置方式（见图 4-17）：

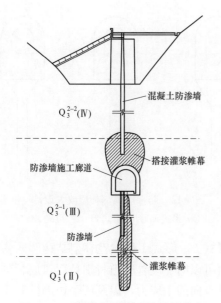

图 4-15　垂直分段联合防渗结构形式

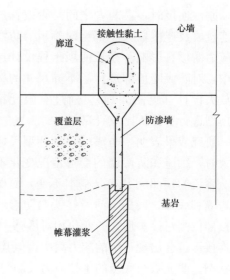

图 4-16　一道防渗墙与土心墙的廊道

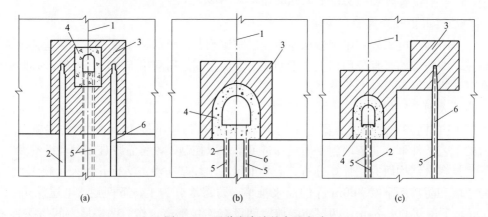

图 4-17　两道防渗墙的布置方式

（a）布置方式①；（b）布置方式②；（c）布置方式③

1—防渗轴线；2—主防渗墙；3—接触性黏土区；4—灌浆廊道；5—帷幕灌浆孔；6—副防渗墙

（1）布置方式①。两道防渗墙分开布置，两道墙之间设置灌浆廊道并对墙间覆盖层及下部基岩进行灌浆，为了减小廊道底部沉降，廊道也可直接置于覆盖层建基面上。这种布置方式施工干扰小，工期短，但两道墙之间覆盖层及下部基岩帷幕灌浆施工难度大，防渗墙与基岩灌浆帷幕连接差，防渗系统整体性和可靠性难以保证，廊道结构的变形大，结构设计困难。

（2）布置方式②。两道防渗墙顶共设一个灌浆廊道，廊道和防渗墙的受力条件较好，但施工干扰大，工期长，两道墙顶部需设置净孔尺寸较大的廊道，防渗系统整体性和可靠性也较差。

（3）布置方式③。两道防渗墙分开布置，形成一主一副的布置格局，主防渗墙顶设置灌浆廊道对墙下基岩进行帷幕灌浆，副墙可布置在主墙的上游侧或下游侧。这种布置方式施工干扰小，工期短，墙顶灌浆廊道尺寸小，防渗系统整体性和可靠性好，但主防渗墙及墙顶廊道应力状态稍差，两道墙如何均衡地承担水头问题较突出。

已建的瀑布沟、长河坝水电工程大坝均采用布置方式③，经过对它们的运行检验，发现只要防渗墙及灌浆帷幕布置得当，两道防渗墙可按设计比例承担水头。廊道布置于主防渗线（坝轴线）的防渗墙上部，利用廊道进行防渗墙下较深的帷幕灌浆可以缩短工期，如长河坝水电工程的直线工期缩短了 8 个月，取得了显著的经济效益。

2. 廊道结构

（1）廊道的形式和尺寸。成都院在"八五"国家科技攻关成果《高土石坝关键技术问题研究》中对廊道的外轮廓形状进行过论述，认为廊道最理想的外轮廓形状为抛物线形，由于半圆形城门洞外形接近于抛物线形，且其施工比抛物线形的简单，故大多数工程廊道外轮廓采用顶拱为半圆形的城门洞形。

廊道的净空尺寸主要取决于其功能需求，廊道的主要功能是满足混凝土防渗墙下基础帷幕灌浆和廊道内监测仪器布设、日常观测和运行维护的需求，一般由墙下帷幕灌浆施工要求控制。廊道的净高一般达 4m 即可满足灌浆要求，廊道净宽随灌浆排数的增加而增加，当灌浆排数为 2 排时，净宽 3m 即可基本满足施工要求。廊道承受的荷载主要有上部心墙的重量和廊道周边的水压力，廊道的尺寸越大，其承担的荷载越大，廊道及其下部的防渗墙应力变形条件越复杂。为了改善廊道和下部混凝土防渗墙的受力条件，廊道的尺寸不宜过大。需要指出的是，当廊道内需布置通风设备时，廊道的尺寸还需兼顾通风设备的布置要求。

（2）廊道混凝土厚度。置于覆盖层上的廊道受力条件比较复杂，高土心墙堆石坝混凝土廊道通常采用钢筋混凝土结构，廊道的尺寸和配筋应通过坝体应力应变计算分析和结构力学等其他方法综合确定。

3. 廊道混凝土强度及限裂措施

廊道混凝土强度以满足廊道承载能力要求、防渗要求和耐久性要求为原则，混凝土的强度应经计算复核确定。廊道的混凝土强度一般为 C30～C40，坝高 150m 级以上坝体通常为 C40，并加强配筋；混凝土抗渗等级由其承受的水头确定，通常为 W10，坝高 150m 级以上坝体可适当提高要求；由于廊道埋设于坝体内部，抗冻等级达 F50 即可满足要求，局部寒冷地区可适当提高要求。

廊道混凝土在施工期和运行期因温度应力或在复杂的受力条件下可能会发生开裂，而混凝土开裂后在荷载作用下裂缝会进一步扩展，恶化廊道的运行条件。为提高廊道长期运行的可靠性和耐久性，通常采用以下一些工程措施：

（1）选用抗裂性能较好的混凝土，加强配合比设计，合理配筋。可优先选用低热的水泥品种，在混凝土中适量掺入提高混凝土抗裂性能的外加剂和抗裂纤维材料等。

（2）施工期应加强廊道混凝土的温控措施和养护。在高温季节施工可采用在早晚低温时段进行浇筑施工、洒水养护等措施，在寒冷季节施工可采用覆盖保温被等措施。如廊道混凝土产生裂缝，应对廊道裂缝进行全面检查，并进行分类处理。

（3）由于廊道外侧与土心墙直接接触，承受心墙的土压力和水荷载作用，坝体填筑后就没有检修条件，因此在土心墙填筑前，可在廊道外侧预先采取一些工程措施，防止裂缝发生或发展，或者辅助廊道混凝土防渗。

4. 廊道结构缝止水

河床基础廊道为典型的三向受力结构，主要承受上部土压力及水平水压力的作用，在这两个主要荷载作用下产生垂直向下的挠曲和向下游方向的挠曲。两岸灌浆平洞位于基岩内，相对廊道而言可近似认为是固定、静止的，因此在结构缝位置必然产生相对位移，包括：①相对张开；②顺水流方向剪切错动；③竖直向剪切错动；④在基础防渗墙的约束和水平荷载作用下，产生一定的扭转变形，见图4-18～图4-20。

图 4-18　坝基廊道与两岸平洞整体变形（上游视图）

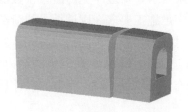

图 4-19　坝基廊道与左岸
平洞接头变形（上游视图）

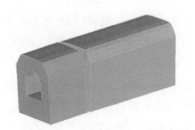

图 4-20　坝基廊道与右岸
平洞接头变形（上游视图）

廊道与两岸平洞结构缝变形复杂，结构缝止水必须能够适应其变形才能保证防渗的可靠性，通常综合采用柔性止水、铜片止水及橡胶止水等。

对于自由式连接，廊道在荷载作用下，垂直向下和向下游的变位较大，廊道与岸坡之间会产生较大的沉降差。此时，止水应适应较大剪切变形和张开变形，止水设计难度大。通常可以将止水设计成高鼻子，并且考虑设置两道止水，其中一道在施工期完成，另一道可以在蓄水后结构缝变形相对稳定后再施工。对于半固端式连接，由于结构缝变形小，可以采用一道止水，对超高坝也可采用两道止水。对于简支式连接，结构缝变形介于其他两种连接方式之间，止水的设计也可根据具体情况分析选择。

5. 廊道外表面防渗

廊道应力条件复杂，不管采用何种方式与岸坡灌浆平洞连接，廊道两端都将不可避免地产生一定数量的应力裂缝，库水通过这些裂缝渗入廊道内侧，渗流将带出混凝土内的钙，析出钙不仅影响廊道外观，更重要的是影响廊道混凝土的耐久性。

在廊道两端外侧包防渗材料，可以有效地改善廊道应力缝渗水问题。常用的防渗方式有喷涂聚脲、贴沥青防渗膜等。

三、廊道结构计算

1. 廊道应力应变计算

对于深厚覆盖层上的土石坝，通常采用混凝土防渗墙作为坝基的垂直防渗设施。工程实践表明，混凝土防渗墙与大坝防渗体的连接部位是大坝整个防渗系统的薄弱环节，是渗流控制和防渗系统安全控制的关键部位。当混凝土防渗墙与大坝防渗体采用廊道式连接时，坝基廊道埋藏于坝体内部，两端与两岸岸坡连接，上接大坝心墙，下与防渗墙相连，受力条件十分复杂。在部分已建工程中出现了廊道开裂及止水破坏的现象。

目前，国内外对建在深厚覆盖层上的土石坝坝基廊道的应力变形状态的研究分析工作开展得较少。通常可以经简化后对廊道按结构力学法进行计算。对于重要和廊道受力变形条件复杂的工程，应采用有限元法进行分析。

由于廊道结构的尺寸与坝体的尺寸相差非常悬殊，与其相关的接触面模拟也较为复杂，将其与大坝整体同时进行有限元计算分析时难以获得廊道的精确分析成果，因此可以坝基防渗系统部位采用子模型技术。

建立网格更加精细的有限元子模型进行计算分析，可以获得坝基廊道的精确分析结果。以下以半固端式和简支式连接廊道的结构计算展开说明。

（1）计算原理与模型。下面分别从子模型技术、基于薄层单元的接触面模拟、混凝土徐变效应模拟计算方法、两岸岩台的力学模型几方面可以论述。

1）子模型技术。采用子模型法对坝基廊道进行三维有限元分析，探讨坝基廊道的应力变形规律，是一种有益的探索。子模型法又称切割边界位移法或特定边界位移法，它是随着传统有限单元法的逐渐应用而发展起来的一种有限元技术。其中，切割边界是指从原始粗糙模型中截取的子模型边界，粗糙模型中该边界位移计算结果将作为子模型计算的边界条件。

不论求解对象的规模有多大，有限元求解的均是一个线性代数方程组：

$$\boldsymbol{K} \cdot \boldsymbol{\delta} = \boldsymbol{F} \tag{4-12}$$

式中　$\boldsymbol{K}$——结构总刚度矩阵；

$\boldsymbol{F}$——结构外荷载向量；

$\boldsymbol{\delta}$——结构待求位移分量。

假设 $\boldsymbol{\delta}$ 中有一部分已知位移为 δ_1，其余为 δ_2，则式（4-12）可以进行相应划分：

$$\begin{bmatrix} K_{11} & K_{12} \\ K_{21} & K_{22} \end{bmatrix} \begin{bmatrix} \delta_1 \\ \delta_2 \end{bmatrix} = \begin{bmatrix} F_1 \\ F_2 \end{bmatrix} \tag{4-13}$$

将式（4-13）展开，得：

$$K_{12}\delta_2 = F_1 - K_{11}\delta_1$$
$$K_{22}\delta_2 = F_2 - K_{21}\delta_1$$

由此可以看出，对待求的 δ_2 而言，指定位移 δ_1 已经成为求解 δ_2 的荷载项的一部分。换句话说，此时指定位移已转化为荷载项。

子模型技术就是采用该思路，在整体模型中切割出一块区域重新进行计算，区域边界采用整体模型中的位移计算结果进行约束。由于子模型和整体模型具有相对独立性，因此可以增加子模型中的网格密度，以对指定区域进行更高精度的计算。对子模型切割边界的位移约束可以从整体模型中的插值求得。

子模型的应力、位移计算基于圣维南原理：如果把物体的一小部分边界力上的力系，使用分布不同但静力等效（主矢相等、绕任一点的主矩也相等）的力系来代替，那么物体内的应力分布只在力的作用部位附近有显著改变，而在距离力作用部位较远处所受影响很小，可忽略不计。圣维南原理明确了应力集中效应只是集中部位的局部效应，因此如果子模型中截断边界远离应力集中区域，那么相应地子模型的计算结果就会很准确。长河坝、黄金坪、金平和毛尔盖等工程的防渗系统有限元子模型研究成果表明，子模型的边界为：上游距坝轴线 35m，下游距坝轴线 35m，廊道顶垂直向上 30m，防渗墙底垂直向下 30m，两岸岸坡取至基岩范围，距岸坡混凝土板 30m 以内，边界条件对廊道和防渗墙的应力变形影响不大。

2）基于薄层单元的接触面模拟。可以采用有厚度节理单元来进行廊道接缝、防渗墙上下游侧泥皮及墙底残渣等各类接触面的模拟。此单元按常规方法形成刚度矩阵，但在本构关系上同时引入法向和切向的双曲线模型，形成非线性弹性本构关系。在计算中当接触单元法向受压时，不必像 Goodman 单元那样设定很大的法向刚度系数，因此计算更为合理；且采用薄层单元的形式可以很好地反映接触中的剪切错动带，更符合土与混凝土接触问题的实际情况。可根据接触单元的法向正应力来判断接触面处于张开状态或压紧状态。当接触面张开时法向弹性模量与剪切弹性模量均赋以小值，接触面受压时法向应力应变关系借鉴 S. C Bandis 双曲线模型，法向弹性模量可表示为式（4-14）；接触面切向应力应变关系采用 Clough 剪切双曲线模型，切向弹性模量可表示为式（4-15）。

$$D_{nn} = K_{ni} \left(1 - \frac{\sigma_n}{V_m K_{ni} + \sigma_n}\right)^{-2} t \tag{4-14}$$

式中　D_{nn}——薄层单元法向弹性模量；

　　　σ_n——单元法向正应力；

　　　V_m——法向最大压缩量；

　　　K_{ni}——法向受压时的初始刚度；

　　　t——薄层单元厚度。

$$D_{ns} = K_{si} \gamma_w \left(\frac{\sigma_n}{p_a}\right)^n \left(1 - \frac{\tau R_f}{\tau_p}\right)^2 \tau \tag{4-15}$$

式中　D_{ns}——剪切模量；

　　　K_{si}——初始切向刚度系数；

　　　γ_w——水的重度；

　　　p_a——大气压强；

　　　τ——单元切向剪应力；

R_f——破坏比；

τ_p——临界剪应力，按摩尔库仑定律计算 $\tau_p=c-\sigma_n\tan\varphi$。

3）混凝土徐变效应模拟计算方法。混凝土不是理想弹性材料，在常应力作用下，随着时间的延长，混凝土结构的应变将不断增加，这部分在应力不变条件下随时间增长而增加的应变称为徐变。

根据加拿大马尼克 3 号坝室内与室外试验的结果，发现防渗墙在承受了近 4 年的持续荷载作用后，混凝土弹性模量约降低了 $65\%\sim73\%$，弹性模量由初始的 $30.8\sim33.0\text{GPa}$ 降为只有 $8.6\sim11.7\text{GPa}$。

土石坝中的基础灌浆廊道和覆盖层内的防渗墙，其上部土压力和水荷载的加载时间跨度长，混凝土弹性模量受徐变效应的影响明显，因此正确考虑混凝土徐变效应是十分必要的。

混凝土徐变效应计算一般采用初应变法（隐式解法），该法假定在每一时段内应力成线性变化，应力对时间的导数为常量，与显式解法相比其计算精度大大提高。隐式解法可采用较大的时间步长，而且计算中徐变度采用指数函数形式，利用指数函数的特点，可不必记录应力历史，这不仅节省了大量的存储容量，而且减少了计算工作量。在用有限元法分析徐变

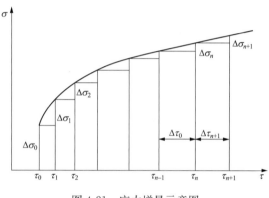

图 4-21　应力增量示意图

问题时，通常把时间划分为一系列时段 $\Delta\tau_1$，$\Delta\tau_2$，…，$\Delta\tau_n$，用增量法进行计算，如图 4-21 所示。

$$\Delta\tau_n=\tau_n-\tau_{n-1} \tag{4-16}$$

在时段 $\Delta\tau_n$ 内产生的总应变增量包括弹性应变增量、徐变应变增量、温度应变增量和自生体积变形应变增量，即：

$$\{\Delta\varepsilon_n\}=\{\varepsilon(\tau_n)\}-\{\varepsilon(\tau_{n-1})\}=\{\Delta\varepsilon_n^e\}+\{\Delta\varepsilon_n^c\}+\{\Delta\varepsilon_n^T\}+\{\Delta\varepsilon_n^g\} \tag{4-17}$$

式中　$\{\Delta\varepsilon_n^e\}$——弹性应变增量；

$\{\Delta\varepsilon_n^c\}$——徐变应变增量；

$\{\Delta\varepsilon_n^T\}$——温度应变增量；

$\{\Delta\varepsilon_n^g\}$——自生体积变形增量。

由于廊道和防渗墙的受力特点，受到后期上覆土压力和水荷载影响的主要为中后期徐变，温度效应影响较小，因此计算时可忽略温度应变增量 $\{\Delta\varepsilon_n^T\}$ 和自生体积变形增量 $\{\Delta\varepsilon_n^g\}$。

弹性应变增量 $\{\Delta\varepsilon_n^e\}$ 可表示为

$$\{\Delta\varepsilon_n^e\}=\frac{1}{E(\overline{\tau_n})}[Q]\{\Delta\sigma_n\}\quad\left(\overline{\tau_n}=\frac{\tau_{n-1}+\tau_n}{2},余同\right) \tag{4-18}$$

$$[Q] = \begin{bmatrix} 1 & -\mu & -\mu & 0 & 0 & 0 \\ -\mu & 1 & -\mu & 0 & 0 & 0 \\ -\mu & -\mu & 1 & 0 & 0 & 0 \\ 0 & 0 & 0 & 2(1+\mu) & 0 & 0 \\ 0 & 0 & 0 & 0 & 2(1+\mu) & 0 \\ 0 & 0 & 0 & 0 & 0 & 2(1+\mu) \end{bmatrix} \qquad (4\text{-}19)$$

$$[Q]^{-1} = \begin{bmatrix} 1 & \dfrac{\mu}{1-\mu} & \dfrac{\mu}{1-\mu} & 0 & 0 & 0 \\ \dfrac{\mu}{1-\mu} & 1 & \dfrac{\mu}{1-\mu} & 0 & 0 & 0 \\ \dfrac{\mu}{1-\mu} & \dfrac{\mu}{1-\mu} & 1 & 0 & 0 & 0 \\ 0 & 0 & 0 & \dfrac{1-2\mu}{2(1+\mu)} & 0 & 0 \\ 0 & 0 & 0 & 0 & \dfrac{1-2\mu}{2(1+\mu)} & 0 \\ 0 & 0 & 0 & 0 & 0 & \dfrac{1-2\mu}{2(1+\mu)} \end{bmatrix} \qquad (4\text{-}20)$$

复杂应力状态下的徐变应变增量 $\{\Delta\varepsilon_n^c\}$ 可由式（4-21）计算：

$$\{\Delta\varepsilon_n^c\} = \{\eta_n\} + C(t_n, \bar{\tau}_n)[Q]\{\Delta\sigma_n\} \qquad (4\text{-}21)$$

$$\{\eta_n\} = \sum_j (1 - e^{-r_{jn}\Delta\tau_n})\{\omega_{jn}\} \qquad (4\text{-}22)$$

$$\{\omega_{jn}\} = \{\omega_{j,n-1}\}e^{-r_j\Delta\tau_{n-1}} + [Q]\{\Delta\sigma_{n-1}\}\psi_j(\bar{\tau}_{n-1})e^{-0.5r_j\Delta\tau_{n-1}} \qquad (4\text{-}23)$$

$$\{\omega_{j1}\} = \Delta\sigma_0\psi_j(\tau_0) \qquad (4\text{-}24)$$

$$C(t_n, \tau_n) = \sum_j \psi_j(\tau)[1 - e^{-r_j(t-\tau)}] \qquad (4\text{-}25)$$

在任一时段 $\Delta\tau_i$ 内，应力增量形式的物理方程为：

$$\{\Delta\sigma_n\} = [D_n]\{\Delta\varepsilon_n^e\} = [D_n](\{\Delta\varepsilon_n\} - \{\Delta\varepsilon_n^c\}) \qquad (4\text{-}26)$$

其中，$[D_n] = E(\bar{\tau}_n)[Q]^{-1}$，$[D_n] = [B]\{\Delta\delta_n\}$，根据应力应变关系可得：

$$\{\Delta\sigma_n\} = [\overline{D}_n]([B]\{\Delta\delta_n\} - \{\eta_n\}) \qquad (4\text{-}27)$$

$$[\overline{D}_n] = \overline{E}_n[Q]^{-1} \qquad (4\text{-}28)$$

$$\overline{E}_n = \frac{E(\bar{\tau}_n)}{1 + E(\bar{\tau}_a)C(t_n, \bar{\tau}_n)} \qquad (4\text{-}29)$$

单元节点力增量为：

$$\{\Delta P\}^e = \iiint [B]\{\Delta\sigma_n\}^e \, \mathrm{d}x\,\mathrm{d}y\,\mathrm{d}z \qquad (4\text{-}30)$$

整理得：

$$\{\Delta P\}^e = [k]^e\{\Delta\sigma_n\}^e - \{P_n\}_e^c \qquad (4\text{-}31)$$

式中　$[k]^e$——单元刚度矩阵，$[k]^e = \iiint [B][\overline{D}_n][B]\,\mathrm{d}x\,\mathrm{d}y\,\mathrm{d}z$；

$\{\Delta\sigma_n\}^e$——非应力变形节点力；

$\{\Delta P_n\}^c_e$—— 徐变引起的单元节点荷载增量，$\{\Delta P_n\}^c_e = \iiint [B][\overline{D}_n]\{\eta_n\}\mathrm{d}x\mathrm{d}y\mathrm{d}z$。

把节点力和节点荷载用编码法加以集合，则整体平衡方程为：

$$[K]\{\Delta\delta_n\} = \{\Delta P_n\} + \{\Delta P^c_n\} \tag{4-32}$$

式中　　　　　$[K]$——整体刚度矩阵；

$\{\Delta P_n\}$、$\{\Delta P^c_n\}$——外荷载、徐变引起的荷载增量。

由整体平衡方程得到各节点位移增量 $\{\Delta\delta_n\}$ 即可求出应力增量 $\{\Delta\sigma_n\}$。

4）两岸岩台的力学模型。岩台段廊道对基岩产生较大的反作用力，岩台边缘附近应力集中区岩体压、剪应力值很高，可能会导致局部基岩出现塑性屈服。毛尔盖水电工程中廊道对岩台的压应力达 23MPa，黄金坪水电工程中廊道对岩台的压应力达15MPa。在较大压应力和剪应力条件下，基岩可能会产生局部塑性屈服。因此，对两岸岩台处的基岩有必要使用弹塑性力学模型，以便正确模拟基岩可能出现的局部屈服状态及其对廊道约束条件的影响。

在初始弹性范围内，应力与应变之间符合直线关系，即广义胡克定律。进入塑性状态后，一般来说不再存在应力与应变之间的一一对应关系。为了更好地描述应力与应变之间的关系，建立了应力增量与应变增量之间的本构关系，近似认为在增量步内材料的劲度矩阵不变，即保持直线关系，但劲度矩阵需要应用塑性增量理论确定。

屈服准则是变形体由弹性状态向塑性状态过渡的力学条件。常用的屈服准则有Mises 屈服准则、Drucker-Prager 屈服准则、Mohr-Coulomb 屈服准则等。屈服函数是将屈服准则表示为应力状态、应变状态、时间、温度等的函数。岩体材料采用 Mohr-Coulomb 屈服准则是合适的，Mohr-Coulomb 屈服函数可表示为式（4-33）：

$$f_{\mathrm{MC}} = I_1\sin\varphi + \frac{1}{2}\left[3(1-\sin\varphi)\sin\theta + \sqrt{3}(3+\sin\varphi)\cos\theta\right]\sqrt{J_2} - 3c \tag{4-33}$$

$$\theta = \frac{1}{3}\arccos\left(\frac{3\sqrt{3}}{2}\frac{J_3}{J_2^{3/2}}\right) \tag{4-34}$$

式中　φ——材料的内摩擦角，（°）；

c——黏聚力；

I_1——第一应力不变量，即 $I_1 = \sigma_1 + \sigma_2 + \sigma_3$，$\sigma_1$、$\sigma_2$、$\sigma_3$ 为三大主应力，与坐标系的选择无关；

J_2——第二应力偏量不变量，即 $J_2 = -[(\sigma_1-\sigma_2)^2 + (\sigma_2-\sigma_3)^2 + (\sigma_3-\sigma_1)^2]/6$；

J_3——第三应力偏量不变量，即 $J_3 = (2\sigma_1-\sigma_2-\sigma_3)(2\sigma_2-\sigma_1-\sigma_3)(2\sigma_3-\sigma_1-\sigma_2)/27$。

（2）廊道应力变形规律和特征。根据毛尔盖、长河坝、黄金坪等水电工程坝基防渗系统应力变形的计算成果可以发现，廊道主要发生沉降和向下游的顺河向变形，廊道靠两岸的部分变形较小，中部变形较大，廊道整体呈水平向加竖直向的复合挠曲变形；两个方向的挠曲变形组合还会使廊道发生一定程度的扭转变形，从两岸到河床中央扭转变形逐渐减小。与廊道出现的变形状态和特征相对应，沿廊道轴向，廊道上游面河床中部将产生较大压应力，靠近两岸基岩面处将产生较大拉应力；在廊道下游面靠近基岩面处将产生较大压应力，河床中部和左、右约 1/4 跨处将产生较大拉应力。对廊道应力变形主要影响因素的分析如下：

1) 防渗墙对廊道应力变形的影响。坝基廊道将坝体防渗心墙与坝基混凝土防渗墙连接为一个完整的防渗系统共同承担大坝防渗功能。

廊道与防渗墙常采用刚性连接，在自重、上覆土压力及底部防渗墙拖曳作用下廊道发生竖直向下的挠曲变形，同时防渗墙受到较大的水推力而带动廊道发生顺河向且向下游的挠曲变形。由于受到两岸基岩的约束作用，靠两岸岸坡部位廊道变形较小，河床中部廊道变形较大，因此两种挠曲变形组合后将导致廊道发生一定的扭转变形，即从两岸到河床中央逐渐向上游的转动变形。

2) 坝体心墙对廊道应力变形的影响。坝体心墙位于廊道顶部，其应力变形直接影响着下部坝基廊道。廊道顶部受到心墙传递的强大压力作用，廊道上游侧会受到心墙的主动土压力作用，廊道下游侧则受到心墙提供的被动土压力作用。

不同类型的心墙对廊道应力变形的影响有所不同。沥青混凝土心墙与廊道采用心墙放大脚连接，连接部位宽为 2～3m，廊道顶部及上、下游边墙外侧受到坝体过渡层施加的土压力的作用；廊道顶部仅部分区域受到心墙压力的作用，且水荷载直接作用于廊道上游侧。对于砾石土心墙，坝基廊道在砾石土心墙内部，两者之间通过接触性黏土连接，廊道顶部及上、下游侧受到心墙和接触性黏土施加的土压力作用。

3) 两岸基岩约束对廊道应力变形的影响。廊道与两岸基岩的连接形式不同，基岩对廊道的约束作用有所不同。两岸基岩约束对廊道岸坡段应力和廊道接缝变形影响十分显著，直接关系着工程能否正常、安全地运行。河床中部廊道受两岸基岩约束的影响相对较小。

自由式连接廊道，基岩对廊道的约束作用最弱，仅使廊道上游侧左右岸边缘出现小范围拉应力且拉应力值较小，但廊道与两岸平洞的接缝变形最大。瀑布沟和硗碛水电工程发生过由此而引起的接缝漏水。

半固端式连接廊道，基岩对廊道的约束作用最强，在廊道伸入基岩断面处产生应力集中但影响范围不算太大，廊道与两岸平洞的接缝变形最小。在长河坝水电工程伸入基岩 1m 的方案中，廊道上游侧底部横河向应力高达 37.4MPa，两岸拉应力区长约 15m。

简支式连接廊道，基岩对廊道的约束作用介于上述两种连接形式之间，岩台段廊道上游侧产生拉应力且在岩台边缘附近产生应力集中。毛尔盖水电工程中廊道在岩台边缘断面的横河向拉应力为 21.85MPa，拉应力区长约 12m。

4) 廊道结构形式对廊道应力变形的影响。廊道断面结构体形式对其自身应力变形也有一定的影响，结构刚度越大在廊道产生的应力越大。廊道与防渗墙连接部位接头形式对廊道底板应力也会产生直接影响。

2. 廊道配筋

(1) 廊道配筋设计方法。河床基础廊道为典型的三向受力结构，主要承受上部土压力及水平水压力的作用，在这两个主要荷载作用下产生垂直向下的挠曲变形和向下游方向的挠曲变形；另外，与防渗墙刚性连接的廊道还将与防渗墙一起变形，且在有多余约束的情况下还会产生一些附加应力。根据廊道结构受力特点，其内力、配筋计算通常采用：①基于杆件体系的结构力学法；②基于非杆件体系的弹性力学法。

1）杆件体系结构力学法。对廊道按杆件结构进行考虑，即廊道侧墙顶拱可近似简化成∩形刚架，采用上埋式埋管、散碎体（高填方涵洞）或郎肯三种土压力计算理论计算廊道周边土压力，进而计算廊道边墙、顶拱内力，按结构力学法进行配筋计算；廊道底板近似简化为牛腿，不考虑水平向土压力及廊道底部地基的反作用力，垂直土压力作为集中荷载作用在底板上，按结构力学法进行配筋计算。

对于上埋式埋管土压力，根据 DL 5077—1997《水工建筑物荷载设计规范》，垂直土压力按式（4-35）计算，侧向土压力按式（4-36）计算。

$$F_{sk} = K_s \gamma H_d D_l \tag{4-35}$$

式中　F_{sk}——埋管垂直土压力标准值，kN/m；

$\quad H_d$——管顶以上填土高度，m；

$\quad \gamma$——土的密度；

$\quad D_l$——埋管外直径，m；

$\quad K_s$——埋管垂直土压力系数，与地基刚度有关。

$$F_{tk} = K_t \gamma H_0 D_d \tag{4-36}$$

式中　F_{tk}——埋管侧向土压力标准值，kN/m；

$\quad H_0$——埋管中心线以上填土高度，m；

$\quad \gamma$——土的密度；

$\quad D_d$——埋管凸出地基的高度，m；

$\quad K_t$——侧向土压力系数，$K_t = \tan^2\left(45° - \dfrac{\varphi}{2}\right)$；

$\quad \varphi$——填土内摩擦角，（°）。

对于散碎体（高填方涵洞）土压力，由于散碎体在堆填过程中的成拱作用，使得高填方涵洞垂直向土压力与现行设计理论计算成果相差较大，重庆建筑大学在碎散体高填方涵洞受力分析与压力传递机理分析的基础上，导出压力拱的形状为半椭圆形，并建立了碎散体高填方涵洞拱顶压力计算理论。

当 $h \leqslant 2ka$ 时

$$q = \gamma h \tag{4-37}$$

当 $2ka < h \leqslant 2ka + \dfrac{a}{\tan^2(45° - \varphi/2)\tan\varphi}$ 时

$$q = 2ka\gamma + (h - 2ka)\gamma\left[1 - \dfrac{h - 2ka}{2a}\tan^2\left(45° - \dfrac{\varphi}{2}\right)\tan\varphi\right] \tag{4-38}$$

当 $h > 2ka + \dfrac{a}{\tan^2(45° - \varphi/2)\tan\varphi}$ 时

$$q = 2ka\gamma + \dfrac{a\gamma}{2\tan^2(45° - \varphi/2)\tan\varphi} \tag{4-39}$$

式中　q——垂直土压力，MPa；

$\quad k$——填土厚度与涵洞宽度的比值；

h——洞顶以上填土高度，m；

a——压力拱跨度，m；

φ——填土内摩擦角，(°)。

对于郎肯土压力，垂向应力按式（4-40）计算，侧向应力按式（4-41）计算。

$$\sigma_z = \gamma H \tag{4-40}$$

$$\sigma_x = \gamma H \tan^2\left(45° - \frac{\varphi}{2}\right) - 2c\tan\left(45° - \frac{\varphi}{2}\right) \tag{4-41}$$

2）非杆件体系弹性力学法。非杆件体系弹性力学法即采用弹性力学法分析求得结构在弹性状态下的截面应力图形（见图 4-22），再根据拉应力图形面积，确定承载力所要求的配筋数量。

当应力图形偏离线性分布较大时，受拉钢筋截面面积 A_s 应满足式（4-42）的要求。

$$T \leqslant \frac{1}{\gamma_d}(0.6T_c + f_y A_s) \tag{4-42}$$

式中　T——由荷载设计值确定的主拉应力在配筋方向上形成的总拉力，$T = Ab$，其中 A 为截面主拉应力在配筋方向上投影图形的总面积，b 为结构截面宽度；

T_c——混凝土承担的拉力，$T_c = A_{ct}f_t$，其中 A_{ct} 为截面主拉应力在配筋方向投影图形中拉应力小于混凝土轴心抗拉强度设计值 f_t 的图形面积，即图 4-22 中的阴影部分；

f_y——钢筋抗拉强度设计值；

γ_d——钢筋混凝土结构的结构系数。

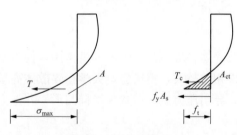

图 4-22　应力图形

此外，还须遵循以下原则：

按式（4-42）计算时，混凝土承担的拉力 T_c 不宜超过总拉力 T 的 30%。

当弹性应力图形的受拉区高度大于结构截面高度的 2/3 时，应取 $T_c = 0$。

当弹性应力图形的受拉区高度小于结构截面高度的 2/3，且截面边缘最大拉应力 $\sigma_{max} \leqslant 0.5f_t$ 时，可不配置受拉钢筋或仅配置适量的构造钢筋。

受拉钢筋的配置方式应根据应力图形及结构受力特点确定。当配筋主要是为了提高承载能力，且结构具有较明显的弯曲破坏特征时，可集中配置在受拉区边缘；当配筋主要是为了控制裂缝宽度时，可在拉应力较大的范围内分层布置，各层钢筋的数量宜与拉应力图形的分布相对应。

（2）不同配筋设计方法的设计成果比较。以毛尔盖水电工程坝基河床廊道为例，对比分析杆件体系结构力学法、非杆件体系弹性力学法的差异。

毛尔盖大坝采用砾石土心墙堆石坝，坝顶高程 2138m，最低建基面高程 1991m，最大坝高 147m；心墙与防渗墙采用廊道连接形式，廊道采用城门洞形，净尺寸 3.0m×3.5m（宽×高），边墙及顶拱厚度为 1.5m，底板厚度 3.5m，采用 C30 钢筋混凝土衬砌；廊道在河床段不分缝，底部通过"倒梯形"段与防渗墙刚性连接，"倒梯形"段高 3.0m，上底宽 4.4m，下底宽 1.4m。毛尔盖水电工程不同计算方法配筋计算成果对比见表 4-13。

表 4-13　　　　　　毛尔盖水电工程不同计算方法配筋计算成果对比

部位			需要的单宽钢筋截面积 A_s(mm^2)	
			结构力学法	弹性力学法
边墙、顶拱	轴向	0+157.00m		15 498
	环向	0+264.00m	5740	4355
底板	轴向	0+183.30m		60 978
	环向	0+224.00m	12 988	8581

注　采用结构力学法计算时不区分桩号；采用弹性力学法计算时区分最大拉应力桩号。

从表 4-13 可以看出，结构力学法计算所需要的钢筋截面积要大于弹性力学法计算所需要的钢筋截面积，这主要是因为结构力学法计算结构内力时未考虑三维效应导致内力、配筋偏大的情况。两种计算方法的差异主要包括：

1）廊道受力状态考虑不同。基于有限元的弹性力学法能够反映廊道沿轴线方向受力状态的差异，同时能够较真实地反映结构受弯、受剪及受扭情况；而结构力学法仅从受弯构件考虑，虽然结构力学概念明确，却无法反映构件的三维效应。

2）廊道结构的安全度不同。结构力学法未考虑廊道的三维效应，导致计算所得内力、配筋面积均较大，且以环向钢筋作为主受力筋，相对于弹性力学法计算结果而言偏安全。

（3）廊道配筋设计方法选择与优化。下面分别予以讨论。

1）廊道配筋设计方法选择。坝基河床廊道受力结构复杂，为更加真实有效地了解其受力状态，必须选择合适的计算方法，才能确保廊道结构的运行安全。

按杆件体系结构力学法进行计算，优点是结构及力学概念明确、计算结果安全度较高（主要指环向钢筋）且人为干预因素较少，但缺点是不能真实反映廊道的受力状态，包括主应力、沿轴线方向的变化及随时间序列的变化等。

按非杆件体系弹性力学法进行计算，优点是能够较真实地反映廊道的受力状态及其随坝体填筑、蓄水过程等时间序列的相关关系，但缺点是受人为因素影响较大，包括有限元单元格划分、计算人员的认知等。

无论是按结构力学法还是弹性力学法对廊道进行计算，其计算结果与廊道真实的应力变形状态都会有一定的差异，这可以从多个工程廊道应力变形监测成果与计算成果对比看出，但相对结构力学法而言，基于有限元的弹性力学应力图形法的计算更加接近实际情况，因此建议采用弹性力学法进行廊道的配筋计算，同时可采用结构力学法对廊道环向钢筋进行复核，以确保安全。

2）廊道配筋设计方法优化。廊道配筋设计的关键是廊道的应力变形情况，通过不同有限元计算法对廊道应力变形与监测成果的对比情况，建议采用子模型结构、考虑混凝土的徐变效应、两岸岩台采用弹塑性模型、接触面采用薄层单元对廊道的应力变形进行分析，尽可能掌握廊道真实的应力变形状态，并在此基础上采用基于非杆件体系的有限元配筋法进行廊道结构的配筋。

3. 弹性垫层设置

当廊道与两岸采用简支式和半固端式连接时，廊道的简支端和固端存在较大的弯矩，在廊道支座端设置弹性垫层，可以有效地改善廊道支座端的受力情况。以毛尔盖水电工程为例，分析成果表明：

（1）设置弹性垫层后，廊道沉降和顺河向位移增大，基岩面处廊道各个方向的应力集中现象明显减小，横河向、顺河向及竖直向拉应力极值分别减小 16.4%、50% 和 79.3%；由于廊道沉降变形增大，竖直向压应力在基岩面处廊道底部位置稍有增大，压应力极值约增大 3.4%。

（2）设置弹性垫层后，防渗墙应力变形分布基本不变，说明设置弹性垫层对防渗墙基本没有影响。

四、连接部位变形协调与防渗抗渗

1. 常用的变形协调及防渗措施

由于防渗墙与心墙刚度相差很大，心墙与防渗墙或廊道之间将产生较大沉降差，防渗墙顶部将形成应力集中区，而接触性黏土能有效地避免和减轻不均匀沉降与应力集中。为了避免防渗墙（或廊道）将心墙顶裂，常常在防渗墙顶或廊道周围设置接触性黏土区。接触性黏土在发生较大剪切变形后仍具有较好的防渗性能，能使连接部位在变形后仍可承受较大的水压力。

通过渗流分析研究，防渗墙与心墙连接部位接触坡降较大，除设置一定范围的接触性黏土区外，还通常采用在该部位设置土工膜延长渗径，并加强下游侧接触渗流出口的反滤保护等防渗抗渗措施。

图 4-23　高应力高水头大剪切变形
土与结构物接触剪切渗透仪

2. 接触性黏土设置

防渗墙或廊道两侧接触性黏土厚度以满足施工要求为宜，顶部接触性黏土的填筑高度应满足：

$$T \geqslant K_s \qquad (4-43)$$

式中　T——墙顶接触性黏土的填筑厚度；

　　　　S——墙顶坝体沉降；

　　　　K_s——安全系数，K_s 可取为 1.5~2.0。

3. 接触性黏土复杂应力条件下的抗渗性能

为研究接触性黏土在不同应力状态下发生变形后的抗渗性能，成都院联合河海大学对接触性黏土的抗渗性能进行了试验研究，研究采用高应力高水头大剪切变形土与结构物接触剪切渗透仪（见图 4-23），主要用于模拟处于高应力、高水头、大剪切变形状态的高土石坝接触性黏土料与混凝土防渗墙接触面的渗透破坏过程。

试验时按表 4-14 的方案开展不同围压、偏应力、渗透压力组合条件下的接触性黏土料与混凝土防渗墙接触渗流特性试验。

表 4-14　　　　　接触性黏土料与混凝土防渗墙接触渗流特性试验组合

试验组次	围压（MPa）	偏应力（MPa）	渗透压力（MPa）	备注
1	0.5	0.2、0.4、0.5、0.6	0～渗透破坏压力	设计干密度 1.63g/cm³；设计含水量 21.3%
2	1.0	0.6、0.8、1.0、1.2		
3	1.5	1.0、1.2、1.4、1.6		
4	1.8	1.2、1.4、1.6、1.8、2.0		

上述各组合条件下的接触性黏土料与混凝土防渗墙接触渗流特性试验成果见表 4-15。可以看出，在不同的应力状态下，接触性黏土与防渗墙接触部位具有较强的防渗抗渗性能。

表 4-15　　　　　接触性黏土料与混凝土防渗墙接触渗流特性试验成果

围压（MPa）	偏应力（MPa）	渗透系数（cm/s）	渗透坡降
0.5	0.2	7.15×10^{-8}	190（未破坏）
0.5	0.4	5.27×10^{-8}	181（未破坏）
0.5	0.5	5.55×10^{-8}	162（渗透破坏）
0.5	0.6	4.24×10^{-8}	148（渗透破坏、剪切破坏）
1.0	0.6	6.28×10^{-8}（两个重复性试验的均值）	210（未破坏）
1.0	0.8	5.51×10^{-8}	238（未破坏）
1.0	1.0	5.84×10^{-8}	200（渗透破坏、剪切破坏）
1.0	1.2	4.31×10^{-8}（两个重复性试验的均值）	219（渗透破坏、剪切破坏）
1.5	1.0	3.81×10^{-8}	195（未破坏）
1.5	1.2	4.58×10^{-8}	267（未破坏）
1.5	1.4	3.41×10^{-8}	267（未破坏）
1.5	1.6	3.69×10^{-8}	210（出现不太明显的剪切破坏面）
1.8	1.2	3.31×10^{-8}	352（渗透破坏）
1.8	1.4	2.91×10^{-8}	362（渗透破坏）
1.8	1.6	2.09×10^{-8}	257（未破坏）
1.8	1.8	2.37×10^{-8}	257（未破坏）
1.8	2.0	1.83×10^{-8}	267（未破坏）

4. 防渗措施及防渗效果

防渗墙与土心墙连接部位的接触渗透保护措施主要有两种：一种是接触渗流出口的反滤保护，提高抵抗渗透破坏的能力；另一种是延长接触渗径（如设置土工膜等），降低接触坡降。以深厚覆盖层上某双防渗墙高土心墙堆石坝为例，采用三维有限元法对防渗墙与土心墙连接部位在设置土工膜（廊道上游侧向上游铺设 30m 长的土工膜，廊道和副防渗墙之间铺设土工膜）和不设置土工膜情况下的渗流场进行计算分析，不同方案下防渗墙与土心墙连接各部位的渗流坡降极值见表 4-16。

表 4-16　　　　　　　　　防渗墙与土心墙连接各部位的渗透坡降极值

部位	有土工膜	无土工膜
心墙与混凝土廊道上游接触面	6.9	8.7
心墙与混凝土廊道下游接触面	4.4	5.3
主、副防渗墙之间心墙底面	11.7	10.5
心墙与副防渗墙上游侧接触面	17.4	15.1
心墙与副防渗墙下游侧接触面	17.7	18.1
副防渗墙下游侧心墙底面	4.4	4.4

设置土工膜的目的是有效减小心墙与混凝土廊道接触面及心墙与副防渗墙下游侧接触面的接触渗透坡降。由表 4-16 可以看出，不设土工膜，廊道上游侧与心墙接触面的接触渗透坡降明显增大，渗透坡降极值由 6.9 增大到 8.7；廊道下游侧与心墙接触面的接触渗透坡降略有增大，主、副防渗墙之间心墙底面的渗透坡降略有减小，心墙与副防渗墙上游侧接触面顶部的接触渗透坡降明显增大，下游侧接触面接触渗透坡降大致相当，副防渗墙下游侧心墙底面出逸坡降基本相同。

五、廊道连接结构的监测和运行情况

1. 基础廊道沉降变形

基础廊道沉降以河谷段为中心向两岸逐渐减小并呈对称分布，岸坡坝段沉降量相对较小，河床坝段沉降量相对较大，与坝基覆盖层沿河床的厚度分布规律一致。某典型工程基础廊道底板沉降—时间过程线如图 4-24 所示。

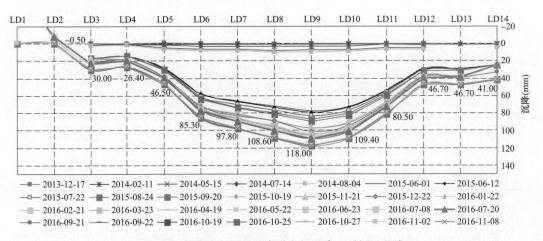

图 4-24　某典型工程基础廊道底板沉降—时间过程线

2. 基础廊道应力

基础廊道上游边墙环向外层钢筋与下游边墙环向内层钢筋受力方向基本一致时，表现为受拉；上游边墙环向内层钢筋与下游边墙环向外层钢筋受力方向基本一致时，表现为受压。

❋　第五节　覆盖层局部渗透稳定研究

深厚覆盖层地质成因、结构层次及组成复杂，在一定渗透水流作用下，覆盖层内部可能因为细颗粒的调整和移动而出现内部渗透变形，变形的积累会导致坝基渗透稳定出现问题。美国 1909 年"工程新闻"报道了一个典型的大坝管涌失效的案例，大坝为支墩-面板型坝，建在一个带截水墙的钢筋混凝土底板上，上游截水墙深 3m，下游截水墙深 2m，失事时坝下一股水突然涌出，从而发生管涌破坏。

内部侵蚀在较低的渗透坡降下就有可能发生，其长期对坝基的损害作用将有可能导致坝基的破坏和大坝的垮塌。以往由于对覆盖层渗透稳定性评价等关键技术认识不深，工程中只要遇到覆盖层，只有加大安全裕度，有的工程甚至改变筑坝方式，挖除深厚覆盖层筑坝，从而导致工程投资增大。因此，对深厚覆盖层坝基进行内部侵蚀分析，了解在长期运行状态下内部侵蚀对坝基覆盖层性态的影响是深厚覆盖层上建坝技术中渗流控制的关键。

成都院在多年深厚覆盖层筑坝设计过程中，对大坝覆盖层局部渗透稳定问题高度关注，依托科研项目"深厚覆盖层建高土石坝地基处理关键技术研究"，联合中国水利水电科学研究院、中国科学院力学研究所、河海大学等国内相关科研单位与高校，开展并完成了覆盖层渗透变形试验、管涌发展及其对大坝应力变形影响、深厚覆盖层内部局部渗透破坏验证试验等研究。

一、内部侵蚀的类型及发生条件

深厚覆盖层坝基渗透变形的类型主要有管涌、流土等。其中，管涌主要表现为：单一土层内部细颗粒在渗流作用下的移动流失，土体内部或沿着土与相对不透水层界面以管道型或缝型发展的后向式管涌侵蚀，颗粒较细的土层颗粒进入较粗颗粒土层的接触流土侵蚀，以及不同类型侵蚀在同一坝基不同部位的发生或同一部位的先后发生与转换等。管涌土也称内部结构不稳定土，非管涌土称为内部结构稳定土。覆盖层坝基砂卵砾石层往往为内部结构不稳定土体，可能发生管涌；粉细砂层常常发生接触流土侵蚀，进入砂卵砾石层后转化为管涌流失。

由于河床覆盖层即使同一土层中也存在空间变异性，坝基的渗透变形往往在局部薄弱环节中首先出现，因此土体发生渗透变形的临界坡降是判别坝基管涌的基本力学参数。

渗透变形的发生受土体本身的几何条件和水力条件两方面因素的影响。几何条件包括土体的颗粒级配、颗粒形状、孔隙率等，决定着土体渗透变形的类型。水力条件包括渗透坡降的大小和方向等，是导致管涌或流土发生的外部条件。渗透变形的类型由几何条件决定的土体内部结构稳定性（简称内部稳定性）来判别。内部结构稳定土体只发生流土破坏，且需要有临空面条件，即只发生在渗流的出口或细颗粒土与粗颗粒土的接触界面（接触流土）；而内部结构不稳定土体则发生管涌破坏，既可发生在地基内部，也可发生在渗流出口。土体的内部稳定性一般通过土的颗粒级配曲线分析和土体的相对密度来判别。渗透变形的临界条件，一般用临界渗透坡降来描述。太沙基根据单位土体的浮容重与渗透力相平衡的原理最先给出了垂直向上渗流作用下无黏性土流土的临界渗透坡降的计算公式。

渗流方向对管涌临界渗透坡降也有影响。渗流方向偏向下时管涌临界渗透坡降小于方向偏向上的情况；方向向下的渗流，渗流对颗粒的作用力与重力方向一致，对渗透稳定最不利；水平渗流临界渗透坡降一般约为垂直向上临界渗透坡降的 0.6～0.9 倍。

土体的内部稳定性可以用不均匀系数、土的细粒含量和土体中粗细两部分土颗粒是否具有反滤关系来判别。

（1）用不均匀系数进行初步判断。不均匀系数 $C_u = d_{60}/d_{10}$，其中 d_{10}、d_{60} 分别为级配曲线上小于该粒径的土质量占总土质量 10% 和 60% 的土颗粒粒径。当 $C_u \leqslant 10$ 时，土体为内部结构稳定土，判断为流土型；当 $C_u \geqslant 20$ 时，土体为内部结构不稳定土，判断为管涌型；当 $10 < C_u < 20$，有可能发生流土，也有可能发生管涌，称为过渡型，破坏形式需要根据别的指标进一步判断。该方法对于 $C_u < 10$ 的土一般是适用的，但也存在 $C_u \leqslant 5$ 的土体实际为内部结构不稳定土的情况，因此其对宽级配土的内部稳定性往往不能有效判别。

（2）用细粒含量来判别。砂砾石的渗透稳定性主要取决于颗粒级配曲线的形状及细料含量。对于级配不连续的土，完全可以视为由粗细两部分料组成，粗细两种料以曲线中不连续段的平均粒径作为区分粒径。颗粒级配曲线上对应区分粒径的颗粒含量即为细料含量。根据细料含量的多少就可以判定土体结构的内部稳定性。对于级配连续的土，同样可以用细料含量来判定内部结构的稳定性，粗料和细料之间的区分粒径可采用几何平均粒径，即 $d_f = \sqrt{d_{10}d_{70}}$。其中 d_f 为粗细料之间的区分粒径，d_{10} 为小于该粒径的土质量占总土质量 10% 的粒径；d_{70} 为小于该粒径的土质量占总土质量 70% 的粒径。小于 d_f 粒径的细料含量，以 p 表示，判别渗透稳定的准则详见第三章第四节。

（3）用特征含量关系法来判别。特征含量关系法包括依据反滤准则来判别的反滤准则判别法和 Kenney-Lau 法（简称 K-L 法）。

1）反滤准则判别法。计算粗细颗粒的区分粒径 d_f，将土体颗粒分成粗细两个部分，各部分看成一种土单独计算颗粒级配含量，将较粗部分的 D'_{15} 与较细部分的 d'_{85} 作为特征粒径，利用反滤准则判别。当 $D'_{15}/d'_{85} \leqslant 4$ 时，土体为内部稳定土，破坏形式为流土型；当 $D'_{15}/d'_{85} > 4$ 时，土体为内部不稳定土，破坏形式为管涌型。这种方法对于级配不连续的土较为有效，但相对来说较为保守，存在将内部结构稳定土判别为不稳定土的情况。

2）K-L 法。如图 4-25（a）所示，级配曲线上任一颗粒粒径 D，对应的小于该粒径的质量分数 F，H 为对应粒径 $4D$ 和 D 之间的体积含量分数差，如果 $H/F \geqslant 1.3$，则土体内部稳定。F 的取值范围为：对于宽级配土（$C_u > 3$，C_u 为不均匀系数）取 $F = 0 \sim 0.2$；对于窄级配土（$C_u \leqslant 3$），取 $F = 0 \sim 0.3$。之后 Kenney 和 Lau 又将稳定性判别标准修正为 $H/F \geqslant 1$。绘制如图 4-25（b）所示的 $F\text{-}H$ 曲线，如果 $F\text{-}H$ 曲线全部位于判别标准直线之上，则土体内部稳定；反之，则内部不稳定。

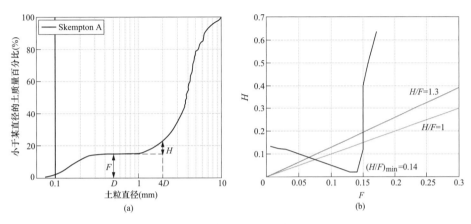

图 4-25　内部稳定性判别 K-L 法

K-L 法对于宽级配土的稳定性判别比反滤准则判别法更有效。大量文献表明，只将土体分成粗细两部分进行判别的反滤准则判别法对土的内部稳定性误判很多，而 K-L 法则误判很少，因此 K-L 法常被推荐为土的内部稳定性判别方法。

坝基覆盖层发生渗透变形除了要具备几何条件（流土需要临空面条件）外，还要具备水力条件，即局部的渗透坡降大于管涌发生的临界坡降。坝基覆盖层的渗透变形一般是从局部开始的，一处渗透变形发展后由于该处的透水能力增强而导致已发生渗透变形的部位渗透坡降下降，这将导致其前沿渗透坡降增大，因而渗透变形的发展过程是一个动态的过程。

二、坝基覆盖层内部渗透稳定性研究

我国西南地区坝址覆盖层深厚，在覆盖层上修建堆石坝，并采用防渗墙控制坝基渗流是深厚覆盖层筑坝技术的关键技术之一。一些坝基覆盖层过于深厚，不能采用封闭式防渗墙截断覆盖层，而采用悬挂式防渗墙控制坝基渗流，防渗墙底部土体必然流线集中而具有较大的渗透坡降。如果河床覆盖层为内部稳定的非管涌土层，则由于防渗墙底部没有发生流土的几何条件，一般不会由于渗透坡降大而发生渗透变形。当防渗墙底部土体为管涌型土时，则会发生侵蚀作用。内部管涌型侵蚀发展的程度及其发展对坝基渗流场、坝基渗透稳定和防渗体的应力变形及其渗透稳定的影响是研究的重点。

1. 管涌型内部侵蚀的基本物理关系

管涌型内部侵蚀的物理关系包括以下几个方面：①渗流中管涌土的泥沙起动与沉积条件及侵蚀与沉积速度的描述；②侵蚀过程中及侵蚀后管涌土的渗透系数；③管涌土侵

蚀过程中及侵蚀后的本构关系。

（1）泥沙的起动与沉积速度。当管涌土中的渗透坡降超过渗流作用方向上土的临界坡降时，土体中的细颗粒起动进入渗流水中。输送管道中给定含沙浓度时水流的挟沙能力存在一个临界流速，当速度低于临界流速时将会发生淤积。Shook 推导出的临界冲淤平衡流速公式为：

$$v_c = 2.43 s_V^{1/3} \sqrt{2gD\frac{\rho_s - \rho_w}{\rho_w}} \Big/ C_D^{1/4} \tag{4-44}$$

式中　　s_V——管道含沙体积浓度（单位体积的混合液中沙粒体积占混合液体积的百分比）；

D——圆管直径（非圆形管道可用当量直径 D_e；对于土体孔隙渗流，可根据级配曲线取 D_{10}）；

g——重力加速度；

ρ_s、ρ_w——沙粒和水的质量密度；

C_D——固体颗粒沉降的阻力系数。

临界冲淤平衡状态下的含沙体积浓度是该流速下的最大挟沙浓度 s_V^*，当水流中的挟沙浓度超过此浓度时，则假定管道中超过此浓度的泥沙全部就地沉积。

当渗流中水的实际含沙浓度高于最大挟沙浓度时，渗流水中的泥沙将沉积于土体内；而在渗透坡降大于临界坡降的条件下，土体中的细颗粒可以进入孔隙水中并在渗流作用下移动。土体中细颗粒进入渗流水的速度，则可参照管流中管道内壁土体颗粒侵蚀速率的计算公式，假设泥沙的侵蚀速率与作用在土体上的渗透坡降成线性关系，用式（4-45）表示：

$$q = \begin{cases} k_d(J - J_c), & J \geqslant J_c \\ 0, & J < J_c \end{cases} \tag{4-45}$$

式中　　q——单位时间单位体积土体中进入水流的土颗粒体积；

J——作用在土体上的渗透坡降；

J_c——砂颗粒起动时的临界坡降；

k_d——土体侵蚀系数。

（2）侵蚀过程中土体的渗透系数。内部管涌过程中，管涌土体流失细颗粒，其他部分土体充填细颗粒，在此过程中土体的渗透系数发生变化，影响坝基的渗流场，从而影响坝基管涌的发展。

砾类土的渗透性主要取决于孔隙通道直径的大小。因为给定孔隙率的土体的平均孔隙直径与平均粒径成正比，所以将 D_e 命名为有效颗粒粒径。Hazen（1892 年）通过对滤层砂的广泛调查得出，砂砾石土的渗透系数与土的特征粒径（如 d_{20}）成正比。刘杰考虑了特征颗粒粒径的影响，还考虑了土体密实度对渗透性的影响，提出了渗透系数的计算公式，折算到 20℃时为：

$$k_{20} = 1.8\phi^3 d_{20}^2 \tag{4-46}$$

式中 k_{20}——渗透系数，cm/s；

ϕ——孔隙率；

d_{20}——颗粒级配中质量含量为 20% 所对应的颗粒粒径，mm。

一般土体的孔隙分布规律主要由颗粒级配和孔隙率决定，土体发生管涌后，相对于相同颗粒级配和相同孔隙率的土体，管涌后土体的大孔隙更大，大孔隙的连通性更好。因此，对于土体管涌过程中或管涌试验前后渗透系数变化的评估，不能简单地套用一般土体的渗透性评估公式。初步研究中取试验前的渗透系数为基准，按照刘杰提出的计算公式估算管涌过程中土体的渗透系数。

管涌发展过程中渗透系数的评估可以按式（4-47）计算：

$$k = k_0 \left[(\phi'/\phi_0)^3 (d'_{20}/d_{20})^2 \right]^\lambda \tag{4-47}$$

式中 λ——孔隙特征放大指数，暂取 2.0；

ϕ'——管涌动态发展过程中土体的孔隙率；

d'_{20}——颗粒组成质量含量为 20% 所对应的颗粒粒径。

对于颗粒充填砾石土的情况，式（4-47）同样适用。

2. 侵蚀过程中含颗粒流失土体的本构关系

要定量分析管涌侵蚀对坝基和坝体应力变形的影响，首先需要建立管涌侵蚀对土体应力—应变关系的定量模型。由于细颗粒流失量是描述土体内管涌侵蚀程度的客观指标，因此可以通过试验研究细颗粒流失量对内部不稳定砂砾石土应力—应变关系的影响，建立包含颗粒流失量指标的内管涌土体的本构模型。一般来说，细颗粒的流失并不引起土骨架的垮塌。管涌侵蚀过程中，细颗粒被渗流侵蚀带走，不耦合土体变形时，粗颗粒的体积含量与排列接触关系不变，土体的孔隙率和骨架颗粒之间的空隙增大。对于由较均匀大颗粒组成的土体，假定土体处于最紧密状态，如果其孔隙中填有少量的很细小的可动颗粒，那么细小颗粒的流失仅会对土体的渗透特性有所影响，而对土体的变形特性影响较小。基于不同细颗粒含量流失量制样的三轴和侧限压缩试验结果，提出了基于非线性弹性本构模型，假定模型参数为侵蚀量的函数的本构模型描述方法，并基于邓肯-张 E-B 模型给出了一种砂砾石管涌土细颗粒流失的参数描述公式与参数。

邓肯-张 E-B 模型的参数随侵蚀量的变化公式为：

$$
\begin{aligned}
K_b &= a_1 (1-\beta)^{b_1}; \\
m &= a_2 (1-\beta)^{b_2}; \\
K &= a_3 (1-\beta)^{b_3}; \\
n &= a_4 (1-\beta)^{b_4}; \\
R_f &= a_5 (1-\beta)^{b_5}
\end{aligned}
\tag{4-48}
$$

式中 β——土体泥沙体积侵蚀率；

$a_1 \sim a_5$，$b_1 \sim b_5$——颗粒流失量对邓肯-张 E-B 模型变形参数的影响参数。

对干密度为 2.36g/cm³ 的砂砾石土体进行侵蚀前后的三轴固结排水剪切试验和侧限压缩试验。三轴试验进行了 2 组，一组为未侵蚀时的土体；另一组为颗粒侵蚀 6.5% 的土体，试样干密度为 2.21g/cm^3，细颗粒占总土体质量的百分比下降到 20.3%，孔隙率增大到 0.195。侧限压缩试验进行了 1 组，共 5 个试样，分别为未侵蚀土体，细颗粒侵蚀量占总土颗粒质量 3%、6.5%、10%、15% 的土体。未侵蚀土样的邓肯-张 $E\text{-}B$ 模型参数和侵蚀对邓肯-张 $E\text{-}B$ 模型变形参数的影响参数分别见表 4-17 和表 4-18。

表 4-17　　　　　　　　　未侵蚀土样的邓肯-张 $E\text{-}B$ 模型参数

土样名称	干密度（g/cm³）	K	n	K_b	m	R_f	φ_0（°）	$\Delta\varphi$（°）
未侵蚀土样	2.36	2017	0.360	1003	0.61	0.84	53.0	9.9

表 4-18　　　　　　　　侵蚀对邓肯-张 $E\text{-}B$ 模型变形参数的影响参数

a_1	a_2	a_3	a_4	a_5
818.7	0.547	2017	0.36	0.84
b_1	b_2	b_3	b_4	b_5
5.622	4.111	5.148	12.63	1.294

3. 管涌型内部侵蚀的数学模型简介

依据潜蚀过程中泥沙输运的连续性方程和含沙水渗流的连续性方程，采用有限元法，通过顺序非线性耦合迭代，求解泥沙侵蚀过程中的渗流场和浓度场，并记录各时间步有限元节点的孔隙水压力、高斯点的泥沙浓度和体积侵蚀（淤积）率，可获得潜蚀的动态过程。

潜蚀过程中泥沙输运的连续性方程推导如下：

根据质量守恒定律，容易推导出泥沙输运的连续性微分（质量守恒）方程可表示为：

$$\frac{\partial(s_V\phi)}{\partial t}+s_V\boldsymbol{v}_{i,i}=q \tag{4-49}$$

式中　s_V——孔隙水中泥沙的体积浓度；

ϕ——土体的孔隙率；

$\boldsymbol{v}_i$——渗流速度向量；

q——源汇项，即单位时间内单位体积中泥沙的起动或沉积体积，其量纲为 t^{-1}。

不考虑骨架压缩变形时，$\partial\phi/\partial t=q$，泥沙输运的连续性微分（质量守恒）方程可表示为：

$$\phi\frac{\partial s_V}{\partial t}+s_V\boldsymbol{v}_{i,i}=(1-s_V)q \tag{4-50}$$

假设泥沙的侵蚀速率与作用在土体上的渗透坡降成线性关系，则 q 可用式（4-51）表示：

$$q=\begin{cases}k_d(J-J_c),\ J\geqslant J_c\\0,\ J<J_c\end{cases} \tag{4-51}$$

式中　J——土体上的渗透坡降；

　　　J_c——砂颗粒起动时所需的临界坡降；

　　　k_d——土体侵蚀系数，量纲为 t^{-1}。

当渗流中的泥沙浓度超过渗流最大挟沙浓度，则泥沙瞬时淤积于土体中，在 Δt 时段内的平均淤积速度等于：

$$q = -(s_V - s_V^*)\phi/\Delta t \tag{4-52}$$

式中　s_V^*——最大挟沙浓度。

含沙水流的连续性微分方程可表示为：

$$\frac{\partial \theta}{\partial t} + (1 - s_V)\boldsymbol{v}_{i,i} = 0 \tag{4-53}$$

式中　θ——单位体积土体的孔隙体积含水率。

土体的非饱和含水率可表示为：

$$\theta = s(1 - s_V)\phi \tag{4-54}$$

式中　s——饱和度。

不同孔隙水饱和度和不同含沙浓度时的渗流仍然采用达西定律描述，可以用式（4-55）表示：

$$\boldsymbol{v}_i = -\boldsymbol{K}_{ij}(\beta, s_V)k_r(s)(\psi + z)_{,j} \tag{4-55}$$

式中　$\boldsymbol{v}_i$——渗流速度向量；

　　　$\boldsymbol{K}_{ij}$——饱和介质的渗透张量，是土体泥沙体积侵蚀率 β 和含沙浓度 s_V 的函数；

　　$k_r(s)$——相对渗透系数；

　　　ψ——具有长度量纲的压力水头；

　　　z——基于一个参考平面的高程。

潜蚀过程中渗透系数 k 可以按式（4-56）计算：

$$k = k_0 \big[(\phi'/\phi_0)^3 (d_{20}'/d_{20})^2 \big]^\lambda \tag{4-56}$$

式中　λ——孔隙特征放大指数，暂取 2.0；

　　　ϕ'——潜蚀动态发展过程中的土体孔隙率；

　　d_{20}'——颗粒质量含量为 20% 所对应的颗粒粒径。

根据潜蚀土体初始颗粒级配曲线、计算过程中记录的当前时步中土体的泥沙颗粒体积侵蚀（淤积）量和可侵蚀流失泥沙的最大粒径，可得到侵蚀土体当前时步末的 d_{20}' 粒径。动态孔隙率则等于初始孔隙率和当前体积侵蚀量之和。

将含水率和孔隙水压力混合表达的含沙水渗流微分方程可表示为：

$$\frac{1}{1 - s_V}\frac{\partial \theta}{\partial t} - \big[\boldsymbol{K}_{ij}k_r(\psi)(\psi + z)_{,j} \big]_{,i} = 0 \tag{4-57}$$

含沙水与清水的渗流微分方程相比，第 1 项受到含沙浓度的影响，第 2 项中渗透系数受到泥沙侵蚀和浓度的影响。

泥沙的沉积速度则暂假定渗流水中的泥沙浓度超过其最大挟沙浓度时，其超过部分全部在计算时步内沉积。

坝基潜蚀过程的有限元求解方法：利用上述的有限元公式，联立求解可获得管涌过程中坝基每一个时刻的渗流场和浓度场，从而据此求出各个时刻各高斯点的潜蚀体积率。将每个时步渗流场和浓度场两部分顺序耦合迭代求解，直至结果收敛。

4. 潜蚀过程中的应力-应变的模拟

潜蚀过程中土体的应变，由颗粒流失引起模量衰化而导致的附加应变与应力增量引起的应变两部分组成，即

$$d\varepsilon_{ij} = d\varepsilon_{ij}^0 + d\varepsilon_{ij}^\sigma \tag{4-58}$$

式中　$d\varepsilon_{ij}$——总的应变增量；

　　　$d\varepsilon_{ij}^0$——由于颗粒流失引起模量衰化而导致的附加应变；

　　　$d\varepsilon_{ij}^\sigma$——应力增量引起的应变。

模量衰化引起的附加应变，可采用初应变增量法计算，等于土体产生的总应变与初始土体产生的总应变之差。由于本构模型计算的模量是切线模量，因此可将土体应力分成 M 等分，积分计算应变。

5. 潜蚀对大坝变形影响的计算方法

坝体坝基的渗流与应力变形是相互耦合作用的。常规的渗流应力变形耦合计算方法分为双向耦合和单向耦合两种模式。一般情况下，渗流导致的土体孔隙水压力改变对应力变形的影响大，而应力变形导致的土体渗透系数变化或瞬时孔隙水压力的变化对渗流场的影响相对较小。因此，除非关注和评估应力变形对渗流的影响而需要采取双向耦合模式以外，一般可采取先研究渗流场，再依据渗流场结果研究应力变形的单向耦合模式。大坝填筑和运行过程中由砂砾石坝基的应力变化引起的压缩变形而导致的渗透系数和瞬时孔压变化对渗流场的影响，一般是可以忽略不计的。采取单向耦合模式，可以使潜蚀的计算独立出来，使问题得以简化。

潜蚀中随着土颗粒的流失，土体孔隙增大，渗透性增加，变形模量衰化。土体模量的衰化将使土体在原有应力状态下产生应变，渗透性的改变将引起渗流场的变化，即坝基和坝体内部的孔隙水压力改变，从而导致有效应力变化而使土体产生应变。将前者看成一个初应变，参照岩土体湿化变形的初应变法，则附加节点荷载的计算公式为：

$$F_{i,J} = \sum_e \int_{\Omega_e} \boldsymbol{D}_{ijkl}(\sigma,\beta) N_{J,j} \varepsilon_{kl}^0 d\Omega_e \tag{4-59}$$

式中　$F_{i,J}$——有限元附加节点荷载；

　　　e——单元；

　　　Ω_e——单元的区域；

$\boldsymbol{D}_{ijkl}(\sigma,\beta)$——切线弹性矩阵；

　　　$N_{J,j}$——单元的形函数；

　　　J——单元的节点编号。

将附加节点荷载加入常规的单向渗流应力耦合有限元方程之中，可以得到包含颗粒流失影响的位移有限元方程。

进行有限元计算获得节点的位移增量后，依据应变增量求应力增量时，在应变中要扣除初应变，即：

$$\Delta \sigma_{ij} = \boldsymbol{D}_{ijkl}(\varepsilon_{kl} - \varepsilon_{kl}^{0}) \qquad (4\text{-}60)$$

潜蚀对大坝应力变形的影响从机制上可分为两部分，即渗流场的改变造成的坝体荷载条件变化引起的应力变形、土体变形模量的衰化引起的坝体应力调整和迁移产生的应力变形。将渗流场变化和模量衰化导致的荷载增量作为 2 个增量步，则可以比较两种机制对变形的影响程度。

三、悬挂式防渗墙坝基管涌发展研究

1. 计算模型与参数

假设大坝坝基基准面高程为 0m，大坝坝高为 150m，心墙下部覆盖层厚度为 200m，材料及其渗透系数见表 4-19，覆盖层为内部不稳定的砂砾石层（管涌型渗透破坏），研究深厚覆盖层悬挂式防渗墙坝基局部管涌对大坝应力变形的影响。采用悬挂式防渗墙，对于防渗墙深度制订了 100m 与 150m 两个方案。假设水库正常蓄水位高程为 140m，下游水位高程为 -4m。按此水位情况下达到稳定渗流的情况作为初始条件，来分析坝基的渗流场、渗透破坏及其对大坝应力变形的影响。

2. 悬挂式防渗墙稳定渗流分析

首先分析不同深度防渗墙方案下稳定渗流期渗透坡降的情况，从而分析坝基的渗透变形及其对大坝的影响。

当防渗墙深 100m 时，计算得到单宽渗流量 1255.3m³/d，防渗墙底部渗透坡降最大，局部最大值 2.29。以防渗墙底中心为圆心、半径 20m 的圆区域，渗透坡降超过 0.3，防渗墙底周围土体将发生强烈的渗透变形，如图 4-26 所示。

表 4-19　　　　　　　　　　　　材料及其渗透系数

编号	材料名称	渗透系数（cm/s）
1	心墙	1×10^{-5}
2	上下游反滤层	7.81×10^{-3}
3	上下游过渡层	4.9×10^{-2}
4	上下游壳料（堆石、压重）	1.63×10^{-1}
5	接触性黏土	1×10^{-6}
6	混凝土防渗墙	1×10^{-7}
7	覆盖层	5×10^{-2}

当防渗墙深 150m 时，计算得到单宽渗流量 1003.6m³/d，防渗墙底部渗透坡降最大，局部最大值 3.28。防渗墙前后水平 10m 范围，基岩面以上 70m 范围，渗透坡降超过 0.3，防渗墙底端两侧及其底部土体将发生强烈的渗透变形，如图 4-27 所示。

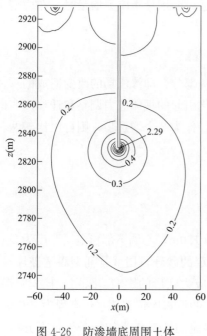

图4-26　防渗墙底周围土体
的渗透坡降（防渗墙深100m）

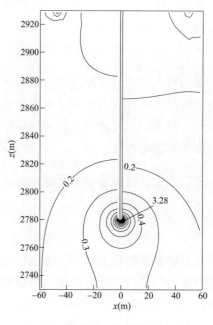

图4-27　防渗墙
的渗透坡降（防渗墙深150m）

3. 悬挂式防渗墙坝基管涌发展评估

为了评估悬挂式防渗墙坝基管涌的动态发展，需要管涌发生的临界条件、颗粒流失与渗透系数变化关系的参数。由于试验没有获得足够的数据来回归这些参数，为此依据文献中的资料取坝基覆盖层的参数如下：孔隙率为 0.34；垂直方向管涌临界坡降为 0.27，水平方向管涌临界坡降为 0.20；管涌最大可流失粒径为 1.6mm；可流失粒径对应的单位体积含量［质量百分数×（1－孔隙率）］为 0.132（15％质量含量）；渗透系数与初始渗透系数放大比例的经验指数为 2.0。上述参数规定的是管涌细颗粒流失量与渗透系数扩大倍数的关系，其对管涌侵蚀过程中的渗流场和侵蚀发展速度及程度都有影响。泥沙颗粒的浮容重与水的容重之比为 1.65；管涌通道 D_{10} 直径（管涌土分成粗细两个部分，粗颗粒中的 D_{10}）为 2.65mm，这个参数对管涌侵蚀的速度有比较小的影响；管涌土体的特征粒径（用来计算挟沙浓度）为 0.21mm；水的运动黏滞系数取 $1.01×10^{-6}\text{m}^2/\text{s}$（20℃时的值）；土体的管涌体积侵蚀系数取 $1.0×10^{-4}/\text{s}$。

由于泥沙侵蚀过程中土体的渗透系数会随着泥沙的侵蚀流失而增大，渗流场随着渗透系数的改变，泥沙侵蚀区域的渗透坡降会随之降低，这个过程是一个高度非线性的过程，需要采用小的时间步长以模拟这种非线性动态发展过程。随着泥沙侵蚀的发展，局部超高渗透坡降会迅速降低，局部泥沙侵蚀的速度也会随之减小，因而时间步长可以逐步增大。

假设达到稳定渗流以后才开始管涌侵蚀，侵蚀计算分 4 个时段：第 1 时段从 0h 到 1h，时间步长 10s；第 2 时段从 1h 到 10h，时间步长 100s；第 3 时段从 10h 到 100h，时间步长 1000s；第 4 时段从 100h 到 1000h，时间步长 10 000s。

管涌的临界坡降不但与管涌土体的颗粒级配有关，而且与所作用的渗流方向有关。渗流垂直向上时管涌的临界坡降最大，渗流垂直向下时管涌的临界坡降最小。对于悬挂式防渗墙坝基，防渗墙前的渗流方向是偏向下的，防渗墙底部是近似水平的，而防渗墙后则是偏向上的。防渗墙坝基内部管涌的侵蚀从防渗墙底部开始，向周围扩展。通过渗透试验发现渗流方向向下的管涌临界坡降可以低至垂直向上方向的 0.25 倍，在计算渗流方向偏向下的临界渗透坡降时，取 0.5 倍的垂直渗透坡降作为临界渗透坡降。

（1）防渗墙深 100m 的方案。单宽渗流量初始为 1255.3m³/d，侵蚀 10h 后渗流量扩大到 1421.4m³/d。随着侵蚀范围的扩大，坝基防渗墙周围等水头线往上游移动，防渗墙下游侧水头显著增大，但显著影响区域主要局限在防渗墙前后，对整体渗流场的影响不大。图 4-28（a）、（b）所示为侵蚀 10h 后坝基覆盖层孔隙率增加量、渗透系数放大

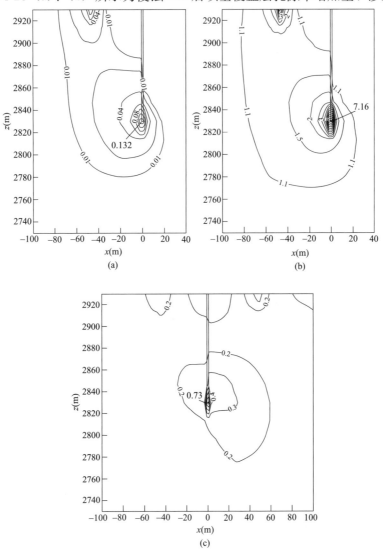

图 4-28 侵蚀 10h 后坝基覆盖层参数变化情况

（a）孔隙率增加量；（b）渗透系数放大倍数；（c）渗透坡降

倍数（与未侵蚀时相比），其中最大侵蚀量为 0.132，最大渗透系数增大到 7.16 倍，侵蚀范围显著向防渗墙上游溯源扩展。图 4-28 （c） 所示为坝基防渗墙周围的渗透坡降，最大渗透坡降减小至 0.73，防渗墙上游侧的渗透坡降有所下降，超过 0.2 的范围减小，防渗墙下游侧的渗透坡降有所增大。从渗透坡降及其变化规律来看，防渗墙底部小范围的侵蚀程度还有进一步增大的可能，管涌侵蚀向防渗墙上游（渗流方向偏向下）扩展的风险比向下游（渗流方向偏向上）扩展的风险大。

侵蚀 100h 后渗流量增大到 1655.5m³/d。图 4-29 （a）、（b） 所示为侵蚀 100h 后坝基覆盖层孔隙率增加量（单位体积内土颗粒侵蚀流失的体积）、渗透系数放大倍数（与未侵蚀时相比），其中最大侵蚀量 0.132，最大渗透系数增加到 7.2 倍，侵蚀范围显著向防渗墙上游溯源扩展。图 4-29 （c） 所示为坝基防渗墙周围的渗透坡降，最大渗透坡降减小至 0.7，渗透坡降大于 0.3 的范围局限在防渗墙底部较小的范围内，此时侵蚀范围不再扩大，侵蚀量也基本不再增加。侵蚀 1000h 后的结果与侵蚀 100h 的结果基本相同，表明该方案侵蚀 100h 后管涌停止发展。

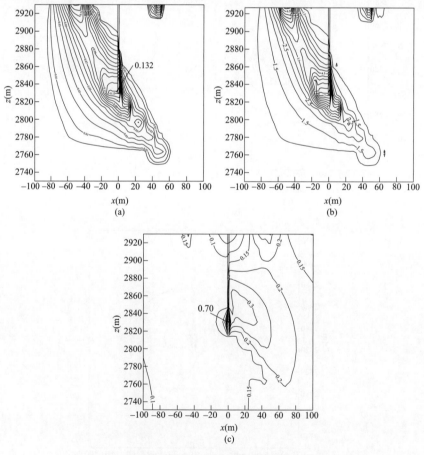

图 4-29　侵蚀 100h 后坝基覆盖层参数变化情况
（a）土体孔隙率增加量；（b）渗透系数放大倍数；（c）渗透坡降

（2）防渗墙深 150m 的方案。图 4-30 （a）、（b） 所示分别为侵蚀 10h 和 100h 后的坝基覆盖层土体侵蚀量。图 4-30（c）所示为管涌侵蚀 100h 后的覆盖层渗透坡降，最大渗透坡降减小至 0.93，渗透坡降大于 0.3 的范围局限于防渗墙底部较小的范围内，侵蚀 1000h 后的结果与侵蚀 100h 的结果基本相同，表明该方案侵蚀 100h 管涌停止发展。

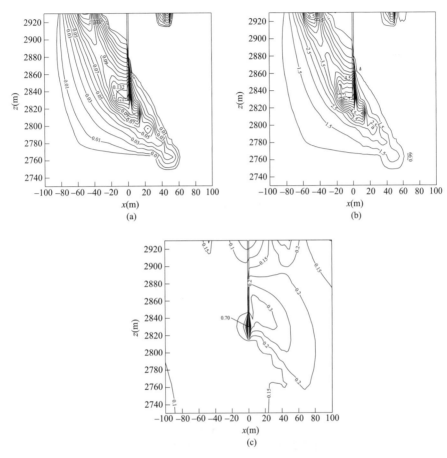

图 4-30　侵蚀不同时间后坝基覆盖层参数的变化情况

（a）10h 后土体孔隙率增加量；（b）100h 后土体孔隙率增加量；

（c）100h 后覆盖层渗透坡降（防渗墙深 150m）

通过对 200m 深单一覆盖层坝基 2 种深度悬挂式防渗墙方案坝基在正常高水位时的管涌侵蚀模拟，可以初步得出以下结论：①悬挂式防渗墙方案中防渗墙底端覆盖层内渗透坡降最大值超过 2.0，远大于管涌土的临界渗透坡降，内管涌的发生难以避免；②局部内管涌发展迅速，土体细颗粒流失后渗透系数扩大，局部渗透坡降有很大调整，对整体渗流场有影响；③内管涌绕防渗墙底端向上游溯源发展，其影响范围向防渗墙上游覆盖层表面发展，颗粒流失程度防渗墙底部最大，向防渗墙上游覆盖层表面逐步减少；④根据管涌过程中坝基覆盖层渗透坡降的特点，在防渗墙下游坝基面设置反滤措施可阻止细颗粒向覆盖层外部流失，预防坝基管涌的恶性扩展；⑤防渗墙深度的增加对减缓防渗墙底部局部的侵蚀程度不明显，但对降低整体的侵蚀程度有显著作用。

四、深厚覆盖层内部局部渗透破坏模型试验

为了真实地再现深厚覆盖层地基局部内管涌的发生发展破坏全过程，明确内管涌发展过程中细颗粒的运移流失规律，揭示内管涌发生发展的流固耦合机制，开展了以下两方面的大尺度内管涌试验研究：①开展了不同上覆压力作用下含有防渗墙的单层深厚覆盖层地基内管涌试验，探讨了上覆压力对内管涌发生发展破坏过程的影响，建立了内管涌发生、破坏时上下游水头差与上覆压力的对应关系；②开展了某一上覆压力作用下单层覆盖层中防渗墙端部下游毗邻架空层的内管涌试验研究，探讨了架空层对内管涌发生发展破坏过程的影响，了解架空层内部及周边区域的细颗粒运移规律。

1. 大尺度内管涌试验模型力学和水力学边界条件设计

为了模拟覆盖层中防渗墙端部的应力状态和渗流水力学条件，对大尺度内管涌试验模型的力学和水力学边界条件做了如下设计（见图 4-31、图 4-32）：

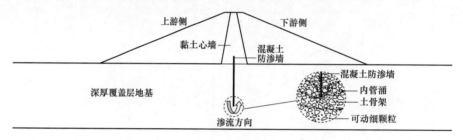

图 4-31　深厚覆盖层坝基中防渗墙端部内管涌发生发展

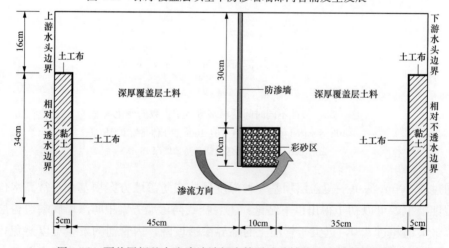

图 4-32　覆盖层坝基中防渗墙端部内管涌试验填筑及边界条件设置

（1）力学边界条件。坝基应力大小通过在模型上部施加均布荷载来实现，最大压力可达 3MPa，由千斤顶顶压上盖板提供，基本能反映 150m 土石坝坝基的上覆压应力状态。模型槽的四个垂直壁面为有侧限边界条件。

（2）渗流水力学边界条件。主要由坝基渗透梯度值来确定模型试验的上下游水头差。本模型上下游水头差可达 50m 以上，模型的平均渗透梯度可达 28（按照试验填筑最短渗径 180cm 考虑），足以模拟实际工程的渗流状态。

2. 深厚覆盖层内管涌试验装置

为了能够综合考虑深厚覆盖层地基的颗粒级配特点、上覆压力、覆盖层地基中存在的特殊薄弱结构（如架空层）等对内管涌发生发展破坏过程的影响，同时能够可视化内管涌发展全过程中细颗粒的运移流失轨迹，河海大学自行研制了深厚覆盖层土体大尺度内管涌试验装置［试样尺寸为 100cm×30cm×50cm（长×宽×高）］，如图 4-33、图 4-34 所示。

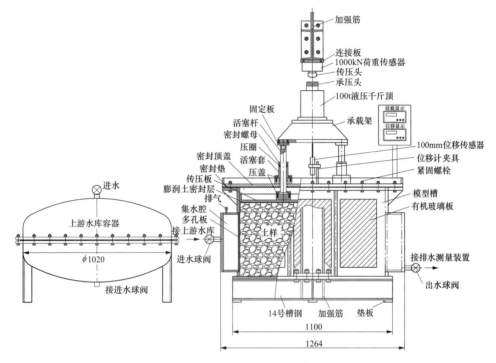

图 4-33　深厚覆盖层土体局部大尺度内管涌试验装置（结构图）

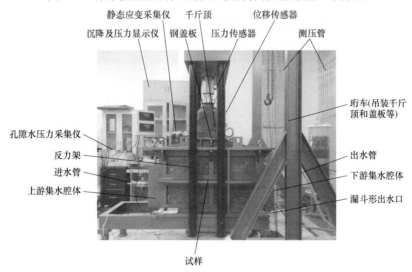

图 4-34　深厚覆盖层土体局部大尺度内管涌试验装置（实物图正面）

采用的防渗墙深度为 40cm，即防渗墙在覆盖层地基中的贯入比为 0.8。

防渗墙端部下游侧是潜在的细颗粒运移区域，也是内管涌发生发展的关键区域。为了监测防渗墙端部、端部上游侧及下游侧细颗粒的运移轨迹，在防渗墙端部下游侧设置了 10cm×30cm×10cm（长×宽×高）的彩砂区。为了最大限度地保持彩砂区的物理力学性质与其他区域一致，这里将原试验土料中粒径小于 1mm 的土料替换为彩色砂粒，而超过 1mm 的土料仍然采用原土料颗粒。

模型土体内部埋设了 24 个测压管和 5 个微型土压力计。图 4-35 给出了内管涌试验中模型土体内部测压管探头和微型土压力计的埋设位置。内管涌发生发展过程中，细颗粒的运移调整会导致模型土体内部测压管水头和土压力的变化，通过监测测压管和土压力的变化可以对内管涌的发展过程进行定量分析。

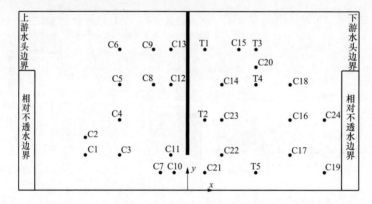

图 4-35　内管涌试验中模型土体内部测压管探头和微型土压力计的埋设位置

（坐标原点为装置中轴线的中点）

C—测压管；T—微型土压力计

3. 不同应力状态下单层覆盖层中防渗墙端部内管涌试验

图 4-36 所示为大尺度内管涌试验采用土料的颗粒级配曲线。

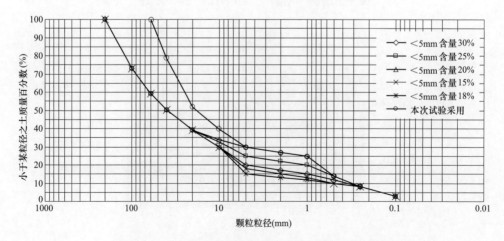

图 4-36　大尺度内管涌试验采用土料的颗粒级配曲线

从 0.2、0.8、1.6、2.4MPa 上覆压力的内管涌试验结果可以看出，测压管水头、土压力、沉降量监测结果均可作为衡量内管涌发生发展破坏过程的重要指示性物理力学指标。基于试验监测结果和现象观察，本试验土料内管涌的发生发展破坏过程大体如下：

（1）内管涌发生前的稳定阶段。该阶段不会出现细颗粒运移现象，流出水为清水。由于防渗墙的存在，防渗墙端部承受较大的渗透坡降，但该坡降产生的渗透力尚不足以克服孔隙的通道阻力，牵引细颗粒运移流失。该阶段属于能量的集聚阶段。

（2）内管涌的发生阶段。随着上下游水头差的增大，防渗墙端部的渗透坡降继续增大，最终导致端部附近细颗粒开始发生运移流失，土体微观结构发生变化，防渗墙端部孔隙率变大，渗流速度增加，水流运动状态逐渐发生改变，开始由层流向紊流过渡，附近孔隙水压力开始出现上下波动。渗流量突然增大，流出水呈微混浊状态，这标志着内管涌的发生。该阶段属于能量的释放阶段。

（3）内管涌的发展阶段。随着内管涌的发生，集聚的能量得到释放，内管涌的发生范围开始由防渗墙端部或端部的下游侧逐渐向上游侧扩展，大量细颗粒开始起动、运移、流失，导致防渗墙端部及下游一定区域内孔隙率变大，水头损失减小，有效渗径逐渐缩短。该阶段是细颗粒流失的累计阶段。

（4）内管涌的破坏阶段。内管涌的发展，使得细颗粒的流失量逐渐由量变转换为质变，一旦上下游水头差继续增大，将诱发内管涌破坏。内管涌破坏的标志为：防渗墙端部测压管水头随着上下游水头差的增大而减小，流量骤增且为浑水，大量细颗粒运移，防渗墙端部附近测点的土压力显著增大，沉降量突然变大等。

内管涌发生和破坏时的判别方法见表 4-20。

通过上述 4 种不同上覆压力作用下的内管涌试验研究发现，上覆压力对内管涌的发生条件、破坏条件具有显著的影响。表 4-21、表 4-22 分别给出了不同上覆压力作用下内管涌发生和破坏时的上下游水头差及防渗墙端部渗透坡降的统计。图 4-37、图 4-38 分别给出了上覆压力与内管涌发生和破坏时上下游水头差、平均渗透坡降的关系，由此可知上覆压力对内管涌的发生条件和发展破坏过程均有非常显著的影响。随着上覆压力的增大，内管涌发生、破坏时的上下游水头差也随之近似呈线性增大。

表 4-20　　　　　　　　　　　内管涌发生和破坏时的判别方法

内管涌发生判别方法	内管涌破坏判别方法
（1）防渗墙端部附近测压管水头出现上下波动； （2）防渗墙端部附近的渗透坡降随着上下游水头差的增大突然变化，或减小或增大； （3）模型槽玻璃壁一侧开始观察到防渗墙端部的细颗粒运移现象； （4）渗流量突然变化，渗出水变浑浊等	（1）防渗墙端部附近的测压管水头随着上下游水头差的增大而减小； （2）防渗墙端部附近的渗透坡降随着上下游水头差的增大突然变化，或减小或增大； （3）防渗墙端部发生的非常剧烈的、大范围的细颗粒运移现象； （4）渗流量再次突然变化，渗出水变浑浊等； （5）出现集中沉降量，防渗墙端部附近土压力开始明显增大

注　上述现象在内管涌发生或破坏时并不一定全部出现，需要综合判断确定。

表 4-21　　　不同上覆压力作用下内管涌发生和破坏时的上下游水头差

上覆压力（MPa）	内管涌发生时水力条件		内管涌破坏时水力条件	
	上下游水头差（cm）	平均渗透坡降	上下游水头差（cm）	平均渗透坡降
0.2	127	0.71	668.4	3.71
0.8	295.2	1.64	759	4.22
1.6	722.3	4.01	2052	11.40
2.4	1236.7	6.87	2119.7	11.78

注　根据模型填筑情况，试样最短渗径为180cm；内管涌发生和破坏时的平均渗透坡降分别等于内管涌发生和破坏时的上下游水头差与最短渗径的比值。

表 4-22　　　不同上覆压力作用下内管涌发生和破坏时的防渗墙端部渗透坡降

上覆压力（MPa）	内管涌发生时的防渗墙端部渗透坡降	内管涌破坏时的防渗墙端部渗透坡降
0.2	C7～C10：11.28 C7～C11：0.31 C10～C11：8.49 C10～C21：0.30	C7～C10：0.65 C7～C11：18.46 C10～C11：20.59 C10～C21：2.94
0.8	C7～C10：0.75 C7～C11：7.55 C10～C11：8.04 C10～C21：1.11	C7～C10：3.15 C7～C11：17.6 C10～C11：17.65 C10～C21：11.11
1.6	C7～C10：208.78 C7～C11：0.39 C10～C11：163.3 C10～C21：4.22	C7～C10：179 C7～C11：199.23 C10～C11：368.14 C10～C21：16.22
2.4	C7～C10：116.38 C7～C11：116.25 C10～C11：224.17 C10～C21：16.17	C7～C10：334.14 C7～C11：100.46 C10～C11：376.91 C10～C21：2.67

注　渗透坡降值为两个测压管之间水头差与两测点间距的比值。

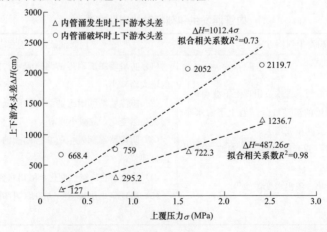

图 4-37　上覆压力与内管涌发生和破坏时上下游水头差的关系

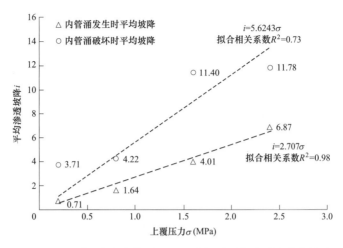

图 4-38 上覆压力与内管涌发生和破坏时平均渗透坡降的关系

4. 特定应力状态下单层覆盖层防渗墙端部下游架空层的内管涌试验

深厚覆盖层地基地层结构复杂，局部常存在架空层。这种地层结构为管涌的发生提供了内部"渗流出口"。一旦达到细颗粒开始运移的水力条件，在渗流的作用下有可能挟大量的细颗粒进入架空层，尤其是当架空层距离混凝土防渗墙的端部较近的情况下，很可能导致坝基发生不均匀沉降，诱发大坝变形破坏。

为真实再现单层覆盖层中防渗墙端部下游毗邻架空层的内管涌的发生发展过程，开展了 3.0MPa 上覆压力作用下单层覆盖层中防渗墙端部下游毗邻架空层的大尺度内管涌试验，通过该试验探讨架空层附近的细颗粒运移规律。

（1）模拟填筑设计。含架空层的内管涌试验填筑如图 4-39 所示。在防渗墙端部下游侧的彩砂区中紧靠模型槽玻璃壁一侧布置一个外径约 6cm、内径约 5cm、长度约 7cm

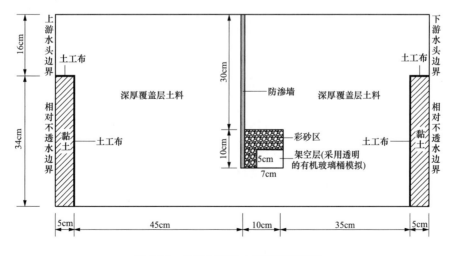

图 4-39 含架空层的内管涌试验填筑

149

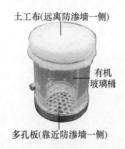

图 4-40　局部架空层模拟

的透明有机玻璃桶，用于模拟防渗墙端部存在的局部架空层，如图 4-40 所示。为了避免试样填筑过程中防渗墙端部附近细颗粒进入架空层，在有机玻璃桶靠近防渗墙一侧设置了孔径为 5mm 的多孔板。此外，为了能够在试验结束后收集进入架空层内的土颗粒质量，在有机玻璃桶远离防渗墙一侧设置了土工布，以确保进入架空层的土颗粒不再流出架空层。

（2）试验结果分析。具体从以下两方面进行分析：

1）试验后重点区域的颗粒级配分析。从图 4-41、图 4-42 可以看出，彩砂区的颗粒级配在试验前后变化相对比较明显，而防渗墙端部上游侧、下游出口、下游中部区域的颗粒级配在试验前后变化不大。

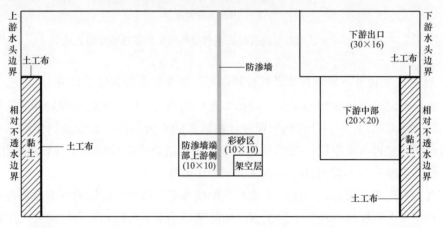

图 4-41　颗粒级配分析位置（3.0MPa 上覆压力，含架空层）（单位：cm）

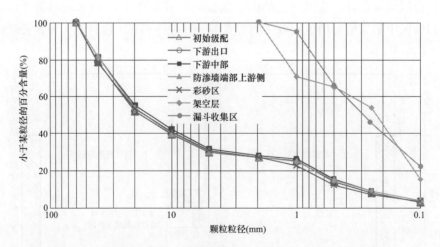

图 4-42　3.0MPa 上覆压力内管涌试验前后颗粒级配曲线（含架空层）

对于彩砂区而言，试验结束后 2mm 粒径以下颗粒的百分含量均有不同程度的减小。粒径 0.10～0.25mm 的百分含量由初始的 8% 降为 6.9%；粒径 0.25～0.50mm 的百分含量由初始的 14% 降为 11.8%；粒径 0.5～1.0mm 的百分含量由初始的 25% 降为 22.6%。

2）架空层附近细颗粒运移规律。对于 3.0MPa 上覆压力含架空层的内管涌试验而言，可以观测到的细颗粒运移比较明显集中的区域有：防渗墙端部上游侧、防渗墙端部下游侧的彩砂区及与其相邻的上层土体、下游出口及架空层附近区域。下面重点介绍架空层附近细颗粒运移轨迹。

架空层附近区域的细颗粒运移轨迹，在试验过程中可观测到 3 种：①在上下游水头差为 1552.4cm 时，在架空层的多孔板一侧出现少量气泡，并发生水平移动，同时在土工布一侧的底部有少量的细颗粒向下游出口运移；②在上下游水头差为 2180.1cm 时，在架空层的土工布外侧出现向上游侧的细颗粒移动，并在架空层上方出现向上游侧的浊水运动；③在上下游水头差为 2585.4cm 时，在架空层的多孔板前方（靠近防渗墙一侧）出现粒径在 1～2mm 的黄色颗粒的快速移动，在架空层上方出现向下游侧的浊水运动。

本节通过室内试验研究覆盖层在不同条件下的渗透特性及"内管涌"对土体的影响，通过开展大尺度内管涌渗透试验研究分析内管涌的现象与规律。鉴于河床覆盖层成因与环境复杂，工程情况各异，对具体工程须重视局部管涌的影响，根据实际工程地质条件开展相应的试验分析研究，以确保工程安全。

第五章

深厚覆盖层地基加固技术

基础是结构的一部分，地基是承受结构荷载的岩体与土体。建筑上部结构的荷载通过结构传到基础上，基础再将荷载传到地基上。

通常认为建筑上部结构的荷载是通过混凝土桩传递到基础上的，混凝土桩周边土的承载作用可忽略不计，因而认为混凝土桩为"桩基础"。具有相同作用机理的还有混凝土地下连续墙框格等。而挤密桩、振冲碎石桩、高压旋喷桩等地基是在较弱的地基土内通过不同手段形成桩体，再依靠桩及桩间土形成复合地基联合体来共同承担荷载。桩与桩间土抗力的分配比例是按各自的压缩模量来确定的。

在水工建筑设计中，利用覆盖层并在其上建坝，天然地基或不良地基不能满足建坝安全与正常使用的要求时，需要对天然地基进行处理，形成复合的人工地基。不良地基土主要有软黏土、砂层、人工杂填土、湿陷土、有机质土、膨胀土、冻土、岩溶及其他特殊土等，其不良地质特性主要包括地基承载力及稳定性、沉降变形与不均匀沉降、抗液化等。地基加固的目的是改善建筑物地基土体的力学性质，提高承载及抗液化能力，增加抗滑稳定性，减少压缩变形，兼顾防渗等。

❀ 第一节 覆盖层地基加固方法

地基加固处理的主要依据是电力行业标准 DL/T 5024—2020《电力工程地基处理技术规程》。下面根据地基处理技术规程的分类，介绍覆盖层地基加固处理的主要方法。

一、覆盖层地基加固方法分类

水电工程中常用的地基加固处理方法有：挖除法（或换土垫层法）、振冲置换法（碎石桩法）、高压喷射注浆法（旋喷桩法）、深层搅拌法、石灰桩法、重锤夯实法、强夯法、振冲挤密法、堆载预压法、砂井法、真空预压法、反压法、土工聚合物法、加筋土法等，见表 5-1。

按施工方法的作用原理，软基加固处理可以分为：

（1）置换处理。包括部分或全部开挖法、爆破挤淤换土法等。

（2）密实处理。表层密实处理有碾压、（强）夯实、振实、掺料密实、堆载预压等方法；深层密实处理有爆破、振冲和各种挤密法。

表 5-1　　　　　　　　　　　　　常用的地基加固处理方法

方法		原理及主要作用	适用情况
置换法	挖除法（或换土垫层法）	换填较强材料，使持力层具有足够的承载力	软土地基，加强持力层
	振冲置换法（碎石桩法）	利用振动功及喷水，填入碎石成桩，做成复合地基	软土地基，深层加固
	高压喷射注浆法（旋喷桩法）	以高压喷射直接冲击破坏土体，使水泥浆液或其他浆液与土拌和，凝固后成为拌和桩体	黏性土、冲填土、粉细砂等各种地基
	深层搅拌法	利用水泥、石灰等作为固化剂，在地基深处将软土和固化剂强翻搅拌，形成坚硬拌和柱体	同高压喷射注浆法
	石灰桩法	在软弱地基上机械成孔，填入生石灰并加以搅拌或压实产生复杂的反应形成桩体，并起挤密作用	软弱黏性土
振密挤密法	重锤夯实法	利用落锤击实功挤密基土	较透水基土，浅层压密
	强夯法	利用高冲击力使基土产生液化或触变后变密	较透水基土，深层加固
	振冲挤密法	利用振动功及喷水使土变密	较透水基土，深层加固
排水固结法	堆载预压法	在建筑前预加荷载，以压密地基、消除日后沉降；也可设排水井，以加速基土固结	透水性低的软弱黏性土，不适用于泥炭土等有机沉淀物
	砂井法	设置砂井，在其上铺设砂垫或砂沟，缩短排水距离，加速土体固结及其强度增大	
	真空预压法	在黏土层上铺设砂垫层，用薄膜加以密封；也可设排水井。用真空泵抽气在大气压力下加速土体固结，可与堆载预压法联合使用	
	反压法	修筑土台，利用土台重量抗滑；也可改善渗流条件	软土地基，修筑堤坝
加筋法	土工聚合物法	利用土工聚合物的高强度、韧性等力学性能，扩散土中应力	加强软弱地基或用作反滤、排水和隔离材料
	加筋土法	将抗拉能力很强的拉筋埋置于土层中，通过土颗粒和拉筋之间的摩擦力形成整体	挡土墙后填土，填土路基等
其他	固结灌浆法	胶结密实作用	
	沉井基础法	基础作用	
	地下连续墙框格基础法	基础作用	

（3）排水处理。包括管道、渠道、水井、井点排水，砂井、纸板、塑料板排水，以

及加热、电渗排水等。

（4）胶结处理。包括冻结、烧结、静压灌浆、高压喷射、机械搅拌、电化学胶结等方法。

对于砂性土，通常进行密实和胶结处理；对于黏性土特别是软黏土，主要进行排水处理，或者置换加排水处理，也可以进行胶结处理；对于抗滑失稳、承载能力不足的地基需进行加固处理。针对深厚覆盖层地基加固处理，常用的方法有挖除法、固结灌浆法、高压喷射注浆法（旋喷桩）、振冲挤密法等。由于诸多针对深厚覆盖层地基的加固处理方法是在浅表处理方法的基础上发展而来的，因而地基加固方法同样也适用于浅表地基处理。

挖除法最初适用于浅层软弱或不良地层的处理，水电工程通常规模较大，软弱或不良地层深度大都超过 40m，因此挖除法在水电工程设计中也是深部处理常采用的方法。如双江口水电工程，覆盖层挖除深度超过 60m。

振冲置换碎石桩在水电工程砂砾石地基中应用较多，其振冲深度与效果主要取决于振冲器的功率及土层的性质。目前振冲器的功率已经达到 220kW，成桩半径可达到 1.5m，成桩深度达到 34m。在过去，振冲桩常用于浅表砂砾石地基的处理；自 2002 年后，对于上部覆盖有卵砾石的地层，依托金康水电工程发展了采用钻孔引孔的施工工艺；近年来，通过旋挖钻机、变频式电动振冲器配合伸缩导杆等设备进行研制试验，使碎石桩的处理深度拓展到了 90m。

其他方法如预压法、挤密桩法、深层搅拌法、沉井基础法的处理深度较小（大多小于 40m），而高压喷射注浆法、地连墙法的处理深度可超过 40m。

加固处理方法多种多样，方案选择应取决于工程的需求。软基的加固，也可以将几种方法综合运用。地基加固处理直接影响着水工建筑物的安全和正常使用，而且地基加固处理占总投资较大，应综合选择并评估其经济效益。

二、覆盖层地基加固的主要方法

1. 强夯法

强夯法最先由法国 Menard 技术公司于 20 世纪 60 年代末创用，我国于 1978 年引进。由于该法设备简单、效果显著，经济且施工快，因此很快得到推广。强夯法分为强夯挤密和强夯置换两种方法。这两种方法的加固机理不同，应用范围也不相同。强夯挤密法常用来加固碎石土、砂土、低饱和度的黏性土、素填土、杂填土、湿陷性黄土等各类地基。对于饱和度较高的黏性土地基，需要通过试验证明采用强夯法的加固效果。通常认为强夯挤密法只适用于塑性指数 $I_P \leq 10$ 的土。对于厚度小于 6m 的软黏土层可采用强夯置换法处理，边夯边填碎石等粗粒料，形成深度为 3~6m、直径为 2m 左右的碎石桩体，与周围土体形成复合地基。已有工程经验表明该方法的加固效果。

2. 挤密桩法

挤密桩法是用沉管、冲击、夯扩、爆扩等方式，在地基土中形成桩孔，并将桩孔所占位置的地基土全部（或部分）挤进桩孔周围，以增加桩孔间（周）地基土的密实度，并在桩孔中分层夯填素土、灰土、水泥土等，形成由桩孔间挤密土与桩孔夯实填料（即桩体）组成的挤密（复合）地基。

挤密桩法通过挤密作用提高了桩孔间（周）地基土的密实度，通过地基土的挤密，提高了地基土的隔水性与强度。

挤密桩法一般适用于下列情况：①地下水位以上；②地基土饱和度 $S_r \leq 65\%$、含水量 $\omega \leq 24\%$；③欠密实的粉土、粉质黏土、素填土、杂填土和湿陷性黄土等；④处理土层厚度目前一般为 $5 \sim 15m$，在工艺、机具设备改进的基础上，处理深度仍有增大的可能。

当地基土的含水量略低于最优含水量（指击实试验结果）时，挤密的效果最好；当含水量过大或者过小时，挤密效果差。

当地基土的含水量 $\omega \geq 24\%$、饱和度 $S_r \leq 65\%$ 时，一般不宜直接选用挤密法。但当工程需要时，在采取了必要的有效措施（如对孔周围的土采取有效吸湿措施和加强孔填料强度）后，也可采用挤密法处理地基。

对含水量 $\omega < 10\%$ 的地基土，特别是在整个处理深度范围内含水量普遍很低时，一般宜采取增湿措施，以达到提高挤密法处理效果的。

3. 深层搅拌法

深层搅拌法是通过特制机械沿深度将固化剂与地基土强制搅拌，就地成桩加固地基的方法。深层搅拌法适用于处理正常固结的淤泥、淤泥质土和含水量较高且地基承载力标准值不大于 120kPa 的黏性土、粉土等软土地基。当处理泥炭土或地下水具有侵蚀性的地基时，宜通过试验确定其适用性；冬季施工应注意负温对处理效果的影响。

固化剂宜选用强度等级为 32.5 及以上的普通硅酸盐水泥。对于固化剂的水泥掺量，除块状加固时可选用被加固湿土质量的 $7\% \sim 12\%$ 外，其余宜为 $12\% \sim 20\%$。湿法的水泥浆水灰比可选用 $0.45 \sim 0.55$。根据工程需要和土质条件，外掺剂可选用具有早强、缓凝、减水及节省水泥等作用的材料，但应避免污染环境。

湿法的加固深度不宜大于 20m，干法的加固深度不宜大于 15m。水泥土搅拌桩的桩径不应小于 500mm。

4. 挖除法

挖除法是把建筑物基底松软基土部位全部或部分挖除，然后换填强度大、压缩性小的填料作为地基持力层，将建筑物基底应力通过垫层扩散，以减小下卧土层应力，并改善建筑物沉降。

垫层材料应就地取材，一般来说均质的不含有机物腐殖质的砂土、砂壤土、黏土均可用作垫层材料。根据工程经验，黏粒含量为 $10\% \sim 20\%$ 的壤土，含砾黏土和级配较好的中、粗砂更为适宜。粉砂、细砂、砂壤土抗液化性能较差，一般不予采用。

除湿陷性黄土地基和遇水软化地基外，地基存在排水固结作用时，可以采用排水垫层。如地下水有腐蚀性时，应采用不透水垫层。

挖除法也用于处理地震工况下可能产生液化的砂土。由于各个工程可液化砂层分布范围、厚度存在很大差别，因此是否挖除置换需通过技术经济比较后确定。通常对于表层厚度较小的可液化砂层，由于其处理难度较小、可实施性更强、投资较省、技术可靠等，均采取挖除置换处理；对于厚度或埋深较大的可液化砂层，需要进行详细的技术分析后确定处理方案。

下面结合长河坝水电工程（已建）、双江口水电工程（在建）可液化砂层，进一步阐述挖除置换处理措施。

（1）长河坝水电工程（见图 5-1）。长河坝水电工程为砾石土心墙堆石坝，坝高240m。河床覆盖层②层中上部广泛分布②-c 砂层，钻孔揭示砂层厚度在 0.75～12.50m，顶板埋深在 3.30～25.70m，高程在 1472.53～1459.20m，底板埋深在12.00～31.98m，高程在 1466.08～1453.25m，为含泥（砾）中～粉细砂。②-c 砂层分布较广，厚度较大，且埋深较小，经地质初判、复判及动三轴试验均判别其为可液化砂层，承载力、抗变形和抗剪强度均较低。根据砂层的液化判别结论、地震动反应分析计算成果，考虑到该工程的规模及重要性，应对砂层进行专门的处理。

对于砂层处理，曾研究过振冲处理、旋喷灌浆加固与挖除置换方案。

采用振冲处理砂层时需通过冲击钻引孔，不仅工期长，且施工布置困难；而旋喷灌浆施工简单，投资与振冲相当。对于挖除置换方案，由于处理区域距离围堰较近，虽然基坑排水和道路布置有一定的困难，但考虑到该工程规模巨大，坝高 240m 且对坝基要求较高，以及旋喷施工效果存在一定不确定性，旋喷桩的施工工期较长等因素，为了确保大坝安全，经综合考虑最终确定对可液化砂层采用挖除置换处理。

（2）双江口水电工程（见图 5-2）。坝基②-b 砂层位于下游坝壳区底部，部分已经在心墙基础开挖范围内挖除。另外，上游坝壳底部覆盖层内分布有③-b、②-g、②-e、②-d、③-a、②-c、②-f、③-c 等砂层，其中③-b 分布范围广、厚度较大、埋深较小，为含细粒土砂或粉土质砂，属可液化砂层。为减小坝基不均匀沉降、提高坝体抗滑稳定性，应予以挖除处理。②-g、②-e、②-d、③-a 位于围堰底部，没有条件处理，且砂层不连续，经抗滑稳定验算满足设计要求，决定不予处理，但应当在施工过程中注意监测。②-c、②-f、③-c 砂层为小范围砂层，采用挖除处理。

存在于堆石体下部基础覆盖层中力学指标相对较差的砂卵砾石层，对坝体应力及变形影响不大，坝坡稳定计算也能满足要求，所以堆石坝壳下部覆盖层总体上仅挖除表部的松散表层即可。上游坝壳堆石体和过渡层建于覆盖层③漂卵砾石之上，该层粗颗粒基本构成骨架，结构较密实，具有较高的承载能力，可满足基础承载变形要求。对表层分布的淤泥质、松散堆积物、腐殖土等进行挖除。

对于心墙基础的开挖，由于②-b 砂层在下游坝壳下部尚有 130m 左右，且分布范围广，厚度较大，为粉土质砂，承载力低，天然状态下设计地震作用时处于液化临界状态，为降低坝基不均匀沉降、提高坝体抗滑稳定性，予以挖除处理。心墙下游侧①-a 尚有少部分在心墙开挖范围以外，也采用挖除处理。②-a 砂层位于下游坝脚，经坝坡稳定验算通过该砂层的滑弧满足抗滑稳定要求，不做处理。

5. 注浆法

注浆法包括固结灌浆、高压喷射注浆等方法。

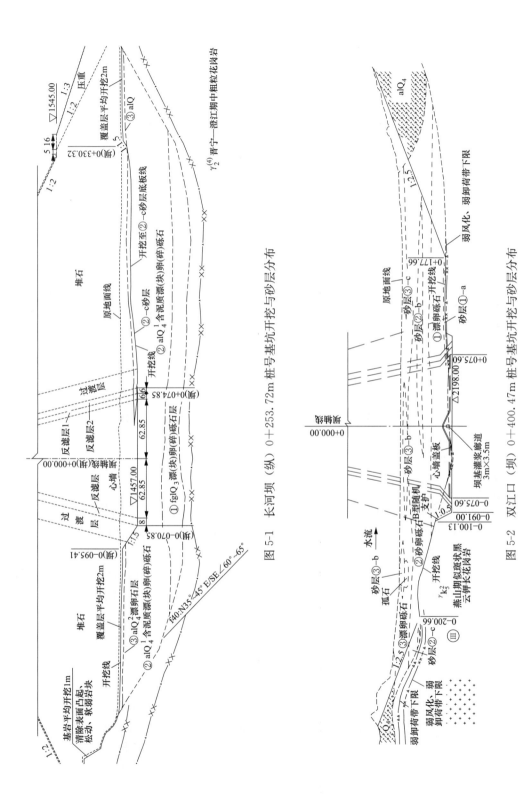

图 5-1　长河坝（纵）0+253.72m 桩号基坑开挖与砂层分布

图 5-2　双江口（坝）0+400.47m 桩号基坑开挖与砂层分布

（1）固结灌浆法。利用覆盖层建坝，除了对开挖面进行平整碾压外，还需研究河床覆盖层工程地质特征，为加强坝基均一性、提高地基承载力、改善接触条件、减小坝基不均匀沉降，通常要求采用固结灌浆法加固浅表坝基。

固结灌浆与灌浆帷幕、注浆法三者起源相同，但其各自目的不同。灌浆帷幕的主要目的是形成防渗幕墙，防止漏水；固结灌浆的目的是通过水泥浆使覆盖层松散结构黏结起来，提高其整体性，改善地基的均匀性能。为改善地基的均匀性，固结灌浆深度一般在5～12m，作用较浅；而注浆法由于使用高压喷射注浆，受设备能力所限，通常施工深度在20～40m；灌浆帷幕深度则按照施工能力和设计需求决定，如阿斯旺大坝灌浆帷幕最大深度达到250m。在施工顺序上，若在同一区域三者均采用，则通常按照高压喷射注浆、固结灌浆、帷幕灌浆的顺序施工。

（2）高压喷射注浆法。高压喷射注浆法在20世纪60年代后期始创于日本，它是利用钻机把带有喷嘴的注浆管钻进至土层的预定位置后，以高压设备使浆液或形成的高压流从喷嘴中喷射出来，冲击破坏土体；同时钻杆以一定速度渐渐向上提升，将浆液与土粒强制搅拌混合，浆液凝固后，在土中形成一个固结体。固结体的形状和喷射流移动方向有关。高压喷射注浆法一般分为旋转喷射（简称旋喷）、定向喷射（简称定喷）和摆动喷射（简称摆喷）三种形式。

旋喷法施工时，喷嘴一面喷射一面旋转并提升，固结体呈圆柱状。该方法主要用于加固地基，提高地基的抗剪强度，改善土的变形性质；也可组成闭合的帷幕，用于截阻地下水流和治理流砂。旋喷法施工后，在地基中形成的圆柱体，称为旋喷柱。

高压喷射注浆法按施工机械和施工工艺可分为单管法、二重管法和三重管法三种，内容详见本章第三节。

6. 振冲法

振冲法是以起重机吊起振冲器，启动潜水电动机带动偏心块，使振冲器产生高频振动，同时开动高压水泵，使高压水喷射射出，在振冲作用下，将振冲器逐渐沉入土中至设计深度，清孔后即从地面向孔内逐渐填入碎石。

碎石桩是散体桩的一种，按其制桩工艺可分为振冲（湿法）碎石桩和干法碎石桩两大类。采用振动加水冲的制桩工艺制成的碎石桩称为振冲碎石桩或湿法碎石桩。采用各种无水冲制桩工艺（如干振、振挤、锤击等）制成的碎石桩统称为干法碎石桩。当以砾砂、粗砂、中砂、圆砾、角砾、卵石、碎石等为充填料时制成的桩称为砂石桩。

施工中振冲器械主要是振冲器，振冲器的上部是潜水电动机，下部是振动体。转动电动机时，通过振动体的转动，带动弹性联轴节的偏心块，产生水平振冲；同时在中空轴注入0.4～0.6MPa的水压，通过振动产生的动能将填料和水送到所需深度。在具体施工机械中，振冲机械还有泵送输水系统、行走装置和控制系统等设备。

振动水冲法最早应用于20世纪30年代的欧洲，1937年由德国凯勒公司设计制造出具有现代振冲器雏形的机具，用来挤密砂石；20世纪40年代该法被引入美国，20世纪50年代该法在技术上和经济上走向成熟，实用性大大增强，被引入日本和英国；20世纪70年代该法被推广到其他二十多个国家，并在众多大型工程中得以运用（见表5-2）。

表 5-2 国外用振冲加密法处理砂层的实例

序号	工程名称	年份	国家	土壤类型	处理深度（m）	处理面积（m²）	孔距（m）	相对密度（%）处理前	相对密度（%）处理后	说明
1	柏林大楼地基	1937	德国	砂	7	570	2	43	80	承载力由 150kPa 增至 300kPa
2	箱峡水	1955	美国	细砂	2.7		2.1	25	70	拦河闸闸基细砂层
3	西德奈控制闸	1963	巴基斯坦	细砂	3.0~7.0	17 150	2.0			承载力提高到 160~330kPa

随着施工方法与施工机具的不断改进与完善，振冲法的施工质量和效率不断得到提高，工程应用范围日益扩大，常被用于路堤、原料堆场、堤防码头、油罐及厂房等地基的加固。20 世纪 70 年代振冲法被引入我国并开始应用于砂土地基加固处理，适用范围包括中、粗砂和部分细砂、粉砂。而后该方法得以迅速推广，大量用于土建、水利、冶金和交通等工程的地基与构筑物的地基加固处理。经过 20 多年的发展，几乎对各种松软土的处理都采用过这一技术。1991 年，振冲法被列入我国首次编制的 JGJ 79—1991《建筑地基处理技术规范》中，得到更大范围的推广应用，并在我国的现代化建设过程中取得显著的成就。

1976 年，南京水利科学研究所与交通部水运规划设计院（现交通运输部规划研究院）共同研制出我国第一台 13kW 振冲器；1977 年，振冲法在我国首次应用于南京船厂（现南京金陵船厂有限公司）船体车间软黏土地基加固，加固处理深度为 13~18m；其后大量的工程实践也促进了振冲法施工机具设备的发展，电力部北京勘测设计院（现中国电建集团北京勘测设计研究院有限公司）研制了 75kW 大功率振冲器。1987 年建成的铜街子水电工程，左岸堆石坝段深槽部位挡墙底部 6~8m 处理藏有厚度超 10m 的粉细砂层，承载力仅为 0.2MPa，挡墙的基础应力在计入地基应力随深度扩散的作用后，在砂层顶面仍有 0.5MPa 的附加压力，因此决定对粉细砂层进行振冲加固。细砂层孔隙比为 0.991，采用 75kW 振冲器，要求振冲加固后孔隙比不大于 0.6。振冲孔的回填料选用大渡河天然料场的砂砾料，筛除粒径大于 200mm 和小于 20mm 的颗粒后作为孔内填料。振冲孔按梅花形排列，孔距为 3.0m，排距为 2.5m。对坝基砂层进行加固处理，加固处理面积约 5000m²，实施造孔数 661 个，总进尺 5888.5m，回填卵砾石料 6116.5m³。

2013~2014 年，成都院联合施工单位及设备厂家，选择当时国内功率最大的 220kW 大功率变频式电动振冲器，在某施工现场分别采用冲击成桩（即采用冲击钻机引孔击穿厚度达 20m 的第④层漂卵石层，第④层以下采用旋挖钻机引孔，再冲击夯实加密成桩的组合工艺）与振冲成桩（即采用冲击钻机引孔击穿第④层漂卵石层，第④层以下采用旋挖钻机引孔，再振冲加密成桩的组合工艺）两种施工工艺，成功实现了对孔深 70~90m、直径 1.3m 的超深振冲碎石桩试验。

由于碎石桩施工简便，成本低廉，可提高复合地基的抗剪强度、抗液化能力，因此其经常被用于高土石坝地基处理中，详细介绍见本章第三节。

⊛ 第二节　高土石坝坝基加固处理设计

坝基由于存在深厚砂砾石土或软弱土地层等缺陷，其抗剪强度低，大坝在填筑期、蓄水期或者运行期遭遇地震时在上部坝体自重、水压力及地震动荷载的共同作用下，容易出现局部破坏或整体滑动失稳问题；同时，大坝在填筑及蓄水期在上部坝体荷载和水压力的共同作用下，会产生较大的压缩变形，特别是对于高土石坝工程，沉降和不均匀沉降尤为明显。坝基的不均匀沉降过大可能会导致坝体产生裂缝，破坏坝的整体稳定性；坝基的不均匀沉降还会导致防渗体受力条件恶化，进而影响防渗体安全运行。

高土石坝在进行坝基加固设计时，应依据现场施工条件、施工能力、各种处理方法的特点，选择几种处理方法进行比较。为准确确定地基与不同加固方法所需材质的力学参数，需配合开展必要的室内试验或现场试验；再根据复合地基设计原理，初步拟订设计加固桩径、间排距、置换率等参数，采用坝基加固处理后的力学参数，将高土石坝与大坝地基作为整体，分析各种工况下坝体与地基的稳定、变形特性。抗震分析还应包括地震动力反应分析、地震永久变形分析、坝坡抗震稳定分析、坝基砂层及反滤料液化判别、心墙动强度验算、抗震措施等相关研究内容。总之，高土石坝地基加固分析应满足稳定、变形及地震变形、抗液化等方面的要求。

一、稳定

按照 DL/T 5395—2007《碾压式土石坝设计规范》、NB 35047—2015《水电工程水工建筑物抗震设计规范》规定，稳定渗流期应采用有效应力法，施工期和库水位降落期应同时采用有效应力法和总应力法进行坝坡稳定计算，并以较小的安全系数为准。如果采用有效应力法确定填土施工期孔隙压力的消散和强度增长时，可不必用总应力法做比较。采用考虑条块间作用力的计算方法时，坝坡抗滑稳定的安全系数不应低于 DL/T 5395—2007《碾压式土石坝设计规范》规定的安全标准。

由于地震可引起地基土层与大坝砂粒土孔隙水压力上升甚至液化，非液化土在地震作用下也可能存在强度降低等现象，地震甚至会导致坝体出现裂缝，这些均削弱了坝体的稳定性，因此需要进行震后上下游坝坡的静力稳定验算。此时坝体材料强度应采用残余强度的下限值。按震后条件得出的抗滑安全系数应大于规范要求值，但对以"不溃坝"为功能目标的校核地震工况，抗滑安全系数可控制不小于 1.0。

地基砂土动力计算可采用砂土动参数，由于天然状态下砂土的动参数难以准确测定，计算参数也可参照规范方法拟定。对于土石坝在地震时的动力特性，目前国际上主要采用 Newmark 滑块位移法分析地震作用下的滑移变形，用以评价坝坡抗震稳定性，并根据变形的严重程度判断大坝在地震中的安全性能。然而，不同国家及机构衡量地震滑移变形的安全标准各不相同，美国陆军工程兵团建议地震滑移变形的安全标准上限取为 1.0m，美国其他机构标准通常取为 0.6m，印度标准取为 1.0m。

深厚覆盖层上建高土石坝涉及地基覆盖层的地震传播机制，因而需要对地基与大坝系统的地震传播机制进行研究，进而分析上述方法结果的准确性。

二、变形

DL/T 5395—2007《碾压式土石坝设计规范》要求，对一般土石坝都应进行垂直变形（即沉降）分析，估算在土体自重及其他外荷载作用下，坝体及坝基的总沉降量和竣工时的沉降量，确定竣工时坝顶应预留的超高，以及预估坝体各个部位的不均匀沉降量和不均匀沉降梯度，判断发生裂缝的可能性及应采取的防止裂缝的工程措施；并规定当计算的竣工后坝顶沉降量与坝高的比值大于1‰时，应在分析计算成果的基础上，论证选择的坝料填筑标准的合理性和采取工程措施的必要性。

国内几座建在深厚覆盖层上的高土石坝，主要沉降变形计算值如下：

（1）瀑布沟，最大坝高 186m，坝基河床覆盖层厚度一般在 40～60m，最大达 77.9m。竣工期坝体沉降最大值为 191.54cm，占最大坝高（包括覆盖层）的 0.73%；蓄水期沉降最大值为 191.74cm。

（2）长河坝，最大坝高 240m，坝址区河床覆盖层厚度在 60～70m，局部达 79.3m。竣工期坝体沉降最大值为 347.4cm，占最大坝高（包括覆盖层）约 1.09%；蓄水期沉降最大值为 353.5cm。

对建于覆盖层上的高坝，在竣工后坝顶沉降量占了总沉降量的绝大部分，而真正对大坝结构裂缝起控制作用的变形主要是竣工后到蓄水期的变形。根据已建深厚覆盖层上高坝的经验，建议"竣工后坝顶沉降量与坝高的比值不大于1‰"的要求可略放宽为"竣工后坝顶沉降量与坝高加上覆盖层的比值不大于 1.0‰"，并重点对防渗体所能承受的应变量进行复核。

三、地震变形

国内外土石坝震害调查显示，裂缝、渗漏、滑坡及沉降为土石坝的主要震害形式，其中地震裂缝最为常见。地震裂缝中又以平行坝轴线的纵缝居多，大多分布于坝顶中部及坝顶附近的两侧坝坡。地震滑坡是裂缝发展的结果，多与坝坡材料的超静孔隙水压力升高甚至液化有关。地震沉降变形特别是不均匀地震沉降变形是裂缝产生的前提，应作为设计控制的主要指标。堆石坝为散粒材料的集合体，其在地震作用下的另外一种破坏形式是坝坡堆石料被震松而丧失原有结构的密实性，导致颗粒滚落、滑动甚至坍塌。紫坪铺面板堆石坝经受了高烈度的汶川地震考验，震后检查发现，下游坝坡堆石料出现了震松现象，但并没有形成大规模颗粒滚落甚至坍塌等严重破坏。通过分析得知，破坏作用不大主要是由于紫坪铺大坝受地震传播的作用方向较为有利，同时也说明采用现代施工方法修建的堆石坝具有较好的抗震性能。因此，深厚覆盖层上建高堆石坝的抗震设计应重点关注坝体与地基地震变形、坝坡地震稳定及坝基与坝料的超静孔隙水压力升高甚至液化等问题。

工程设计时，地震震陷量可按最大坝高加最大覆盖层厚度的1‰控制。由于高土石坝坝身过流能力弱，因此在深厚覆盖层地基上修建高土石坝时应充分估计在各种工况下坝体与地基的总变形，还应预留足够的坝顶安全超高以确保安全。

（1）瀑布沟（坝高 186m，覆盖层厚 78m），设计地震采用 100 年基准期、超越概率 2‰的场地谱地震波，基岩加速度峰值为 225cm/s²，坝体水平顺河向最大永久变形 60.3cm，位于最大断面坝顶靠下游位置；坝体铅直向最大永久变形 82.87cm，位于最大断面坝顶靠下游位置，在计算坝顶超高时按照坝高加覆盖层的 1‰（即 2.64m）设计。

（2）长河坝（坝高 240m，覆盖层厚 80m），挡水建筑物抗震设防标准取 100 年基准期、超越概率 2‰，相应的基岩水平峰值加速度 359cm/s²，在输入基岩峰值加速度 0.43g 时，最大震陷 123cm，在计算坝顶超高时按照坝高加覆盖层的 1‰（即 3.20m）设计。

四、抗液化

针对砂土发生液化的内外因素及可能发生的液化程度，为了保持砂土的稳定状态，可以采取不同的处理方法。处理措施的总要求是保持砂土地基、边坡和砂土建筑物的稳定安全，处理方法必须是经济上合理和技术上可行的。若液化时孔隙水压力的上升不高，则仅在设计中考虑这些液化孔隙水压力的影响即可。若液化现象比较严重，则须专门论证加固处理措施。

砂层抗液化的加固处理措施一般有下列几种：

（1）振冲加密。用人工方法增加砂土的紧密度，具体措施有深层爆炸、深层振捣、表面夯击和振冲加密法等。

（2）换砂加密。把有发生液化危险并且有害于建筑物安全的部分砂土挖除，并换填密实的砂料。

（3）压重处理。用不易液化的土石材料压盖容易液化的砂土。由于砂土强度的提高，抵抗液化的能力增加，因此可减小砂土液化的可能性。

（4）板桩包围砂土地基。我国在细砂地基上建闸时，为了防止砂土液化常采用板桩包围砂土地基的做法，实践证明是一个有效的措施。

（5）排水。用排水井来缩短砂土液化时的渗透路径，对于减小砂土液化的危害性有一定作用。

上述抗液化措施中，压重处理法简单有效，可利用施工废渣填筑，因此往往作为首选措施；振冲、换砂加密法因换砂材料就地取材、施工效果明显、费用低廉，是砂土液化处理的主要方法。压重处理和振冲、换砂加密是高土石坝坝基抗液化处理的主要措施，详见本章第三节。

⚖ 第三节　高土石坝坝基主要加固处理措施

高土石坝对覆盖层地基的承载力要求较高，同时还由于可能存在坝基覆盖层抗滑失稳、砂层地震液化等问题，因此通常需要对天然地基进行加固处理。深厚覆盖层地基的加固处理往往施工难度大、工程造价高，是深厚覆盖层上建高土石坝需重点解决的技术难题。

不同的地基加固措施适用的土层不同。强夯法适用于碎石土、砂土、低饱和度的粉土与黏性土、湿陷性黄土、杂填土和素填土等地基，由于其影响深度有限，特别是对粗粒土层及具有一定上覆厚度的土层适用性不理想，高坝应用较少。固结灌浆适用于中砂、粗砂、砾石地基，水电工程中主要用于坝基表面处理，目的是减小不均匀变形。振冲碎石桩适用于砂土地基，对于变形模量、承载力较低的砂层和软土地基有很好的加固作用，很多高土石坝采用了该处理方法。高压旋喷桩法适用于淤泥、淤泥质土、黏性土、粉土、黄土、砂土、人工填土和碎石土等地基，当含有较多大块石或地下水流速较快或有机质含量较高时，其适用性相对较差。

高土石坝坝基加固通常几种措施并用，最常用的有固结灌浆、振冲碎石桩、高压旋喷桩和压重处理等。

固结灌浆法常用在大坝基础覆盖层一定范围内，可以提高关键部位如心墙以下地基的变形模量、地基承载力、抗渗性等物理力学指标，加强基础整体性，对基础防渗、稳定、减小不均匀变形有利。

振冲碎石桩法主要用于粉细砂砾石或软弱土层，通常采用振冲器直接成孔或用冲击钻、旋挖设备成孔，以起重机吊起振冲器并开动高压水泵，在振冲器产生的高频振动和振冲器喷嘴射出的高压水流共同作用下，将振冲器逐渐沉入土中，并从地面向孔内逐段填入碎石等填料并振挤形成碎石桩体，形成碎石桩体和桩间土的复合地基。

高压旋喷桩法是利用钻机把带有喷嘴的注浆管钻入（或置入）土层预定的深度后，用一定压力把浆液或水从喷嘴中喷射出来，形成喷射流冲击破坏土层，在射流的冲击力、离心力和重力等作用下，与浆液搅拌混合，并按一定的浆土比例和质量大小，有规律地重新排列，这样注入的浆液将冲下的部分土混合凝结成加固体，形成凝结加固体和桩间土复合地基。

振冲碎石桩与高压旋喷桩通常作为复合地基加固的对比方案，通常认为高压旋喷桩法具有采用水泥等浆材强度较高、穿越处理层上部卵砾石地层能力强、费用高、透水性弱的特点；而振冲碎石桩法具有就地取材、费用低、透水性强、在采用大功率振冲器或采用钻孔设备后穿越处理层上部卵砾石地层的能力也强等特点。

复合地基一词始见于 1962 年，但复合地基的工程实践则在较早时期就已经出现。在初期，复合地基主要是指在天然地基中设置碎石桩而形成的碎石桩复合地基。随着深层搅拌法和高压喷射注浆法在地基加固处理中的推广应用，人们开始重视水泥土桩复合地基的研究。碎石桩和水泥土桩的差别表现在前者的桩体材料——碎石为散体材料，后者的桩体材料——水泥土为黏结材料，散体材料桩和黏结材料桩的受力性能有很大区别。随着水泥土桩复合地基的应用，复合地基的概念也发生了变化，由碎石桩复合地基这种散体材料桩复合地基逐步扩展到黏结材料桩复合地基。振冲碎石桩（或高压旋喷桩）等地基是在较弱的地基土上通过不同手段形成桩体，再靠桩及桩间土形成复合地基联合体来共同承担荷载。桩与桩间土抗力的分配比例是按各自的压缩模量来确定的。

DL/T 5024—2020《电力工程地基处理技术规程》中 9.1.6 明确要求用旋喷桩加固的地基，宜按复合地基设计。

复合地基设计程序是：①根据经验初定或现场试验分别拟定桩体力学参数及桩间土力学参数；②根据稳定、变形或抗震分析确定复合地基力学参数；③按照复合地基公式确定复合地基抗剪强度、变形模量；④根据复合地基抗剪强度、变形模量参数确定复合地基置换率，进而确定桩孔径与桩孔间排距。

压重处理法是通过在坝脚设堆石压重体来提高坝体抗滑稳定性及提高坝基土层抗震能力的方法。当坝基覆盖层中存在软弱夹层，而采用其他工程措施坝体及坝基抗滑稳定性不满足要求或不经济时，常考虑在坝脚设堆石压重体。当坝基覆盖层中存在液化土层时，可采用压重措施提高坝基液化土层的约束应力，从而提高抗液化能力。

一、固结灌浆

固结灌浆是指利用机械压力或浆液自重，将具有胶凝性的浆液（一般是具有流动性、凝固后具有胶结力的浆液）压入覆盖层中的孔隙或空洞内，以增强覆盖层地基的密实性、承载能力或整体稳定性，改善其力学和抗渗性能，控制沉降量和减小不均匀沉降。在进行高土石坝土心墙坝基设计时，通常会挖除力学性质相对较弱的软土、液化砂土层等，将坝基土心墙防渗体置于力学条件相对较强的砂卵砾土层上，并在具有可灌性的砂卵砾土层上部采用固结灌浆。

浆液对覆盖层中的孔隙或空洞主要起四种作用：①充填作用，浆液结石将地层空隙充填起来，提高地层的密实性，并阻止水流通过；②压密作用，浆液被压入的过程中对地层产生挤压，从而使那些无法进入浆液的细小裂隙和孔隙受到压缩或挤密，使地层密实性和力学性能都得到提高；③黏合作用，浆液结石使已经脱开的岩块、建筑物裂缝等充填并黏合在一起，恢复或加强其整体性；④固化作用，浆液与地层中的黏土等松软物质发生化学反应，将其凝结成坚固的"类岩体"。

为改善地基的均匀性，固结灌浆的处理深度一般为 5～12m。

固结灌浆施工简便，对周围环境影响较小，在大坝覆盖层基础加固处理中应用广泛，如瀑布沟、泸定、黄金坪、毛尔盖、长河坝和下坂地等水电工程覆盖层基础都在一定范围内进行了 5～10m 深的固结灌浆。

1. 适用条件

固结灌浆主要适用于砂卵砾石、砂土、碎石土等渗透性强、可灌性好的土体。因此，覆盖层地基固结灌浆的适用条件是地基相对水泥浆液应有较强的可灌性。

分析地层可灌性首先应当了解地层的组成、性质、紧密程度、胶结情况、不同特性的土层分布、渗透性及颗粒级配等。根据颗粒级配曲线，可以用以下指标初步分析地层的可灌性。

（1）可灌比值。可灌比值是地层能否接受某种灌浆材料进行有效灌浆的一种指标，通常用式（5-1）表示：

$$M = \frac{D_{15}}{d_{85}} \qquad (5\text{-}1)$$

式中　M——可灌比值；

　　　D_{15}——地层中质量含量为 15% 的颗粒的粒径，mm；

　　　d_{85}——灌浆材料中质量含量为 85% 的颗粒的粒径，mm。

常见灌浆材料的 d_{85} 值参见表 5-3。

在一般情况下，当 $M \geqslant 10$ 时可以灌注水泥黏土浆；当 $M \geqslant 15$ 时可以灌注水泥浆。实践证明，所用灌浆材料满足上述条件时，一般可使地层的渗透系数降低至 $1 \times 10^{-5} \sim 1 \times 10^{-4}\,\mathrm{cm/s}$ 的水平。

表 5-3　　　　　　　　　　　　　常见灌浆材料的 d_{85} 值

灌浆材料	42.5 水泥	32.5 水泥	磨细水泥	膨润土	黏土	水泥黏土浆	粉煤灰
d_{85}（mm）	0.06	0.075	0.025	0.0015	0.020~0.026	0.05~0.06	0.047

（2）粒径小于 0.1mm 的颗粒含量。由于水泥颗粒的最大粒径接近 0.1mm，一些工程的实践表明，对于粒径小于 0.1mm 的颗粒含量小于 5% 的地层都可接受水泥黏土浆的有效灌注。

（3）地层的颗粒级配曲线。我国曾根据一些工程的经验整理出若干特征曲线作为地基对不同灌浆材料可灌性的界限，如图 5-3 所示。当被灌地层的颗粒曲线位于 A 线左侧时，该地层容易接受水泥灌浆；当地层埋深较小（如 5~10m），其颗粒曲线位于 B 线和 A 线之间时，也可以接受水泥黏土灌浆；当地层颗粒曲线位于 C 线和 B 线之间时，该地层容易接受一般的水泥黏土灌浆；当地层颗粒曲线位于 D 线和 C 线之间时，需使用膨润土和磨细水泥灌注。

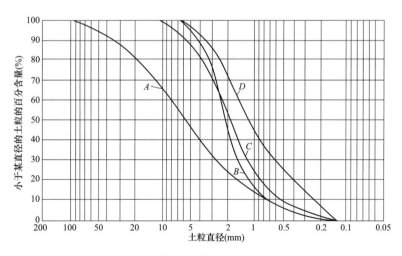

图 5-3　判别地层可灌性的颗粒级配曲线

（4）地层渗透系数。渗透系数的大小可以间接地反映地层孔隙的大小，因而也可用渗透系数来判别地层的可灌性。根据勘探试验资料统计，不同土质的渗透系数范围见表

5-4，不同灌浆材料可适用地层的渗透系数见表 5-5。

表 5-4　　　　　　　　　　　不同土质的渗透系数表

土的分类	渗透系数	
	cm/s	m/d
砂卵石	1×10^{-1}	80～120
砂砾石	$6\times10^{-2}\sim1\times10^{-1}$	50～80
粗砂	$3\times10^{-2}\sim6\times10^{-2}$	25～80
中砂	$1\times10^{-2}\sim3\times10^{-2}$	15～25
细砂	1×10^{-2}	8～15
粉细砂	$6\times10^{-3}\sim1\times10^{-2}$	5～8
粉砂	$1\times10^{-5}\sim6\times10^{-3}$	1～5

表 5-5　　　　　　　　　　不同灌浆材料可适用地层的渗透系数

灌浆材料	可灌地层的最小渗透系数	
	cm/s	m/d
水泥砂浆（细砂）	1×10^{0}	800
普通水泥浆	2×10^{-1}	170
掺有减水剂的水泥浆	1×10^{-1}	100
水泥黏土浆	5×10^{-2}	40
黏土浆	5×10^{-2}	40
磨细水泥黏土浆	2×10^{-2}	20
膨润土浆	1×10^{-2}	10
硅酸钠	1×10^{-2}	10

经验表明，地层的渗透系数越大，灌浆效果越好，灌浆后渗透系数降低越多。反之，地层的渗透系数越小，灌浆后渗透系数降低也少。除了依据渗透系数判断选择的浆液是否适应可灌地层，还可采用多种判别方法进行综合分析。对于地基中存在不同分层的情况，需要针对性选用不同的灌注材料。

2. 灌浆设计

对于固结灌浆，首先需要关注的是复合地基综合模量的改善。在工程实践中常通过物探检测、压水试验检测灌浆前后的纵横波速度与透水率等指标，判断地基的变形模量的改善程度。

固结灌浆范围主要根据大坝基础的地质条件、岩石破碎情况、基础岩石应力条件等而定，对于高土石坝深厚覆盖层地基，固结灌浆主要布置在心墙区，部分工程布置在心墙区与反滤层区。

　　经过处理后的复合地基综合模量，目前规范没有给出具体的估算方法，在实际工程设计中常采用经验法。根据工程地基土层与坝高情况，固结灌浆深度常采用 $5\sim12\mathrm{m}$，如瀑布沟心墙下覆盖层表层进行了 $8\mathrm{m}$ 深的铺盖式固结灌浆，泸定心墙覆盖层基础进行了 $5\sim8\mathrm{m}$ 深的固结灌浆，黄金坪灌浆廊道下覆盖层进行了 $8\mathrm{m}$ 深的固结灌浆，毛尔盖心墙覆盖层基础进行了 $10\mathrm{m}$ 深的固结灌浆，硗碛心墙覆盖层基础进行了 $8\sim10\mathrm{m}$ 深的固结灌浆，长河坝心墙覆盖层基础进行了 $5\sim8\mathrm{m}$ 深的固结灌浆等。对于坝基下埋深、厚度较大且不易挖除的松散粗砂层或砾石层，也可考虑采用固结灌浆法进行加固处理，如新疆下坂地水利枢纽对坝轴线下游右岸松散层进行了 $10\mathrm{m}$ 深的固结灌浆。

　　固结灌浆孔距根据地基土层情况按正方形或正三角形布置，边长可为 2.0、2.5、3.0m 不等；灌浆压力常用 $0.3\sim1.2\mathrm{MPa}$ 的低压，灌浆压力值和灌浆水灰比需通过现场灌浆试验最终选定。

　　固结灌浆的设计内容还包括浆液材料选择、渗透距离和注浆量估算等。

　　（1）浆液类型。固结灌浆所用的浆液主要包括水泥基浆液和化学浆液两类。水泥基浆液费用低且无毒性，对环境影响较小，是优先选用的灌浆材料。化学浆液成本高，多有毒性，尽管其对所有的砂层和砂砾石层都是可灌的，但为保护环境，水电工程中一般较少采用。

　　（2）浆液渗透距离。由于浆液和地层的性质都十分复杂，为了研究浆液在地层中的流动状态，学者们建立了各种模型，推导了许多公式，通过它们可以近似地估算出有关的参数。对于由颗粒材料组成的悬浊浆液，渗透距离可用式（5-2）估算：

$$R = \frac{\gamma g h r_{\mathrm{e}}}{2s} + r \tag{5-2}$$

式中　R——浆液的渗透距离，cm；

　　　　γ——水的密度，$\mathrm{g/cm^3}$；

　　　　g——重力加速度，$9.81\mathrm{cm/s^2}$；

　　　　h——注入压力，以水头表示，cm；

　　　　r_{e}——孔隙等值半径，cm；

　　　　s——浆液的屈服强度，达因$/\mathrm{cm^2}$；

　　　　r——灌浆孔半径，cm。

　　r_{e} 与地基的渗透系数有关，可按表 5-6 选取。s 的值参考图 5-4 取用。

表 5-6　　　　　　　　　　　　渗透系数与孔隙等值半径

渗透系数 $k(\mathrm{cm/s})$	孔隙等值半径 $r_{\mathrm{e}}(\mathrm{cm})$	备　注
1	0.019	
1×10^{-1}	0.0059	
1×10^{-2}	0.0019	孔隙比等于 0.3
1×10^{-3}	0.000 59	

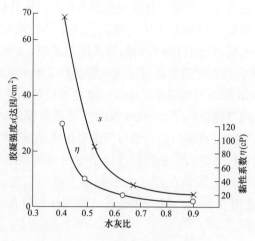

图 5-4　水泥浆液的屈服强度

（3）地层注浆量估算。在覆盖层没发生明显抬动的情况下，每一灌段的总注浆量可以式（5-3）估算：

$$Q = \pi R^2 Ln\alpha\beta \tag{5-3}$$

式中　Q——灌浆段总注浆量，m^3；

$\quad\quad R$——预计灌浆渗透半径，m；

$\quad\quad L$——灌浆段长度，m；

$\quad\quad n$——地层孔隙率，%；

$\quad\quad \alpha$——灌浆的充填率，取 0.8～1.0；

$\quad\quad \beta$——富裕系数，取 1.5。

地基固结灌浆一般采用有压重灌浆，通常是在建筑物基础底板混凝土浇筑完成并达到一定强度后进行。需在无压重条件下进行的固结灌浆，应通过现场灌浆试验论证，采取有效措施后进行。灌浆压力、灌浆水灰比应根据地基条件、灌浆深度、施工条件等初步拟定后，通过现场试验最终确定。

（4）工程应用。国内部分高土石坝覆盖层坝基的固结灌浆设计指标及灌后效果见表 5-7。

1）瀑布沟水电工程设计中为了提高心墙基础整体性及均匀性，增加抗变形能力、在心墙基础布置了深 8m、间排距 3m 的固结灌浆。在大面积施工之前，选取代表性位置进行生产性试验，试验孔深 13m，间排距 3m；灌浆压力按分段分序的不同，Ⅰ序孔为 0.3～1.0MPa，Ⅱ序孔为 0.4～1.2MPa；浆液水灰比采用 1∶1、0.8∶1、0.6∶1、0.5∶1，共 4 个比级。

2）长河坝水电工程大坝基础覆盖层固结灌浆压重厚度设计为 3m，在灌浆结束后挖除。主副防渗墙两墙间及主墙下游 7.5m 区域按间排距为 2m 的等边三角形布置；心墙以下其他（主副防渗墙两墙间及主墙下游 7.5m 以外）区域按间排距为 2.5m 的等边三角形布置，其中灌浆孔深分别为 5m 和 8m。

表 5-7　　　　　　国内部分高土石坝覆盖层坝基的固结灌浆设计指标及灌后效果

工程名称	坝高（m）	灌浆孔深度（m）	排距/孔距（m）	单位注入量（t/m）	灌前渗透系数（cm/s 或 Lu）	灌后渗透系数（cm/s 或 Lu）	灌前波速（m/s）	灌后波速（m/s）	灌浆压力（MPa）
瀑布沟	186	8	3/3	0.99	$5.0 \times 10^{-2} \sim 3.8 \times 10^{-1}$	6.5×10^{-4}	1463	2480	0.3～1.2
下坂地	78	10	3/3					Ⅱ型重力触探检测＞10 击	1.0～3.0
泸定	84	5～8	3/3					2370	0.2～0.8
黄金坪	85.5	8	2/2	1.49	$4.44 \times 10^{-2} \sim 7.40 \times 10^{-2}$	$< 5 \times 10^{-3}$		＞1600	0.3～0.6
毛尔盖	147	10	3/3						
长河坝	240	5～8	2/2 或 2.5/2.5		$8.0 \times 10^{-2} \sim 2.0 \times 10^{-1}$	$< 5 \times 10^{-4}$		＞1600	0.3～0.6

3. 灌浆方法

（1）钻孔成孔。在固结灌浆成孔时可根据地质条件选择多种方法钻进成孔，如使用地质取心钻机或冲击回转式钻机钻进成孔。当采用冲击钻进方法时，应加强钻进成孔后的孔内冲洗，以清除孔内残渣和孔壁浮尘，确保浆液灌入后的工程质量。成孔孔位与设计给定孔位的偏差值不宜过大，以确保灌浆的效果，一般宜控制在 10cm 以内；成孔的深度应达到设计规定，既不宜过深也不宜过浅。每个完成钻孔的孔位、孔深都要及时、详细地进行记录。固结灌浆孔孔径不宜过小（一般不宜小于 38mm），以确保灌浆效果；而且还要对灌浆孔进行孔斜测量，孔壁应保持平直完整，以利于胶塞的密封效果。灌浆孔成孔时必须保证孔向准确，安装钻机时必须使钻机平正稳固，在开钻前应使用水平仪或水平尺进行调平调直校正，在钻进过程中也要经常用水平仪等工具对钻机进行校正，钻机应采用较长的粗径钻具并适当控制钻进压力，使钻进进尺的速度保持平稳以使孔径孔壁完整。

在对要固结的地基进行成孔的钻进过程中，经常会遇到岩层破碎、岩性变化现象，这样就极容易发生坍孔掉块、卡钻、钻进速度变化、孔内水流失甚至孔口不见返水等异常情况；如果遇到地下水丰富地段还会有回水变色、涌水等异常情况发生，这时就要及时、详细地进行记录。如果钻孔时遇到塌孔、溶洞或掉块卡钻而难以钻进的情况，可先采取灌浆处理，待初凝后再继续钻进。若发现有集中漏水、涌水的现象，应当及时查明具体情况、找出原因，确定事故的处理办法，待事故解决后再继续钻进。灌浆孔（段）在钻进结束后，应进行孔内冲洗。孔底沉积厚度不得超过 20cm。各类钻孔在施工作业暂时中止或完成时，孔口应该妥善加以保护，防止流进污水和落入异物，影响灌浆工序的进行。

（2）洗孔与压水试验。固结灌浆孔成孔后，在灌浆前先要进行洗孔，以洗出孔内残渣和孔壁浮尘，提高浆液与孔壁的结核性，洗孔后孔底沉积物的厚度应控制在 20cm 之内。灌浆时可采用自上而下分段循环式灌浆法或者孔口封闭灌浆法，各灌浆孔（段）都应该在灌浆前采用压水对裂隙进行冲洗，直至所有灌浆孔（段）回水清净为止。洗孔液的压力值应为灌浆时压力值的80%左右，而且不应大于1MPa。

固结灌浆孔灌浆前的压水试验应在裂隙冲洗后进行，试验的孔数不宜少于总孔数的5%。采用自上而下分段循环式灌浆法或者孔口封闭灌浆法进行固结灌浆时，各灌浆段在灌浆前宜进行一次简易压水试验。所使用的压力值约为灌浆时压力值的80%，并且不应大于1MPa，压水试验进行20min，同时要求每隔5min读取一次压入孔内的流量。取最后的累计流量值作为计算流量值，以透水率q表示压水试验成果，其单位为Lu。若采用自下而上分段灌浆的方法时，各灌浆孔灌浆前可在孔底段进行一次简易压水试验。

（3）灌浆方式选用。对于不同的地质条件，结合工程要求，灌浆方法可选用自上而下分段灌浆法、自下而上分段灌浆法、全孔一次灌浆法、孔口封闭灌浆法或综合灌浆法等。在进行固结灌浆时，对灌浆段的长度要根据地层情况控制把握，以确保灌浆效果。当灌浆段长度不大于6m时，可以进行整段一次灌浆；当灌浆段大于6m时，一般可分为两段进行分段灌注。当采用自上而下分段灌浆法时灌浆，灌浆塞应封闭在该灌浆段段顶以上0.5m处，以防止漏灌；各灌浆段灌浆结束后一般可不待凝，但在遇灌前涌水、灌后返浆或其他复杂地质条件情况时，则宜待凝，而且待凝时间应该根据设计要求、地质条件、当地温度和工程具体情况等确定。当采用自下而上分段灌浆法灌浆时，单个灌浆段的长度不能超过10m。当发现固结灌浆孔相互串浆时，也可采用互串孔并联灌注的方法灌注，但并联灌浆的孔数不宜多于3个；同时为了防止上部混凝土或岩体的抬动，应注意控制灌浆压力。

（4）灌浆压力与浆液变换条件。固结灌浆压力应进行现场试验后，根据工程要求和地质情况综合拟定，必要时还需要进行分组灌浆试验来确定灌浆参数，然后在施工过程中根据实际情况进行适当调整。如果采用循环式灌浆法，应该在孔口回浆管路上安装压力表。如果采用纯压式灌浆法，还应在孔口进浆管路上安装压力表。宜在压力表指针的摆动范围小于灌浆压力的20%时读取压力值，且应记录指针摆动范围，以确保数据的准确性。如果采用的是灌浆自动记录仪，则应该记录灌浆间隔时段内灌浆压力的平均值与最大值。固结灌浆应尽快使灌浆压力达到设计值，但对于那些注浆量较大或者易于产生抬动的部位，灌浆应分级逐渐升压。

固结灌浆输出浆液的配比应由稀至浓逐级变换，特殊情况下可以根据实际情况越级变换。浆液水灰比一般可采用2、1、0.8、0.5四个比级；若灌注细水泥浆液，浆液水灰比可采用2、1、0.5或1、0.8、0.5三个比级。浆液配比变换的原则可归纳如下：

1）在进行固结灌浆时，如果压力保持不变，而注入率持续减少或注入率不变而压力持续升高时，可不改变水灰比持续灌浆直至达到要求为止。

2）某级浆液注入量已达300L以上，或灌浆时间已达或超过30min，而灌浆压力和注入率均无改变或改变不显著时，应改为浓一级水灰比的浆液继续注入。

3）灌浆时如发现灌浆注入率大于30L/min，则可根据具体情况越级增大注入浆液的浓度。

在固结灌浆施工的实际过程中，经常会出现浆液的注入率或者灌浆压力迅速变化的情况，这时应马上停止灌浆施工操作并及时查明原因，立即采取针对性措施进行处理，排除故障或者调整施工工艺后继续灌浆。在灌浆过程中还应定时测量和记录灌浆的浆液密度，必要时还应测量记录浆液温度；在灌注稳定浆液时还应测量、记录浆液析水率和黏度。当发现浆液性能偏离规定指标较大时，应查明原因并及时处理，以确保施工的质量。

（5）灌浆结束标准及封孔。固结灌浆的结束标准应根据工程具体条件确定，通常灌浆压力达到设计要求、孔段的注入率小于某设定值，且持续灌浆时间达到设定时间，即可认为本次固结灌浆可以结束。固结灌浆孔封孔应采用导管注浆封孔法或全孔灌浆封孔法。

4. 质量检验与评价

固结灌浆结束后，应当进行灌浆质量和固结效果的检查，经检查不符合要求的地段，根据实际情况在认为有必要时需加密钻孔，补充灌浆。

灌浆工程是隐蔽工程，工程完成以后要被覆盖，而且施工工程量和施工效果难以直观控制，其质量难以直接检查。施工缺陷要在运行中或运行相当长时间后才能发现，而且补救起来十分困难，有时甚至无法补救。质量检查是对整个设计过程（经历勘探—试验—理论分析—现场实施）最终效果的综合评判，是对前期试验的再确认过程。另外，对施工缺陷的补充加固处理也是必不可少的重要一环。因此，对灌浆工程施工质量与效果及时进行质量检验和评价是必要的。

（1）检测目的。固结灌浆质量检测主要是为了分析覆盖层松散堆积物固结程度，圈定灌浆处理范围内欠固结区域及缺陷程度，对覆盖层固结灌浆施工质量做出综合评价。对检测发现固结灌浆施工质量差或缺陷较多的部位，可加密测试以便准确判断缺陷的影响范围，制定相应的维护措施。

（2）检测方法。固结灌浆主要是为了提高覆盖层的变形模量，减小不均匀沉降，经固结灌浆后可显著提高其声学特性，所以 DL/T 5148—2021《水工建筑物水泥灌浆施工技术规范》规定，检测方法以测定灌后土体弹性波波速为主、以测定压水试验透水率为辅。

在覆盖层固结灌浆前、后采用地震纵横波法，辅助采用瞬态面波（人工源面波）法、单孔声波、钻孔全景图像，综合评价覆盖层固结灌浆质量。覆盖层固结灌浆质量检测方法见表5-8。

表 5-8　　　　　　　　　　　覆盖层固结灌浆质量检测方法

序号	检测方法	灌序	适用条件	检测内容
1	地震纵横波法	灌浆前、后	地震纵横波检测分单孔测试和跨孔测试，灌浆前测试要求钻孔采用 PVC 管护壁，灌浆后若成孔质量较好可采用裸孔；跨孔测试孔距宜为 2～4m	分析覆盖层灌浆前、后波速提高，评价灌浆效果
2	瞬态面波法		无须钻孔，地表测试	

序号	检测方法	灌序	适用条件	检测内容
3	单孔声波	灌浆后	灌浆后成孔质量较好，不存在塌孔，裸孔测试	测试灌浆后覆盖层波速的绝对值，评价灌浆效果
4	钻孔全景图像			观察覆盖层固结灌浆后水泥浆充填情况，评价灌浆效果

也有工程对覆盖层固结灌浆的质量检查以检查孔注水试验成果为主，结合施工记录、成果资料进行综合评价。检查孔压水试验透水率的合格标准尚无明确规定。一般认为，除有特殊要求外，地层的渗透系数降低到 $10^{-5} \sim 10^{-4}$ cm/s，即可认为合格。

进行灌浆试验时，为取得更多的资料，也可在灌浆范围内（一般是中心部位）开挖检查竖井，井的断面尺寸视井的深度和方便施工而定，一般为边长 1.5～2.0m 的正方形。人可下入井中做直观检查、素描、摄像，也可在井中进行注水或抽水试验。当地层由多层性状的砂砾石组成时，可分层下挖、分层试验。

（3）检测时间。覆盖层固结灌浆灌后质量检测工作一般应在灌浆结束 14d 后进行。

（4）检测要求。覆盖层固结灌浆质量检测有如下要求：

1）采用地震纵横波法进行覆盖层固结灌浆前检测时，检测孔数为灌浆孔总数的 5%，检测孔尽量利用一序孔，各灌浆单元至少应有 3 个灌浆前检测孔；采用地震纵横波法进行覆盖层固结灌浆后检测时，检测孔数为灌浆总孔数的 5%，检查孔应结合灌前检测孔进行布置。

2）对于重点部位的灌浆后检测，应按需选择单孔声波、钻孔全景图像等方法进行测试。

3）对于施工难度较大、灌浆前后各检测孔成孔条件较差的区域，也可采用瞬态面波法进行测试，对覆盖层波速进行灌前、灌后对比分析。

4）各灌浆前检测孔、灌浆后检测孔宜均匀分布且具有代表性，工程的重要部位、地质条件较差部位、施工较困难的部位应加密检测。

（5）工程检测应用。下面以瀑布沟、长河坝水电工程为例，说明固结灌浆质量检测的应用。

1）瀑布沟水电工程主要灌浆成果为：同排Ⅱ序孔单位注入量较Ⅰ序孔单位注入量明显减小，前序排孔单位注入量均大于后续排孔单位注入量，递减率为 43%，符合灌浆规律，单位平均注入量 986kg/m。灌前地层平均渗透系数为 $5.0 \times 10^{-2} \sim 3.8 \times 10^{-1}$ cm/s，灌后平均渗透系数为 6.5×10^{-4} cm/s。灌前平均纵波波速为 1463m/s，灌后平均纵波波速为 2480m/s，灌后较灌前提高约 70%。考虑到检查孔需做压水试验，采用清水取心，取心率较低，水泥结石少见。由于覆盖层粗颗粒含量高、块径大，重力触探不能随孔深进行，且实测值无法使用。目前该工程运行状况良好。

2）长河坝水电工程覆盖层灌浆施工质量检查标准为：灌后渗透系数 $k \leqslant 5 \times 10^{-4}$ cm/s，灌后声波纵波和横波分别较灌前平均提高程度不低于 40% 和 60%，且纵波波速不低于

1600m/s，横波波速不低于 500m/s。

二、碎石桩

按照施工方法的不同，碎石桩法可分为振冲碎石桩法、冲击碎石桩法、旋挖造孔碎石桩法等。

（1）振冲碎石桩法。利用振冲器在软弱地基中边振动边水冲成孔，再在孔内分批填入碎石等坚硬材料，通过振动密实法制成桩，桩体和原地基构成复合地基。这种方法一般适用于颗粒较细的砂土、粉土、黏土地基。

（2）冲击碎石桩法。利用冲击器在地基中造孔，然后边填石料边冲击形成碎石桩的方法。

软土地层上面覆盖有颗粒较粗的砂卵石地层，而采用振冲器无法穿透该层时可采用该方法，也可利用冲击器击穿上部坚硬地层，然后利用振冲器对下部软土层采用振冲碎石桩法进行处理。

（3）旋挖造孔碎石桩法。利用旋挖机造孔，然后边填石料边振冲形成碎石桩的方法。因为旋挖机具有强大的造孔能力，所以该方法适宜在各种地层中建造各种直径和各种深度的碎石桩。

振冲碎石桩法的成桩直径、间距和深度，主要取决于振冲器的尺寸、机具功率和地基土质条件。我国常见的成桩直径小者约为 0.5m，大者可达 1m 以上；近年来随着大功率振冲机具的发展，振冲碎石桩法施工深度已达 30m；并且结合钻孔机械的应用，振冲碎石桩法的适应地层也更加广泛。例如，四川金汤河金康水电工程采用大功率振冲器进行施工，平均桩径达 1.2m，最大振冲深度达 28m。

振冲法通过对振冲孔充入填料挤扩成桩的振密或置换作用，提高地基承载力，减少沉降量，提高饱和砂土的抗液化能力。采用振冲碎石桩法加固砂土地基，一是依靠振冲器的强力振动使饱和砂土层发生液化，砂颗粒重新排列，孔隙减少；二是依靠振冲器的水平振动力，在加回填料的情况下还通过填料使砂层挤压加密；三是用坚硬填料置换砂土，通过强度更高的桩体与振冲挤密后的桩间土共同作用，形成强度较原来土体高的复合地基。通常松软砂土采用振冲碎石桩法处理后，其工程性能可大为改善，土体的密实度显著增加，强度增大，压缩性减小，抗震性能提高。通过桩、土的变形协调，大部分荷载传递给刚度大、强度高的碎石桩体，土体上的负荷大为减少，所以复合地基的工程性能明显得到改善，强度增大，沉降与不均匀沉降减少，沉降期也大为缩短。通过振冲碎石桩法处理后的复合地基在遭遇地震时，不仅因复合地基强度提高，抗变形能力加强，桩间土不易液化；而且由于碎石桩的排水作用，有利于砂土孔隙水压力的消散，限制了因地震引起的砂土超孔隙水压力的增长，砂土地基抗液化能力也得以大大加强。有研究表明，当碎石桩桩径与桩距之比达到 0.25 时，砂基的任何部位都不会产生液化。

1. 适用条件

振冲法适用于砂土、黏性土、粉土、饱和黄土、素填土和杂填土等地基。不加填料的振冲法适用于处理黏粒含量不大于 10% 的中粗砂和松散的砂卵石地基。对不同性质的土层，振冲法具有置换、挤密和振动密实作用。对黏性土地基具有置换作用，对细中砂和粉土除具有置换作用外，还具有振实挤密作用。处理不排水、抗剪强度小于 20kPa 的饱和黏性土和黄土地基时，应通过试验确定其适用性。

2. 碎石桩设计

碎石桩设计包括处理范围确定、桩长确定、桩位布置、桩间距确定、桩体材料选择、桩径确定、复合地基抗剪强度计算、碎石桩抗液化作用机理及计算分析等。

(1) 处理范围确定。处理范围应根据大坝的稳定、应力、变形及地震抗液化要求，并结合坝基软弱层的分布范围及其性状等综合确定。

(2) 桩长确定。桩长应满足建筑物对地基承载力和变形的要求，以及地基抗滑稳定要求，处理深度需超过抗滑失稳最危险滑动面以下 1.0m。当按下卧层承载力确定处理深度时，还应进行下卧层承载力验算。处理可液化土层时，应根据建筑物抗震设防类别及液化层的埋深综合确定桩长，一般桩长应大于处理液化深度的下限，并确保桩间土标准贯入试验锤击数大于临界值。

(3) 桩位布置。碎石桩法可采用等边三角形、正方形、矩形、梅花形或混合形式布置桩位。

(4) 桩间距确定。桩间距应根据复合地基的设计要求，通过现场试验或按计算确定，同时需满足振冲器功率要求。振冲器功率与桩间距的对应关系见表 5-9。

表 5-9　　　　　　　　　　振冲器功率与振冲桩间距的对应关系

振冲器功率（kW）	振冲桩间距（m）	备注
30	1.3~2.0	荷载大或黏性土取小值，荷载小或砂土取大值
55	1.4~2.5	
75	1.5~3.0	

对不加填料的振冲工程，布桩间距可根据工程地质条件和工程要求适当增大；采用其他型号振冲器时，布桩间距应按现场试验确定。

对于有密实度要求的桩间距，可按式（5-4）来确定：

$$s = \eta \cdot \psi \sqrt{\frac{1+e_0}{e_0 - e_1}} \cdot d \tag{5-4}$$

$$e_1 = e_{\max} - D_r(e_{\max} - e_{\min}) \tag{5-5}$$

式中　s——桩间距，m；

　　　η——形状系数，采用三角形布桩时为 0.952，采用正方形布桩时为 0.886，采用梅花形布桩时为 1.254；

　　　ψ——考虑局部颗粒冲失影响的经验系数；

　　　d——桩径，m；

　　　e_0——砂土的天然孔隙比；

　　　e_1——地基处理后要达到的孔隙比；

　　　$e_{\max}$——天然砂土最大孔隙比；

e_{min}——天然砂土最小孔隙比；

D_r——地基处理后要达到的相对密度，可取 0.70～0.85。

（5）桩体材料选择。桩体材料可选用含泥量不大于 5% 的碎石、卵石、砾石、砾（粗）砂、矿渣，或其他无腐蚀性、无污染、性能稳定的硬质材料。当采用碎石时，材料粒径：采用 30kW 振冲器时为 20～80mm；采用 55kW 振冲器时为 30～100mm；采用 75kW 振冲器时为 40～150mm。

（6）桩径确定。桩的平均桩径按式（5-6）确定：

$$d_0 = 2\sqrt{\frac{\eta V_m}{\pi}} \tag{5-6}$$

式中 d_0——平均桩径，m；

V_m——每延伸 1m 桩体平均填料量，m^3/m；

η——密实系数，一般为 0.7～0.8。

（7）复合地基抗剪强度计算。设置碎石桩一般是为了提高复合地基抗剪强度。复合地基抗剪强度由桩体和桩间土两部分组成，采用平均面积加权方法，计算复合土体的抗剪强度：

$$\tan\varphi_{sp} = m\mu_p \cdot \tan\varphi_p + (1 - m \cdot \mu_p) \cdot \tan\varphi_s \tag{5-7}$$

$$c_{sp} = (1 - m \cdot \mu_p) \cdot c_s \tag{5-8}$$

$$\mu_p = \frac{n}{1 + m(n-1)} \tag{5-9}$$

式中 φ_{sp}——复合土体的等效内摩擦角，（°）；

φ_p——桩体材料的内摩擦角，（°）；

φ_s——桩间土体的内摩擦角，（°）；

c_{sp}——复合土体的等效黏聚力，kPa；

c_s——桩间土的黏聚力，kPa；

μ_p——应力集中系数。

（8）碎石桩抗液化的作用机理。碎石桩有明显的抗液化作用，作用机理主要包括：

1）挤密作用。在施工过程中由于水冲使松散砂土处于饱和状态，砂土在强烈的高频强迫振动下产生液化并重新排列致密，且在桩孔中填入大量粗骨料后，被强大的水平振动力挤入周围砂土中，从而使砂土的相对密实度增加，孔隙率降低，干密度和内摩擦角增大，砂土物理力学得到改善，进而提高其抗液化能力。

2）排水减压作用。碎石桩体一般都具有强透水性，在动荷载作用下，可有效地降低和消散砂土地层中的超静孔隙水压力，加快地基排水固结，防止砂层液化。

3）减震作用。在地震荷载作用下，碎石桩体的剪应力集中，使得桩间砂土受到的剪应力衰减，因此碎石桩对桩间土起到了减震作用；振冲碎石桩法在成孔或成桩时，强烈的振动作用使填入料和地基土在挤密和振密的同时，获得了强烈的预震，砂土重新排列，提高了密实度，抗液化能力也相应得以提高。

碎石桩复合地基抗剪强度的提高前面已有分析，而碎石桩对抗液化作用的影响比较复杂，通常采用有限元法进行分析。通过现场试验取得土与桩体的动力学参数，再按照复合地基原理求得复合地基动力学参数，分析地基砂土在设计地震情况下基于总应力法获取的动剪应力，或基于有效应力法获取的地基砂土层内孔隙水压力，再按相应判据进行砂土液化可能性判别。

（9）碎石桩抗液化的计算分析。基于数值分析的液化研究，采用有限元计算分析坝基砂层液化情况时，一般运用总应力法和有效应力法进行砂土液化判别。

1）总应力法。通过计算得到设计地震下土层某部位的动剪应力，并与土层试验测定的循环抗剪强度进行比较判别。采用动力反应分析来计算土体中的动剪应力，不考虑振动过程中孔隙水压力的增长、扩散和消散过程及其对土的动应力应变特性的影响。引入抗液化动剪应力比 R（抗液化强度）和液化动剪应力比 L（地震力），获取液化判别的参数——抗液化安全率 F_L，可用式（5-10）表示：

$$F_L = \frac{R}{L} \tag{5-10}$$

一般当 $F_L > 1$ 时认为土体无液化危险，当 $F_L < 1$ 时有液化危险。

2）有效应力法。采用有效应力法进行砂土液化判别，根据排水条件可分为不排水法和排水法。不排水法是不考虑孔隙水压力的扩散和消散过程，计算结果偏于保守。排水法是考虑孔隙水压力的扩散和消散过程，计算结果更为合理。

一般液化度（或称动孔压系数）$u_d/\sigma_3 \geqslant 1.0$ 时，被认为会液化，否则不液化。

（10）碎石桩设计工程应用。

1）黄金坪水电工程。黄金坪水电工程大坝采用沥青混凝土心墙堆石坝，最大坝高 85.5m。坝基河床覆盖层中分布有②-a、②-b 砂层和其他零星砂层透镜体，厚度 0.60～6.24m，相对 1396m 高程建基面埋深 0～16.44m，为含泥（砾）中～粉细砂。经地质初判和复判，砂层②-a、②-b 均为可能液化砂层。结合现场实际开挖情况，通过研究，针对砂层②-a、②-b 采用振冲碎石桩法进行处理，并开展现场生产性试验进行验证。

根据坝基砂层分布情况，振冲碎石桩直径拟定为 1.0m，采用等边三角形布置，间排距 1.8～2.5m，孔深按进入砂层底板线以下不小于 1.0m 控制，深度为 6.40～24.14m。应采用天然砂卵石料源加工系统或人工砂石骨料系统生产的中石和大石按比例混合的料，要求填料为无腐蚀性且性能稳定的硬质材料，饱和抗压强度大于 80MPa，应具有良好级配，小于 5mm 粒径的含量不超过 10%，含泥量不大于 5%，粒径控制在 20～120mm，个别最大粒径不超过 150mm。

2）仁宗海水电工程。为满足堆石坝的变形、基础固结和抗滑稳定要求，除对大坝下游设置压重体（宽度 80m、厚度 11m）外，还需对堆石坝整个坝基和坝体上游坡脚外滑弧以内的第⑦层灰色淤泥质壤土进行振冲法加固处理。

振冲碎石桩法的处理深度原则上应深入第⑦层以下约 0.5m。振冲处理的最大深度在不考虑垫渣厚度的情况下约为 19m。振冲碎石桩按等边三角形布置，防渗墙上下游各 10m 范围内桩间距 1.3m，其余部位桩间距 1.5m，振冲桩的平均桩径 1.15m。

根据现场振冲试验能够检测的指标，结合仁宗海坝体结构设计要求，确定复合地基的指标如下：振冲处理的面积置换率必须达到 40% 以上；第⑦层经振冲处理后，复合地基平均密度大于 $2.10g/cm^3$，平均孔隙率小于 0.30，变形模量大于 35.0MPa，压缩系数 $\alpha_{1-2} \leqslant 0.25MPa^{-1}$，内摩擦角 $\varphi \geqslant 30°$，黏聚力 $c \geqslant 25kPa$。实际振冲处理面积 60 000m²，振冲碎石桩 31 295 根，桩长 474 280m。

3. 施工方法

下面以旋挖造孔碎石桩法为例，来介绍碎石桩法的施工方法。

旋挖造孔碎石桩法的适应地层组成较为均匀，如填土层、黏土层、粉土层、淤泥层、沙土层，以及含有部分卵石、碎石的地层。旋挖钻机拥有自行底盘，可以自主转移机位，施工效率高。

旋挖造孔机根据钻机大小分为小型机、中型机和大型机。

（1）小型机。扭矩 100kN，发动机功率 170kW，钻孔直径 0.5～1.0m，钻孔深度约 40m，钻机整机质量约 40t。

（2）中型机。扭矩 180kN，发动机功率 200kW，钻孔直径 0.8～1.8m，钻孔深度约 60m，钻机整机质量约 65t。

（3）大型机。扭矩 240kN，发动机功率 300kW，钻孔直径 1.0～2.5m，钻孔深度约 80m，钻机整机质量在 100t 以上。

一般情况下，中型机利用率较高，旋挖机成孔的效率比振冲成孔的效率高。

引孔振冲技术是将振冲碎石桩的造孔和成桩截然分开，先采用旋挖钻机或冲击钻机引孔，再将振冲器下放到孔底，下入充填料后自下而上振冲密实成桩。

以旋挖钻机引孔为例，结合旋挖引孔所选引孔设备的性能，在旋挖钻机的基础上，改造而成的设备机身对引孔和成桩均能适用，从而解决了深桩在振冲器起吊设备选型上的难题。设备改造试验研究是在 SH36H 型旋挖钻机（技术参数见表 5-10）上进行的，主要改造包括安装伸缩导杆，并对供水、供电设施进行配套改造，改造后的设备称为 SV90 超深振冲碎石桩机（技术参数见表 5-11）。机具系统通过旋挖钻头和振冲器的快速转换，即可以实现旋挖造孔工艺及振冲成桩工艺的设备一体化。

表 5-10　　　　　　　　　　　SH36H 型旋挖钻机要技术参数

编号	项目	技术参数
1	额定功率（kW）	298
2	动力头行程（mm）	6000
3	回转扭矩（kN·m）	360
4	回转速度（r/min）	6～30
5	底盘宽度（mm）	3450～4600
6	牵引力（kN）	650
7	行走速度（km/h）	1.5
8	钻机高度（m）	27.4
9	主机质量（不包括钻具，t）	94

编号	项目	技术参数
10	加减压油缸行程（mm）	6000
11	最大加减压力（kN）	300
12	主卷扬机提升力（kN）	420
13	主卷扬钢丝绳直径（mm）	36

表 5-11　　　　　　　　　SV90 超深振冲碎石桩机技术参数

编号	项目	技术参数
1	额定功率（kW）	298
2	成桩最大深度（m）	92
3	导杆最大直径（mm）	530
4	气管绞盘直径（mm）	3000
5	水管绞盘直径（mm）	1660

振冲桩法一般按"由里向外"的顺序施工，或"由一边向另一边"的顺序施工，这种顺序易挤走部分软土，便于制桩。若按"由外向里"的顺序制桩，则中心区制桩会很困难。

在强度较低的软土地基中施工时，为减少制桩过程对桩间土的扰动，宜采用间隔振冲的方式施工。

当振冲加固区毗邻其他结构时，为减少对其他结构物的振动影响，可先从邻近结构物的一边逐步向外推移施工，必要时可采用功率小的振冲器振冲靠近结构物的边桩。

振冲成孔后即向桩孔内填料制桩。一般有两种填料的方式：一种是将振冲器提出孔口，向孔内倒入 0.15～0.50m³ 的填料，再下振冲器至填料中振冲密实，待达到设计要求后，又提出振冲器，下料振密，如此反复直至制桩完毕；二是振冲器不提出孔口，仅上提 30～50cm，离开原已振密过的桩段，即向孔内连续不断地回填石料，直至该段桩体振冲密实达设计要求后，再上提 30～50cm，连续填料振冲密实，重复上述步骤，自下而上逐段制桩直至孔口。前者为间断填料法，操作较为烦琐，适合小型工程中的人工推车填料；后者为连续填料法，操作方便，适合机械化作业。但选用哪种方法主要视地基的性质、填料的难易程度而定。对于软黏土地基，往往由于孔道被塌下的软土堵塞，清孔除泥很不方便，影响施工进度和桩体质量，而极松散的粉砂土等地基难以填料，在这些情况下宜采用间断填料法。至于在很软的土层中制桩，有时还需采用"先护壁、后制桩"的施工方法，即成孔时不要一次达到设计深度，而是达到软土层上部 1～2m，将振冲器提出孔口，填一批料，下振冲器将这批填料振冲挤入孔壁，加固此段孔壁，防止塌孔，然后再将振冲器降至下一段软土中填料护壁，如此反复直至达到设计深度。孔壁护好后即可按常规方法制桩。

4. 质量控制与检测

（1）质量控制。振冲碎石桩法作为地基加固处理措施之一，与其他隐蔽工程一样，施工质量较难控制，而非常规的引孔振冲碎石桩法由于地质条件复杂、桩体更深，质量控制难度更大。

下面以旋挖钻引孔振冲碎石桩法为例简述深桩施工过程的质量控制方法。

1）原始地层勘察。在碎石桩法实施之前对原始地层进行勘探测试，查清地层地质物质组成及力学特性。通过勘察原始地层，为选取合适的施工设备及工艺参数提供依据。同时，原始地层参数指标也是碎石桩法成桩效果的比较基础。

2）施工参数试验。在大规模实施碎石桩法之前，应在初拟施工工艺参数的基础上，进行施工试验，进一步验证施工参数的合理性。

3）造孔质量控制。造孔质量控制主要针对以下参数：①孔位中心偏差，要严格按控制点测放施工孔位，用十字法校正引孔钻头，使其对准孔位中心后实施造孔作业；②孔斜，采用旋挖设备自带的测斜和纠偏装置在钻进过程中实时对孔斜进行监控并自行纠偏；③孔深，为保证达到设计深度，利用旋挖钻机自带的孔深测量系统和振冲自动控制系统进行准确测量。

4）清孔质量控制。造孔后要进行清孔，直至孔内泥浆变稀；清孔时应将孔口附近的泥块、杂物清除，以免掉入孔内造成堵孔；清孔后将水压和水量减少到维持孔口有一定量回水，以防止地基土中的细颗粒被大量带走。

5）填料质量控制。碎石桩法采用含泥量不大于5%、性能稳定且无腐蚀性的硬质石料，填料的颗粒级配应满足设计要求。填料以连续下料为主，间隔下料为辅，填料后应保证振冲器能贯入原提起前深度，以防漏振。

6）填料制桩的质量控制。加密段长度利用旋挖钻机自带的孔深测量系统和振冲自动控制系统进行双控，确保不漏振。加密过程中，根据地层情况，对不同深度、不同地层采用不同的加密电流和留振时间，保证加密质量。

7）使用全自动振冲控制系统。超深碎石桩成套设备自带全自动振冲控制系统，施工全过程都使用全自动振冲控挖系统进行实时监控，该系统将各项施工参数采集后，自动形成完整的施工记录文件，实现了振冲施工的自动控制。应用全自动振冲控制系统，还可在主机操作室内实时监控造孔、制桩过程。

（2）质量检测。振冲碎石桩法的处理效果是否达到设计要求，需进行现场检测及室内试验验证，并与加固处理前的原始地基进行对比。

传统振冲碎石桩法应依据 GB 50202—2018《建筑地基基础工程施工质量验收标准》的要求进行质量检测；采用引孔振冲的超深碎石桩法目前无对应的质量检测标准，可参照上述标准执行。

检测试验应在振冲结束施工并达到恢复期后再进行，一般恢复期：黏性土不少于30d，粉土不少于15d，砂土不少于7d。

采用复合地基荷载试验作为振冲桩竣工验收项目，进行复合地基荷载试验的振冲桩数量不应少于总桩数的0.5%，每个单体工程不少于3点。

振冲碎石桩加固处理效果的质量检测包括单桩检测和群桩检测。①单桩效果检测，主要测试桩体深度、密度、渗透系数、抗剪强度、承载能力、变形模量等特征指标，以及单桩影响范围；②群桩效果检测，主要测试复合地基抗剪强度、变形模量和动力触探低值异常区、复合地基的抗液化能力等指标。

试验检测方法及测试参数：①原始地基和桩间土级配、密度 ρ_d、抗剪强度和内摩擦角 φ、渗透系数 k、三轴试验；②碎石桩级配、密度 ρ_d、压缩系数、三轴试验及渗透试验；③桩间土和碎石桩动力触探试验；④桩间土承载力试验；⑤原始地基、桩间土、碎石桩单孔和跨孔纵横波速检测；⑥钻孔原位放射性密度测井。

根据检测试验成果，评价振冲碎石桩地基加固处理效果是否达到设计要求。

（3）工程检测应用。

1）黄金坪水电工程。坝基砂层振冲碎石桩处理完成后，分别进行了超重型动力触探、标准贯入试验、复合地基荷载试验等检测。检测及计算成果表明：1.8m 间距碎石桩处理区域，桩间土（砂层）承载力提高约 2 倍、变形模量提高约 3 倍、抗剪强度提高约 2 倍，复合地基较原砂层承载力提高约 3.5 倍、变形模量提高约 4.5 倍、抗剪强度提高约 1.8 倍；2.0m 间距碎石桩处理区域，桩间土（砂层）承载力提高约 2 倍、变形模量提高约 3.5 倍、抗剪强度提高约 1.9 倍，复合地基较原砂层承载力提高约 3.2 倍、变形模量提高约 4.2 倍、抗剪强度提高约 1.8 倍；2.5m 间距碎石桩处理区域，桩间土（砂层）承载力提高约 1.9 倍、变形模量提高约 3 倍、抗剪强度提高约 2.5 倍，复合地基较原砂层承载力提高约 2.8 倍、变形模量提高约 3.5 倍、抗剪强度提高约 1.7 倍。通过标准贯入检测，处理后的砂层在地震工况下均不会发生液化。振冲处理后，大坝稳定计算、静动力分析结果满足规范要求，振冲处理砂层液化效果较好。

2）仁宗海水电工程。检测及计算结果表明：根据填料换算，振冲处理的面积置换率为 45.8%～48.0%，满足设计要求。

静荷载试验共完成 80 个点，整个场地复合地基承载力特征值为 250kPa，达到设计当初提出的 240kPa 要求。有 3 个点未达到 240kPa，其中 2 个点为 206kPa，1 个点为 234kPa，主要原因是开挖成桩后，未对回填料进行碾压造成承载力不足，而且这 3 点都位于大坝下游压重体范围。

复合地基平均变形模量为 61.6MPa，其中有 8 个静载点测值在 21.3～34.2MPa，没有达到大于 35.0MPa 的要求，但这些点都分散在大坝下游压重体区域，对大坝变形影响不大。

振冲桩现场大剪试验成果：复合地基内摩擦角均值为 31.67°，黏聚力 $c \geqslant 31$kPa，满足设计要求。

复合地基加权平均渗透系数为 1.657×10^{-3}cm/s，基本满足设计要求。

三、高压喷射注浆

1. 基本原理

高压喷射注浆法是利用钻机把带有喷嘴的注浆管钻入（或置入）土层预定的深度后，用一定压力把浆液或水从喷嘴中喷射出来，形成喷射流冲击破坏土层，形成预定形状的空间，当能量大、速度快和脉动状的喷射流的动压力大于土层结构强度时，土颗粒便从土层中剥落下来，一部分细粒土随浆液或水冒出地面，其余土颗粒在射流的冲击力、离心力和重力等作用下与浆液搅拌混合，并按一定的浆土比例和质量大小有规律地重新排列。这样注入的浆液将冲下的部分土混合凝结成加固体，从而达到加固土体的目的。

20世纪70年代初，我国开始在水电工程建设中应用高压喷射注浆法，至今已有几百项工程的实践经验，取得了良好的社会效益和经济效果。

我国西南地区深厚覆盖层上的水电工程建设中，高压喷射注浆法最初多用于围堰的防渗工程，因其对高喷体的力学强度指标没有太高要求。随着高压喷射注浆技术的发展，由于其施工进度快、适用深度范围广，在闸（坝）基础覆盖层加固等方面也逐渐有了广泛的应用。如四川嘉陵江河段上的红岩子电航工程，其河床覆盖层主要为深度大于30m的河流冲积堆积层，覆盖层天然地基允许承载力为0.4～0.5MPa，不满足船闸基础所需的0.8～1.0MPa的承载力要求，采用三重管法高压旋喷桩法进行加强处理，成桩后经抗压静载试验和反射波法检测，满足设计要求。该工程建成后，运行良好，尤其船闸整体沉降较小。

由于不同地层与基础加固的需要，高压喷射注浆法根据施工过程中喷管旋转与提升的方式不同可实现旋喷、摆喷和定向喷射，相应地可形成旋喷桩、成片的止水帷幕和土墙等地下结构。喷嘴以一定转速旋转、提升时，形成圆柱状的桩体，此方式称为旋喷；喷嘴只提升不旋转，形成壁式加固体，称为定喷；喷嘴以一定角度往复旋转喷射，形成扇形加固体，称为摆喷。高压喷射注浆的工作原理如图5-5所示。

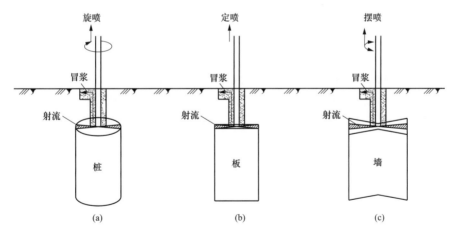

图5-5　高压喷射注浆的工作原理
（a）旋喷；（b）定喷；（c）摆喷

高压喷射注浆法主要用于：①提高地基土层的承载力，减少地基土的变形；②防止砂土液化，止水防渗，可作为防渗墙；③增大土的黏聚力和内摩擦角，防止小型塌方、滑坡，锚固基础；④挡土围堰及地下建筑物、地下管道的保护，防止基坑隆起等。

高压喷射注浆法由于其施工较简便，也适用于对现有建筑基础的加固。如四川岷江支流渔子溪上的耿达水电工程，经历汶川地震后，拦河闸坝坝基各测压管水位较高，闸坝不均匀沉降差存在增大的趋势，经分析是闸坝地基连续分布的厚度不一、高程渐变的砂层受地震扰动引起。经研究决定，采用高压旋喷注浆法对该砂层进行加强。需要加强的第④层为冲积含砾的中细砂层，层厚 5～10m，压缩模量仅 15～20MPa；上部第⑤层为冲积含砂的漂卵石，层厚 10～23m，漂石直径一般为 0.8～2.0m，大者可达 4～6m，骨架中充填中细砂，局部有架空现象。施工采用二重管法，成桩后检验第④层复合地基压缩模量大于 45MPa，加固效果良好。

根据注浆管的结构和喷浆工艺的不同，喷浆方法可分为单管法、二重管法和三重管法，可根据工程需要及土质条件选择采用。

（1）单管法是利用高压泥浆泵装置以 30MPa 左右的压力，把浆液从喷嘴喷射出去，形成的射流冲击破坏土体，同时借助灌浆管的提升或旋转，使浆液与土体上崩落下来的土粒混合掺搅，凝固后形成凝结体。它的优点是水灰比易控制，冒浆浪费少，节约能源等。

该方法适用于淤泥、流砂等地层。但由于该方法需要高压泵支架压送浆液，形成凝固体的长度较小，一般来讲单管法切割土体的能量小，形成的柱体直径在 0.6～1.0m，板墙体延伸可达 1.2～2.0m，因此首先被应用于地基加固和防水帷幕施工，多用于软土地基、淤泥地层及已有建筑物地基的加固等。

（2）二重管法由单管法发展而来，是利用两个通道的注浆管，通过在底部侧面的同轴双重喷射，同时喷射出高压浆液和高压空气两种介质射流冲击破坏土体，即以高压泥浆泵装置，以 30MPa 左右的压力把浆液从喷嘴喷射出，并将 0.7～0.8MPa 的压缩空气从外喷嘴中喷出。在高压浆液射流和外圈环绕气流的共同作用下，破坏泥土的能量显著增大，与单管法相比形成的加固体的直径也增大到 1.0～1.5m，对粉土、砂土、砾石、卵碎石等地层的防渗加固效果良好。

（3）三重管法由二重管法发展而来，其外套高压水，进一步加大土体切割能量，产生的加固体直径更大。三重管法使用分别输送水、气、浆三种介质的三管，在压力达 30～60MPa 的超高压水喷射流的周围，环绕一股 0.7～0.8MPa 的圆筒状气流，利用水气同轴喷射冲切土体，再由泥浆泵注入压力为 0.1～1.0MPa、浆量为 50～80L/min 的稠浆。三重管法由于可用高压水泵直接压送清水，机械不易磨损，可使用较高的压力，因此形成的凝结体长度较二重管法大。三重管法主要用于淤泥底层以外的软土地基，以及各类砂（卵）土等底层的防渗加固。

三种喷浆法中以三重管法的有效处理深度最深，二重管法次之，单管法最浅。实践表明，旋喷可采用单管法、二重管法、三重管法中的任何一种，定喷和摆喷常用二重管法、三重管法。

高压喷射注浆的主要材料为水泥，可适当掺入黏土、石灰或粉煤灰。另外，根据需要可加入适量的速凝剂、防冻剂等添加剂。

2. 适用条件

高压喷射注浆法适用于砂土、粉土、黏性土、淤泥质土、砾石、卵碎石层及人工回填土和堆石体等地基。当覆盖层中含有较多的大粒径块石、大量的植物根茎时，高压喷射流可能受到阻挡和削弱，冲击破碎力急剧下降，影响加固效果，因此应根据现场试验结果确定其适用程度。地下水流速过大或涌水的地基工程，因浆液无法在注浆管周围凝固，或地下水具有侵蚀性，应慎重使用高压喷射注浆法。对无充填物的岩溶地段、永冻土及对水泥有严重腐蚀的地基，均不宜采用高压喷射注浆法。

高压旋喷的加固深度取决于高压喷射机具设备的能力，加固深度通常可达 30～60m，主要用于地下工程的加固和防渗处理。

3. 高压喷射设计

高压喷射注浆法可用于地基加固和防渗。当用于提高地基承载力的加固时，由于桩身材质强度不高的原因，一般深度不超过 20m。由于桩身强度比混凝土要低得多，地基加固一般宜按复合地基考虑，设计中应按照复合地基原理进行地基承载力、抗剪能力分析。高压喷射注浆法需要确定的控制参数主要包括布置形式、桩径、加固体强度、复合地基承载力特征值及复合地基变形模量等。

（1）布置形式。桩的布置应根据工程特点和设计目的确定。用于地基加固时，可选用等边三角形、三角形布置。在独立基础下布置的分散群桩，高压喷射桩应不少于 4根。用于防渗帷幕或基坑防水时，宜选用交联式三角形或交联式排列，相邻桩搭接不宜小于 300mm。在基础和桩顶之间设置褥垫层，厚度取 20～30cm；垫层材料可选用中砂、粗砂、级配砂石，粒径不宜大于 30mm。

（2）桩径。高压旋喷桩的直径与地层、注浆管类型、喷射压力、提升速度等有关，浅层桩径可根据开挖揭示确定，深层桩径难以判断，设计时可根据经验确定，其设计直径按表 5-12 选用。定喷及摆喷的有效直径可按旋喷桩直径的 1.0～1.5 倍取值。

表 5-12   高压旋喷桩的设计直径   （单位：m）

土类		方法		
		单管法	二重管法	三重管法
黏性土	$0<N<5$	0.5～0.8	0.8～1.2	1.2～1.8
	$6<N<10$	0.4～0.7	0.7～1.1	1.0～1.6
砂土	$0<N<10$	0.6～1.0	1.0～1.4	1.5～2.0
	$11<N<20$	0.5～0.9	0.9～1.3	1.2～1.8
	$21<N<30$	0.4～0.8	0.8～1.2	0.9～1.5

注 N 为标准贯入试验击数。

（3）加固体强度。加固体强度取决于土质、喷射压力和置换程度。一般黏性土和黄土中固体单轴抗压强度可达 5～10MPa，砂土和砂砾土中的固体强度可达8～20MPa。

（4）复合地基承载力特征值。复合地基承载力特征值应通过复合地基荷载试验确定，也可按式（5-11）估算。

$$f_{spk} = \frac{R_a + \beta \cdot f_{sk}(A_s - A_p)}{A_s} \tag{5-11}$$

式中　f_{spk}——复合地基承载力特征值，kPa；

A_s——单根桩承担的加固面积，m^2；

A_p——桩的平均截面积，m^2；

f_{sk}——桩间土承载力特征值，kPa；

β——桩间土承载力折减系数，可根据试验确定，当无试验资料时对摩擦桩可取 0.5，当不考虑桩间软土的作用时可取零；

R_a——单桩竖向承载力特征值，kPa。

R_a 可通过现场单桩荷载试验确定，也可按式（5-12）、式（5-13）计算，取其中较小值。

$$R_a = \psi \cdot f_w \cdot A_p \tag{5-12}$$

$$R_a = \pi \cdot \bar{d} \cdot \sum_{i=1}^{n} h_i \cdot q_{si} + A_p \cdot q_p \tag{5-13}$$

式中　f_w——桩身试块（边长 70.7mm 的立方体）的 28d 龄期无侧限抗压强度标准值，kPa；

ψ——强度折减系数，临时工程可取 0.5～0.7，永久重要工程可取 0.3～0.4；

$\bar{d}$——桩的平均直径，m；

n——桩长范围内所划分的土层数；

h_i——桩周第 i 层土的厚度，m；

q_{si}——桩周第 i 层土的摩阻力特征值，kPa，可按当地经验的钻孔灌注桩侧壁摩擦力特征值确定；

q_p——桩端土的承载力特征值，kPa，可按 GB 50007—2011《建筑地基基础设计规范》的有关规定确定。

（5）复合地基变形模量。桩长范围内复合土层及下卧层地基变形值应按 GB 50007—2011《建筑地基基础设计规范》的有关规定计算。复合土层的压缩模量可按式（5-14）确定。

$$E_{sp} = \frac{E_s \cdot (A_s - A_p) + E_p \cdot A_p}{A_s} \tag{5-14}$$

式中　E_{sp}——复合土层的压缩模量，kPa；

E_s——桩间土的压缩模量，kPa，可用天然地基土的压缩模量代替；

E_p——桩体的压缩模量，kPa，可采用测定桩体混凝土割线弹性模量的方法确定。

（6）高压喷射设计工程应用。

1）红岩子电航工程。红岩子电航工程闸区覆盖层为第四系全新统堆积层，由人工杂填土（rQ_4）及河流冲积堆积层（alQ_4^3）组成，其天然地基允许承载力为 0.4～0.5MPa，不能满足船闸基础 0.8～1.0MPa 的设计需求，经综合比较，选用高压旋喷法进行处理。红岩子电航工程船闸上闸首基础高压旋喷采用三重管法，总桩数 440 根，累计长度超 5000m。

2）龙头石水电工程。大坝基础Ⅱ层砂不液化，但在埋深小于25m的区域内发生了动力剪切破坏；Ⅲ层中的砂层在防渗墙的上游侧和上游坝坡附近位置发生液化，并在上下游出现了大范围的动力剪切破坏，需采用工程措施进行处理。对于砂层的处理重点研究了高压旋喷桩方案并按设计开展现场试验。高压旋喷试验分为两个区：试验一区共3个孔，间距3.7m，设计桩径1.5m；试验二区共3个孔，间距2.5m，设计桩径1m。

4. 质量控制与检测

（1）质量检验标准。根据 DL/T 5200—2019《水电水利工程高压喷射灌浆技术规范》的质量检查和验收标准执行。

（2）质量检验方法。高压喷射灌浆质量检验与效果评价，一般根据基础处理目的，主要采用浅层开挖、钻孔取心、压水试验、原位土工试验、现场物探检测、心样室内物理力学特性试验等方法进行。检验点应布置在：①有代表性的桩位；②施工中出现异常的部位；③地基情况复杂时，可能对高压喷射注浆施工质量产生影响的部位。

高喷墙的防渗性能应根据墙体结构形式和深度选用围井、钻孔或其他方法进行检查，应重点检查地层复杂、漏浆严重、可能存在缺陷的部位。围井法是利用围井内开挖的部位进行注（抽）水试验，一般应开挖至透水层内一定深度；在井内中心钻孔进行注（抽）水试验时，钻孔孔径应大一些，并应深至围井底部（不超过围井深度），全孔应下放过滤花管。围井检查法适用于所有结构形式的高喷墙，采用其计算的渗透系数 k，机理明确，成果可信。由于高喷墙上部质量一般均优于下部质量，而围井的开挖深度又有限，故开挖直观检查和取样试验仅宜作为辅助检查手段。

厚度较大的和深度较小的高喷墙可选用钻孔检查法，压水试验的试段长度可根据工程具体情况确定。为了便于操作，静水头压水试验注水面可与孔口齐平。围井法和钻孔法均属于抽样检查，有时较难全面反映高喷墙的整体质量。必要时可利用多种手段，如开挖、取样、钻取岩心、物探、对心样进行渗透和力学试验、查阅施工过程记录、整体效果分析等，综合检查评价高喷墙工程质量。

（3）检验工程应用。

1）红岩子电航工程。工程完工后，对高压旋喷桩进行了抗压静载试验和反射波法检测，结果显示：即使加荷到1.14MPa，高压旋喷桩的总沉降量仍较小，荷载—沉降量的 Q-S 曲线平缓，而沉降量与时间对数关系曲线基本平行，排列规则，说明所有试验点均未达到极限破坏状态。红岩子电航工程高压旋喷桩在地基处理中的成功应用，证明了高压旋喷技术对砂卵石层良好的加固效果。

2）龙头石水电工程。高压旋喷试验检验计划内容包括承载力试验、钻孔心样的抗压强度试验、开挖检查等。桩间距3.7m的桩体承载力特征值为1019kPa，变形模量为95.1MPa；桩间距2.5m的桩体承载力特征值为955kPa，变形模量为54.8MPa。由于该区域未做桩间土荷载试验，故该区域无法给出复合地基承载力；从该区域钻孔情况看，高喷试验效果较差，大部分取出的岩心为卵（碎）石夹砂或中粗砂，局部能够取到灰白色水泥砂浆胶结体。高压旋喷试验区的抗压强度试验表明：心样的抗压强度相差很大，最大的为39.9MPa，最小的为0.7MPa，相比较而言 G-2 孔抗压强度稍好，抗压强度在 7.1～39.9MPa。G-1 桩 0～6m 开挖的情况显示：砂层的喷射情况较差，0～0.7m 为灰白色水泥砂浆结合体，强度较高；0.7～2.1m 为中、粗砂，夹少量粉、细砂，偶见碎石；2.1～6.0m 为碎石和中、粗砂，局部有间断的片状水泥砂浆胶结体，开挖与钻孔结果吻合。

四、压重处理

深厚覆盖层上建坝，坝基地质条件复杂，地基力学性能较差，有的工程还存在设计地震加速度高的问题，因此通常需采用多种工程处理手段，其中较为常用的辅助措施就有压重处理。

压重处理通过在大坝上、下游增加压重体堆载，增大基础竖向应力，间接提高大坝基础的抗剪强度与抗不平衡荷载的能力，提高大坝与地基的整体抗滑稳定性。与此同时，压重处理也是解决坝基液化的一种有效措施，抗液化时常与振冲或者高压旋喷等其他方法综合处理。

压重体用料没有强制规定，主要是要满足材料的力学强度需要，在建基面部位的压重体需要满足排水要求及自身稳定的需要。在施工现场，经常结合施工布置，将其作为施工弃渣场使用，既可以达到满足大坝与基础整体稳定的要求，也可解决现场施工布置问题。

下面列举几个压重处理的工程实例。

1. 瀑布沟水电工程

瀑布沟水电工程坝基河床覆盖层中分布有第③层底部的砂层透镜体，平面上主要有两个区，以它们与坝轴线的相对位置关系，分为上游砂层透镜体和下游砂层透镜体。砂层厚一般为 5～8m，最大厚度 10.16m；埋深一般为 30～40m，最小埋深 22.37m。上、下游砂层透镜体在天然埋藏条件下，当遭受设计地震烈度时，上游砂层不液化，下游砂层可能液化。将上、下游砂层埋深与目前国内外震害实例类比，天然地基产生液化的可能性不大；建坝后有坝体压重条件下，上、下游砂层液化的可能性进一步降低，判断为均不发生液化。考虑到工程规模大，在深厚、复杂的覆盖层地基上建 186m 高坝，留有一定的安全储备，在坝体下游适当增设压重体，作为大坝工程的安全储备。

2. 泸定水电工程

泸定水电工程大坝堆石区上、下游均设有弃渣压重体以加强坝体整体稳定。上游弃渣压重体设在围堰上游 160m，顶高程为 1340m，最大长度 256m；下游弃渣压重体顶部高程为 1346、1325m，顶部宽度 50.0m，外侧坡度为 1：2.0。

坝基砂类土体有③-2 亚层、②-3 亚层两层，其中③-2 亚层埋深小，分布范围小，承载及抗变形能力低，难以满足大坝基础的要求，通过坝基开挖将其清除。

②-3 亚层厚 6.52～32.80m，顶板埋深 29.68～39.36m，分布不连续，多呈透镜体展布。根据其形成时代（Q_3）、上覆有效压力，初判为不液化；而根据黏粒含量（＞13.2%）、孔内横波波速值（230～350m/s）进行判断，存在液化可能；根据砂层相对含水量（0.88）、液性指数（0.74），复判为不液化；而根据标准贯入击数，复判为可

能液化。

为了正确判断②-3亚层在大坝建造后遭遇设计地震时是否会出现液化，除进行三维动力计算分析外，还采用总应力法进行初判。挡水建筑物抗震设防烈度为Ⅷ度，周围历史最大强震于1786年6月发生在康定—泸定磨西间，地震震级$7\frac{3}{4}$，相应地其等效循环周数为30周。从覆盖层厚度30.10~48.20m范围内不同部位取样，做动强度试验，测试②-3亚层细粒土动剪应力比$K_c=1.0$时，由深到浅不同深度土样的动剪应力比$\frac{\sigma_d}{\sigma_3}$分别为0.425、0.300、0.253。

取12剖面坝趾位置，采用简化总应力法进行抗液化安全系数计算。

由$\sigma_z=\gamma z$，可得$\sigma_z=13\times22.57+10.06\times5+12.99\times32.83=770.17\text{kPa}$。

采用简化总应力法：

1）抗液化剪应力：

$$\tau_{df}=\left(\frac{\sigma_d}{\sigma_3}\right)\cdot\frac{D_r}{0.5}\cdot C_r\cdot\sigma_z \tag{5-15}$$

式中　D_r——相对密度；

　　　C_r——修正系数。

$\tau_{df}=(0.425、0.300、0.253)\times1\times0.55\times770.17=(180.0、127.1、107.2)\text{kPa}$。

2）地震引起等效剪应力：

$$\tau_d=0.65\cdot K_d\cdot\frac{\sum\Delta h}{g}\cdot a_{max} \tag{5-16}$$

式中　K_d——应力折减系数；

　　　a_{max}——地震中产生的地面峰值加速度。

$\tau_d=0.65\times1.0\times(5+32.83)\times12.99/g\times0.246g=78.58\text{kPa}$。

故$\tau_{df}>\tau_d$，抗液化安全系数为$K_s=\tau_{df}/\tau_d=1.36~2.29$（如不计弃渣压重，则抗液化安全系数为0.87~1.84）。

根据上述计算，②-3亚层细粒土增加上游压重后不会发生液化，如不计压重作用，则可能液化，因此增设压重是必要的。

在增加上游压重后，采用简化总应力法判断，②-3亚层细粒土层可以不进行加固处理。再根据大坝及坝基抗滑稳定的要求，进行压重范围扩大，以此最终确定压重处理的设计参数。因此，泸定水电工程大坝的压重处理措施可以同时满足抗滑稳定及砂层抗液化要求。

第六章

深厚覆盖层地基安全监测

据国内外资料统计，因地基渗透破坏、滑动等因素导致失事的大坝数量，约占失事大坝总数的 25%。在深厚覆盖层上建高土石坝，由于地基的稳定性和防渗要求更高，地基的安全监测就显得更为重要。

自 20 世纪 80 年代中期，以铜街子水电工程为代表，我国开启了深厚覆盖层上建土石坝的工程实践，深厚覆盖层上建高土石坝技术得到飞速发展。从已建工程的成功经验看，国内深厚覆盖层上建高土石坝技术已达世界先进水平，如长河坝水电工程，其土质心墙堆石坝高 240m，深度 50m 的覆盖层地基采用全封闭防渗墙处理，两者加起来已达 300m 级别。

水电工程安全监测是随我国传感技术、自动化技术的发展而快速发展起来的新兴专业，已形成较为完善的技术体系。覆盖层地基安全监测作为大坝监测系统的重要组成部分，监测对象从最初的坝基逐步扩展到防渗墙、廊道及灌浆帷幕等整个防渗体系；监测项目从最初的渗压监测逐步扩展到整个防渗体系结构的变形、应力监测。

深厚覆盖层上建高土石坝是近 20 余年来发展起来的新型土石坝筑坝模式，覆盖层地基防渗体系的防渗效果和稳定性需要长期监测验证，地基监测方法和仪器埋设工艺也处于不断完善阶段，开展深厚覆盖层地基的安全监测具有重要的现实意义。

第一节　深厚覆盖层地基监测主要问题

如前所述，在深厚覆盖层上建高土石坝，地基加固与防渗技术是关键的技术问题与难题，需要长期关注。深厚覆盖层地基监测问题主要包括以下几个方面：

（1）地基。地基的承载能力是否满足设计要求（一旦超载将发生大变形甚至破坏，因此应关注坝基土体的压力分布、加固地基的沉降分布情况）；坝体、地基，以及连接结构的变形是否协调。

（2）防渗墙。荷载条件下防渗墙的挠度分布情况；承载条件下的防渗墙应力状态；防渗墙的防渗效果。

（3）防渗体系。防渗体系（坝基、坝体及两岸山体）的完整性。应查清分区渗漏的来源与分布，结构一旦破坏或者防渗体系封闭不完备，均可以通过渗流渗压监测结果的异常及时发现，然后再进一步进行分析判断。

近年来建设的众多高土石坝中，非常重视覆盖层坝基的监测。成都院承担的深厚覆盖层上高土石坝工程，均设置了较为全面的坝基监测项目，具体见表 6-1。

表 6-1　　　　　　　部分深厚覆盖层上高土石坝坝基监测设计成果表

序号	工程名称	坝型/坝高	覆盖层及坝基防渗形式	坝基监测设计		备注
				部位	监测项目/监测仪器	
1	长河坝	土质心墙堆石坝/高 240m	砂砾石 70m；两道全封闭混凝土防渗墙最深 50m，墙厚 1.4、1.2m	坝基	变形：防渗墙前后坝基布置弦式沉降仪；渗压：防渗墙前后的建基面布置渗压计，下游坝基沿渗径方向布置渗压计；渗流：大坝下游设置量水堰	
				防渗墙	变形：墙内布置固定式测斜仪，主、副防渗墙内布置弦式沉降仪；应力：墙内布置混凝土应变计、无应力计	
				廊道	变形：廊道底板布置水准测点、裂缝计；渗压：廊道底板布置渗压计、（墙后）测压管	
2	瀑布沟	土质心墙堆石坝/高 186m	砂砾石 77.9m；两道全封闭混凝土防渗墙最深 80m，墙厚 1.2m	坝基	变形：心墙地基布置振弦式沉降仪；应力：心墙建基面沿上下游布置土压力计；渗压：防渗墙前后的建基面布置分层渗压计，下游坝基沿渗径方向布置渗压计；渗流：大坝下游设置量水堰	
				防渗墙	变形：墙内布置固定式测斜仪；应力：墙内布置混凝土应变计、无应力计	
				廊道	变形：设置倒垂孔＋真空激光准直系统，底板布置水准测点、裂缝计；应力：廊道外侧与接触性黏土间布置土压力计，廊道衬砌布置钢筋计；渗流：廊道排水沟内设置量水堰	
3	猴子岩	混凝土面板坝/高 223.5m	冲洪积层 85.5m，混凝土基座＋灌浆帷幕	坝基	渗压：帷幕后布置分层渗压计；渗流：大坝下游设置量水堰	
				趾板帷幕	渗流：大坝下游量水堰	
				趾板	变形：下游坝基布置位移计；应力：基座混凝土布置土压力计	
4	冶勒	沥青混凝土心墙堆石坝/高 124.5m	冰积层 400m；混凝土防渗墙及帷幕联合防渗，防渗墙最大深度：左岸 53m，河床 74m，右岸 140m，墙厚 1.0～1.2m	坝基	渗压：防渗墙上下游侧、下游坝基沿渗径方向布置渗压计；渗流：大坝下游布置量水堰	
				防渗墙	变形：防渗墙内布置测斜管，防渗墙基座内布置多点位移计；应力：在防渗墙与心墙接触位置布置土压力计，在墙内布置应变计、无应力计	
				廊道	变形：水准测点；渗压：在廊道底板布置测压管	

序号	工程名称	坝型/坝高	覆盖层及坝基防渗形式	坝基监测设计		备注
				部位	监测项目/监测仪器	
5	黄金坪	沥青混凝土心墙堆石坝/高85.5m	砂砾石130m；混凝土防渗墙深101m，墙厚1m	坝基	变形：在防渗墙上下游侧坝基布置弦式沉降仪； 渗压：防渗墙上下游侧、下游坝基沿渗径方向布置渗压计	
				防渗墙	变形：防渗墙内布置固定式测斜仪； 应力：防渗墙内布置应变计、无应力计	
				廊道	变形：在廊道内设置倒垂线＋真空激光准直系统，在底板沿坝轴线布置测缝计； 渗压：在廊道底板布置测压管； 渗流：在廊道排水沟布置量水堰	
6	狮子坪	土质心墙堆石坝/高136m	砂砾石110m；混凝土防渗墙深90m，墙厚1.3m	坝基	渗压：防渗墙上下游侧、下游坝基沿渗径方向布置渗压计； 渗流：量水堰	
				防渗墙	变形：防渗墙内布置固定式测斜仪； 应力：插入心墙段防渗墙布置钢筋计，在墙内布置应变计、无应力计	
				廊道	变形：水准测点； 渗压：在廊道底板布置测压管	
7	硗碛	土质心墙堆石坝/高125.5m	砂砾石72m；混凝土防渗墙深70.5m，墙厚1.2m	坝基	渗流：大坝下游布置量水堰	
				防渗墙	变形：防渗墙内布置固定式测斜仪，接触性黏土与反滤层间布置位错计； 应力：防渗墙内布置应变计、无应力计； 渗压：防渗墙下游侧布置渗压计，下游坝基沿程布置渗压计	
				廊道	变形：水准测点； 渗压：在廊道底板布置测压管； 应力：廊道与接触性黏土间布置土压力计	
8	泸定	土质心墙堆石坝/高85.5m	砂砾石148m；80m深防渗墙下接灌浆帷幕，墙厚1.0m	坝基	变形：防渗墙上下游侧坝基内布置弦式沉降仪； 渗压：防渗墙下游侧布置分层渗压计，下游坝基沿程布置渗压计； 渗流：大坝下游布置量水堰	
				防渗墙	应力：防渗墙内布置应变计、无应力计	
				廊道	变形：水准测点； 渗压：在廊道底板外侧布置渗压计； 应力：廊道与接触性黏土间布置土压力计	

续表

序号	工程名称	坝型/坝高	覆盖层及坝基防渗形式	坝基监测设计		备注
				部位	监测项目/监测仪器	
9	毛尔盖	砾石土心墙堆石坝/高147m	砂砾石52m；混凝土防渗墙（深52m）及帷幕联合防渗，墙厚1.4m	坝基	渗压：防渗墙前后的建基面布置渗压计，防渗墙后布置测压管，下游坝基沿渗径方向布置渗压计	
				防渗墙		
				廊道	变形：变形观测墩、双管金属标；应力：衬砌内布置钢筋计，廊道与接触性黏土间布置土压力计；渗压：在廊道下游侧布置测压管	
10	多诺	混凝土面板坝/高108.5m	砂卵砾石41.7m；混凝土防渗墙，平均深30m	坝基	渗压：防渗墙前后的建基面布置渗压计，防渗墙后布置测压管，下游坝基沿渗径方向布置渗压计；渗流：大坝下游布置量水堰	
				防渗墙		

从实际效果看，虽然高土石坝的深厚覆盖层地基布置了较为完善的监测体系，但监测工作仍存在不足，主要表现在以下几个方面：

（1）传统的"点"式监测布置方法存在不足。目前国内外适用于坝基变形和应力监测的仪器仍以"点"式监测仪器为主，"线"式监测仪器少，难以全面监测地基变形、地基稳定及渗透等现象，也难以系统监控地基加固和防渗效果。从已建工程的地基监测经验看，监测点按一定间隔连续布置的方式，类似形成了"点""线"结合的监测体系，如防渗墙的挠度变形监测就采用在防渗墙内部布置固定式测斜仪的方式。

（2）监测仪器的耐久性和长期可靠性难以保证。坝基监测仪器埋设后，工作环境恶劣，长期处于潮湿或饱水环境，局部测点甚至需要耐高水压。已建土石坝工程的仪器运行表明，埋设在坝基的监测仪器较坝体的仪器更容易失效，完好率也更低，特别是需要耐高压的变形类监测仪器完好率更低。

（3）地基监测仪器在适应高荷载、高水头等复杂条件上仍存在一些问题。主要表现在：

1）监测仪器关键技术指标的设置，包括材质（如测压管的材质）、耐水压（变形类埋入式仪器的长期耐水压）、量程、观测电缆牵引与覆盖层沉降不适应等。

2）高荷载、高水头导致对监测设备量程、精度等要求的提高，选型难度大。

3）监测仪器安装埋设质量、监测仪器存活率较难得到保证。

⚛ 第二节　深厚覆盖层地基监测方法

深厚覆盖层地基监测是大坝监测的重要组成部分，监测设计的工作内容主要包括：①监测目的和原则；②监测断面、监测项目和方法（手段）；③监测仪器的技术参数；④监测安装埋设技术要求；⑤观测要求；⑥监测资料分析要求等。其中，监测断面、项目和方法是地基监测设计方案的核心，监测设计方案同时应该综合考虑工程地质条件、结构特性、施工措施、监测仪器性能、安装难易程度等因素。

一、覆盖层地基监测工作要求

1. 监测原则

（1）地基监测点的布置应紧密结合工程实际，突出重点，兼顾全面，相关监测项目应统筹安排，各监测设施应能相互校验。

（2）按"点""线""面"结合的原则进行监测仪器布置，应优先采用"线""面"连续监测方式，仪器选择应尽量选择"线"式或"面"式监测仪器。

（3）坝基监测项目中，渗流渗压监测、防渗结构的稳定性监测是必测项目。监测仪器设备应耐久、可靠、实用，力求先进和便于实现自动化监测。

（4）监测仪器设备应及时安装和埋设，埋设后应做好仪器的保护，及时测读初始值，并填报安装埋设基本资料表，存档备查。

（5）应按设计要求及时观测，获取监测数据和整理分析；发现测值异常时应立即复测，经整理分析发现问题时应及时上报。

（6）仪器监测应与巡视检查相结合。

2. 坝基监测断面的布置

（1）坝基监测断面与坝体保持一致，覆盖层厚度大于 100m 以上的地基，应结合地质条件、结构设计、运行要求开展针对性监测布置，必要时监测方案应进行专项论证。

（2）坝基建基面应增设一个水平监测断面，按 30～50m 网格布设渗压监测点，全面监控坝基的渗流状态；防渗墙和两岸坝基应布置渗压测点，防渗墙后宜间隔 10～20m 布置渗压计；两岸坡脚与建基面交界处，宜按 30～50m 间距布置渗压计。

（3）最大（高）断面处、地形突变处、地质条件复杂处应增设监测点。

3. 仪器监测方法

结合国内深厚覆盖层建高土石坝的工程实例，表 6-2 列出了覆盖层地基常用的监测方法。

表 6-2 覆盖层地基常用的监测方法

序号	部位	监测项目	监测方法（仪器）	可否自动化	备注
1	覆盖层地基	变形监测	电磁式沉降仪、杆式位移计	是	上下游坝基
		渗流渗压监测	渗压计	是	上下游坝基
			量水堰	是	下游坝基
		应力应变监测	钢筋计、土压力计	是	仅适用于加固地基
2	廊道	变形监测	位移观测墩、水准测点	否	
			真空激光准直系统	是	
			裂缝计	是	
		渗流渗压监测	测压管、渗压计量水堰	是	量水堰一般布置于廊道排水沟内

续表

序号	部位	监测项目	监测方法（仪器）	可否自动化	备注
2	廊道	应力应变监测	钢筋计、混凝土应变计、无应力计	是	
			土压力计	是	适用于廊道与外部接触性黏土的接触压力监测
3	防渗墙	变形	弦式沉降仪、电磁式沉降仪、杆式位移计	是	布置时应避免破坏防渗墙结构
			固定式测斜仪	是	
			测斜管＋活动式测斜仪	否	
		应力应变监测	钢筋计、混凝土应变计、无应力计	是	

二、覆盖层地基常用监测技术

1. 沉降监测

适用于覆盖层地基沉降的监测仪器主要有电磁式沉降仪、弦式沉降仪、杆式位移计等。

（1）电磁式沉降仪。电磁式沉降仪系统由一个探头、一根带有刻度的电缆、一个带有蜂鸣器和指示灯的卷盘及一些沿着导管长度方向布置的磁性体组成。其布置和观测方法为：首先在地基内钻孔埋设沉降管，沉降管外按设计要求设置沉降环，沉降环一般为磁性铁环，当地基发生沉降时该环也同步沉降。观测时，把电磁测头缓慢放至沉降管底，当测头通过沉降环时，由于磁感应仪器发出声音，在声响刚发生的一瞬间，确定铁环位置，并立即在钢卷尺上读出铁环所在深度。

（2）弦式沉降仪。弦式沉降仪包括储液罐、液体导管、可压缩不锈钢护管、钢弦式压力传感器和液压锚头等。传感器用来测量液体导管中液柱的压力，储液罐随周围介质下沉，液柱高度减少，传感器测得的压力将减少，将压力的减少量换算成液柱的毫米改变量即可获得相应的沉降量。

（3）杆式位移计。杆式位移计的布置相对灵活，可竖向钻孔布置为单测点或多测点。杆式位移计按传感器原理可分为差阻式、振弦式、电感式、电位器式等类型。这些类型的传感器中，振弦式和电位器式位移计的应用最广，电位器式传感器的量程最大，最大可达 500mm。

2. 渗流渗压监测

地基渗流渗压监测包括渗透压力和渗流量监测。

（1）渗透压力监测。地基渗透压力监测主要采用渗压计。国内外渗压计生产厂家较多，大多为振弦式渗压计，少数为差动电阻式和气动式渗压计。

国产的差动电阻式渗压计和气动式渗压计在工程中使用效果不太理想，其质量有待进一步提高。进口振弦式渗压计灵敏度和精度更高,渗压监测仪器一般选用进口振弦式渗压计。

(2)渗流量监测。渗流量监测首先要收集渗漏水,一般通过在基础廊道排水沟或大坝下游修建截水墙来实现对渗漏水的汇集,然后布置量水堰进行精确量测。量水堰主要有直角三角形量水堰、梯形量水堰、矩形量水堰等。

三、防渗墙监测技术

1. 变形监测

防渗墙挠度变形监测一般采用自防渗墙底至基础廊道底板埋设的测斜管,利用活动式测斜仪或固定式测斜仪进行观测。活动式测斜仪由测斜管、测斜仪探头、读数仪及专业软件等组成。固定式测斜仪一般作为埋入式仪器使用,其工作原理与测斜仪探头相同,仅外形略有差异而已。

测斜管为管内有两对相互垂直的凹槽的观测管,一般为铝合金或 ABS 材质,外径一般为 70mm 或 90mm,每节长 1、2m 或 3m,埋设时需逐节连接。测斜管一般采用竖向埋设,随防渗墙施工同步埋设,自墙底部一直连接至墙顶的廊道内。测斜管安装连接时,底部应密封,管节之间应做好防水,以避免运行期间防渗墙渗水自测斜管内溢出。

采用活动式测斜仪观测时用同一个测斜仪探头在测斜管内移动,以固定间隔分段测量各段处测斜管轴线与初始状态的夹角,求出该段的位移,再经累计得出位移量及沿测斜管轴线整个孔深位移的变化情况。

采用活动式测斜仪的优点是一套测斜仪可供多个测孔使用,使用成本较低;缺点是人工操作,无法实现自动化,且劳动强度较大。

为实现观测自动化,可以采用固定式测斜仪监测防渗墙的变形,但是由于每支固定式测斜仪均有观测电缆,受限于测斜管内空间,一个测斜管内布置的固定式测斜仪需控制在 10 支以内。

固定式测斜仪的观测成果计算方法与活动式测斜仪的类似。

2. 应力监测

防渗墙应力监测主要采用应变计组和无应力计、钢筋计等。

(1)应变计组和无应力计。目前国内防渗墙内应变计组和无应力计的安装埋设方法借鉴的是混凝土坝内的埋设方法。这种方式在防渗墙的上部尚可保证安装埋设的成功率,但在防渗墙中下部的仪器安装则非常困难,不仅施工难度极大,而且应变计组和无应力计的安装定位也相当困难。为此,成都院监测技术人员提出了采用"沉重块"的方式辅助埋设应变计组和无应力计的措施。

沉重块埋设法是在防渗墙槽孔混凝土浇筑前,将沉重块放入槽底,作为下部定位,上部由孔口架固定定位,两者之间拴上尼龙绳,仪器绑扎在尼龙绳上,依次下放到设计高程。

根据对已建工程的调研发现,防渗墙的应力应变监测仪器的完好率不甚理想,监测方法有待进一步改进。

（2）钢筋计。由于应变计组和无应力计成活率偏低，且通过应变计组的监测资料计算实际应力又较为复杂，故可在防渗墙应力典型监测断面同时埋设钢筋计，按深度每间隔 10～15m 布置 1 支，通过对接形成钢筋计串对防渗墙内不同高程处的垂直应力进行监测。

钢筋计可采用"悬吊法"进行埋设，仪器上的加长钢筋应与受力钢筋直径一致，焊接时保证在同一轴线上，且焊接温度要控制在 70℃ 以下，焊接强度不能低于钢筋本身强度。

利用钢筋计测出应力可以近似分析防渗墙混凝土应力变化趋势。

四、基础廊道监测技术

1. 变形监测

在基础廊道底板布置水准点进行沉降监测。在基础廊道与左右岸山体之间的结构缝布置测缝计进行开度监测。

2. 应力监测

从国内深厚覆盖层建坝经验看，基础廊道与防渗墙连接为一个整体，廊道应力分布情况比较复杂，尤其在可能受拉开裂区，应设置应力监测断面，布置钢筋计，开展廊道的钢筋应力监测。

五、新型地基监测仪器的应用探索

1. 大量程电位器式位移计

从近年来深厚覆盖层上建高坝的工程经验看，地基覆盖层沉降监测需要大量程的沉降监测仪器，大量程电位器式位移计的开发弥补了这一缺陷，目前其最大量程可达 1200mm，已应用于国内长河坝等工程。

通过在地基钻孔布置大量程电位器式位移计，即可实现对地基覆盖层沉降的监测。

大量程电位器式位移计主要由锚头、不锈钢传递钢管及保护管、仪器安装座、电位器式位移传感器及仪器保护罩等组成，具有结构紧凑、安装方便的特点。大量程电位器式位移计构造如图 6-1 所示。

2. 柔性测斜仪

如前所述，防渗墙变形监测一般采用在基础廊道内布置活动式测斜仪或固定式测斜仪进行监测，但活动式测斜仪只能人工观测，且存在因仪器安装而形成渗水通道的可能；而固定式测斜仪仪器成本较高，且受限于管内空间，一个测斜管内布置的固定式测斜仪需控制在 10 支以内。

柔性测斜仪（也称阵列式位移计）则可以直接埋设于防渗墙内的测斜管内，然后灌浆作为墙体的一部分，不存在由于仪器安装导致的渗水问题，同时其最大优势是可以对防渗墙的变形实现连续分布式测量。柔性测斜仪还具有精度高、长期稳定性好的特点，并可实现自动化观测。

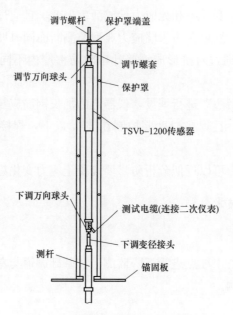

图 6-1　大量程电位器式位移计构造

　　柔性测斜仪是一种可以被放置在一个钻孔或嵌入结构内的变形监测传感器。它由多段连续节（segment）串接而成，内部由微电子机械系统（micro-electromechanical system，MEMS）加速度计组成。每节有一个已知的长度，一般为 30、50cm。柔性测斜仪构造如图 6-2 所示。

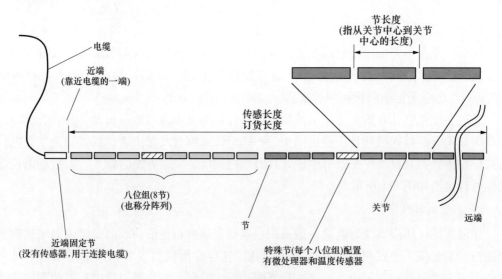

图 6-2　柔性测斜仪构造

　　柔性测斜仪工作时，通过对角度变化的感知，可以计算出各段轴之间的弯曲角度 θ；利用计算得到的弯曲角度和已知各段轴长度 L（30cm 或 50cm），可以完全确定出每段的变形量 $\Delta\chi$，即 $\Delta\chi = \theta \cdot L$；再对各段算求和（$\Sigma\Delta\chi$），可得到距固定端点任意长度的变形量 χ。柔性测斜仪工作原理如图 6-3 所示。

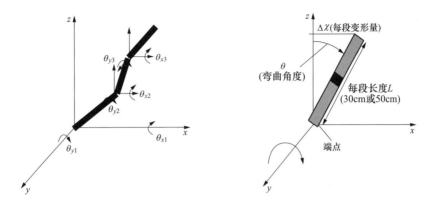

图 6-3　柔性测斜仪工作原理

防渗墙内柔性测斜仪的典型布置如图 6-4 所示。

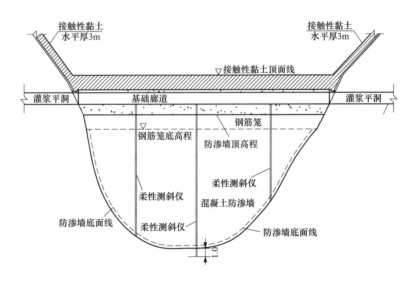

图 6-4　防渗墙内柔性测斜仪的典型布置

3. 分布式光纤监测系统

分布式光纤监测系统具有一系列独特的、其他载体和媒质难以相比的优点，其主要原理是：光波在传播过程中主要会发生三种散射，即瑞利（Rayleigh）散射、拉曼（Raman）散射和布里渊（Brillouin）散射，如图 6-5 所示。瑞利散射的频率与入射光相同；拉曼散射是由光子与光振子相互作用而引起的，其频率与入射光频率相差几十太赫兹；布里渊散射是由光子与光纤内弹性声波场低频声振子相互作用而引起的，其频率与入射光频率相差几十吉赫兹。

分布式传感型光纤监测系统利用光纤的上述散射特性作为敏感元件，光纤不仅起传光作用，还起传感作用，达到各类监测目的，如对裂缝、温度、应变的监测，

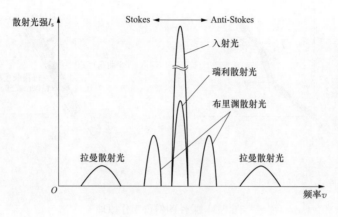

图 6-5　光波的散射

具体见表 6-3。

表 6-3   基于光波散射现象的分布式传感型光纤监测

序号	分类	工作原理	监测项目	备注
1	瑞利散射	光时域反射仪（optical time domain reflectometer，OTDR），光纤裂缝传感就是利用微弯引起损耗这一准则来实现对结构的监测	裂缝	
2	拉曼散射	拉曼散射与光纤分子的热振动密切	温度	
3	布里渊散射	布里渊光时域反射计（Brillouin optical time domain reflectometer，BOTDR），利用光纤中的自发布里渊散射光的频移变化量与光纤所受的轴向应变或温度之间的线性关系，得到光纤的轴向应变或温度分布	应变、温度	

　　从已建工程看，防渗墙和基础廊道的应力应变监测一般采用应变计组和无应力计、钢筋计等。但布置在防渗墙较深部位的应变计组和无应力计存在安装定位难、施工难度大等问题，且只能实现"点式"监测。若能完整反映防渗墙或基础廊道钢筋的应力变化，分布式光纤监测是目前较为合适的选择。

　　防渗墙及基础廊道内分布式光纤的典型布置如图 6-6 所示。

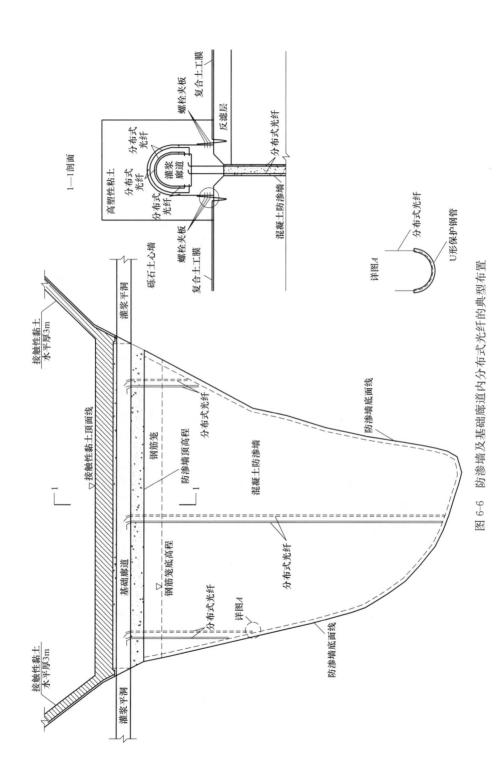

图 6-6 防渗墙及基础廊道内分布式光纤的典型布置

⊛　第三节　监测分析与评价

根据工程经验，基于监测数据的分析和评价工作主要包括监测资料的初步分析和综合分析。初步分析主要由监测技术人员承担，综合分析需要多专业参与，主要是对结构工作性态进行评价与预警。

一、监测资料的初步分析

监测资料的初步分析是从已有的资料中抽出有关信息，形成一个全面的宏观数量描述的过程，并对监测资料做出解释、导出结论、做出预测。初步分析包括如下工作：

（1）分析监测资料的准确性、可靠性和精度。对因测量因素（包括仪器故障），人工测读（即输入错误）等产生的异常测值进行处理、删除或修改，以保证分析的有效性及可靠性。

（2）分析监测物理量随时间或空间变化的规律。

1）根据监测物理量的过程线，分析监测物理量随时间变化的规律、变化趋势，以及趋势是否向不利方向发展等。

2）根据同类物理量的分布图，分析监测物理量随空间变化的分布规律，分析地层式基础有无异常征兆。

（3）统计各监测物理量的有关特征值。统计各监测物理量历年的最大和最小值（包括出现时间）、变幅、周期、年平均值等，分析监测物理量特征值的变化规律和趋势。

（4）判别监测物理量的异常值。将测值与设计计算值相比较，测值与数学模型预报值相比较，同一物理量的各次测值相比较，同一车次相邻同类测点测值相比较。

（5）分析监测物理量变化规律的稳定性。主要分析历年效应量与原因量的相关关系是否稳定，主要物理量的时效量是否趋于稳定。

（6）应用数学模型分析资料。对于监测物理量的定量分析，一般采用统计模型，也可采用确定性模型或混合模型，应用已建立的模型做预报，其允许偏差一般为 $\pm 2s$（s 为剩余标准差）。

（7）分析巡视检查资料。

1）在第 1 次蓄水之际，有无发生库水自坝基部位的裂隙中渗漏出或涌出，有无渗流量急骤增加或浑浊度变化。

2）坝体、坝基的渗漏量有无异常。

3）在高水位时，渗流量有无显著变化。

4）大坝在遭受超载或地震作用后，裂缝发生的部位等。

二、综合分析

综合分析是在监测资料的初步分析基础上，结合地基地质条件、地基处理措施及结构计算成果等资料，进一步分析地基各部位的渗压（渗流）、变形、应力等监测物理量的历时变化过程、空间分布规律是否符合正常规律，量值是否在正常的变化范围内，分布规律是否与坝体的结构状况相协调等。

综合分析应由水工结构、地质和监测等多专业技术力量共同参与，同时应结合类似工程经验，提出重要的监控物理量和监控指标，以指导监测工作合理有序开展。

大坝进入运行期后，应定期对监测成果的综合分析进行研究，并按下列分类对大坝的工作性态做出评价。

（1）正常状态。指大坝达到设计要求的功能，不存在影响正常使用的缺陷，且各主要监测量的变化处于稳定状态。

（2）异常状态。指大坝的某项功能已不能完全满足设计要求，或主要监测量出现某些异常，因而影响正常使用的状态。

（3）险情状态。指大坝出现危及安全的严重缺陷，或环境中某些危及安全的因素正在加剧，或主要监测量出现较大异常，若按设计条件继续运行，将出现大事故的状态。

深厚覆盖层高土石坝地基监测的综合分析是大坝综合分析的重要部分，分析时应对地基过去和现在的实际性态是否安全正常做出客观判断。

地基渗流渗压监测是高土石坝运行期的主要监控指标。地基监测虽包括渗流渗压、变形、应力应变等项目，且变形、应力监测成果主要反映地基的承载能力，但受限于目前以"点"式监测为主的现状，地基一旦发生破损，变形、应力监测成果无法准确捕捉具体部位，而渗流量异常则是地基破坏（损）的最直接表现。根据工程经验，当渗流渗压监测成果出现下列情况之一时，均应及时进行监测预警。

（1）大坝总渗流量超过设计允许值。

（2）大坝总渗流量虽低于设计允许值，但渗流量变化与库水位的升降关系不明显，且表现为逐渐增大趋势。

（3）坝基局部部位出现渗压异常情况。

第四节　工程应用——长河坝工程

长河坝水电工程于 2009 年 11 月开挖坝肩，大坝于 2016 年 9 月填筑到顶。2016 年 10 月 26 日初期导流洞开始下闸蓄水，蓄水前水位高程为 1492.44m，2017 年 12 月 7 日蓄水至正常蓄水位，蓄水位高程为 1690m，首次蓄水完成。截至 2018 年 12 月 28 日，库水位高程为 1673.2m。

以下简要介绍长河坝大坝覆盖层地基监测相关成果。

一、覆盖层地基监测设计

1. 监测断面

分别沿主副防渗墙轴线布置 1 个主监测断面和 1 个副监测断面，编号 1—1、2—2；沿（纵）0+213.72、（纵）0+253.72、（纵）0+303.72、（纵）0+330.00m 布置 4 个监测横断面，编号 3—3、4—4、5—5、6—6。

2. 覆盖层坝基

(1) 变形监测。为掌握覆盖层坝基沉降情况，分别在（纵）0+213.72、（纵）0+253.72、（纵）0+303.72、（纵）0+330.00m 监测横剖面的大坝心墙上游侧、心墙接触性黏土区、心墙下游侧布设 13 套电位器式位移计。

(2) 渗流渗压监测。为了解渗流压力的大小及其分布情况，监测不同土质接触面可能的渗透破坏，判断土石坝基础的防渗状态和排水设施的工作效能，在坝（纵）0+213.72、（纵）0+253.72、（纵）0+330.00m 桩号每个监测断面副防渗墙前各布置 1 支渗压计；在主防渗墙后及主副防渗墙之间各钻孔布设一个深孔，深孔分三个高程布设渗压计，用来分层监测坝基覆盖层渗水压力；在主防渗墙下游心墙区域内各布置 2 支渗压计；在下游过渡层及坝壳建基面布设 5～6 支渗压计，间距 60～90m，用以监测整个坝基顺河向渗流水位过程线。

在副防渗墙下游 3.5m（主副防渗墙之间）及主防渗墙下游 3.5m 处监测纵剖面（沿坝轴线方向）分层布置渗压计，共布置 10 支渗压计，用以监测该部位蓄水后渗漏情况。

为了解主防渗墙后渗流压力的大小，在基础廊道坝（纵）0+215.0、坝（纵）0+253.0 和坝（纵）0+303.0m 桩号钻孔安装渗压计，共布置 3 支渗压计。

(3) 压（应）力监测。在坝（纵）0+213.72、（纵）0+253.72、（纵）0+303.72m 桩号监测剖面的主副防渗墙之间及主防渗墙下游侧各布置 1 套土压力计，沿（纵）0+253.72、（纵）0+330m 桩号布置 2 个监测剖面，在下游过渡层及堆石区覆盖层布置 5 套土压力计，共计布置 11 套土压力计，用以监测坝基覆盖层的土压力及下游堆石区堆石压力。

3. 防渗墙

(1) 变形监测。防渗墙水平位移监测主要采用固定式测斜仪与活动式测斜仪监测，在主、副防渗墙轴线（纵）0+253.72m 桩号处各安装 9 支固定式测斜仪，共计布置 18 套固定式测斜仪、3 套活动式测斜仪。

(2) 应力监测。为了解防渗墙混凝土应力应变情况，在主、副防渗墙内 1452.00m 高程处各布设 2 组三向应变计组，另在每个观测剖面防渗墙应变计附近各布设 1 套无应力计，结合无应力计及后期混凝土徐变试验计算混凝土应力。共计布置 12 套三向应变计组、6 套无应力计。

为了解基础混凝土防渗墙上部钢筋笼及基础廊道钢筋受力情况，在坝（纵）0+253.72m 桩号处，主、副防渗墙内 1447.00、1437.00、1427.00、1417.00m 高程处并排布置钢筋计，共计布置 16 支钢筋计。

4. 廊道

河床基础廊道共布置 7 个监测断面，桩号分别为（纵）0+178.195、（纵）0+185.00、（纵）0+219.00、（纵）0+253.72、（纵）0+295.00、（纵）0+333.00、（纵）0+338.955m。

(1) 变形监测。廊道底部的垂直位移采用水准测量监测，在左、右岸灌浆平洞布设

3 个工作基点，基础廊道沿坝轴线布设 14 个水准点。

在坝（纵）0+193.00、（纵）0+253.00、（纵）0+330.00m 桩号基础廊道内布置三旋转监测断面，分别在上游边墙、顶拱、下游边墙和底板布置倾角仪基座，采用倾角计定期对基础廊道进行倾斜旋转观测，共布置 10 个倾斜仪基座。

为监测廊道与接触性黏土之间的错动位移，在坝（纵）0+219.00、（纵）0+253.72、（纵）0+95.00m 处选取 3 个监测断面，在廊道外侧与接触性黏土接触部位布置 8 支位错计。

在基础廊道两端结构缝部位的左右边墙、顶拱及底板布置 8 支测缝计，对结构缝的变形进行监测。

（2）压（应）力监测。在基础廊道（纵）0+219.00、（纵）0+253.72、（纵）0+295.00m 处布置 3 个监测断面，在顶拱外侧及上下游边墙 1457m 高程处各布设边界土压力计 1 套，用以监测廊道顶拱接触性土压力及两侧边墙侧向土压力，共计布置 9 支。

在坝（纵）0+185.00、（纵）0+219.00、（纵）0+253.72、（纵）0+295.00、（纵）0+333.00m 桩号处布置 5 个监测断面，在每个断面廊道上下游边墙、顶拱、底板内外侧及（纵）0+185.00、（纵）0+295.00m 桩号上游拱肩处布置环向钢筋计及纵向钢筋计，监测廊道钢筋应力情况，共计布置 89 支。

二、观测及巡视检查要求

大坝及坝基现场巡视检查和监测仪器的观测频次严格按照 DL/T 5259—2010《土石坝安全监测技术规范》的要求执行，见表 6-4。

表 6-4　　　　长河坝水电工程坝体及坝基巡视检查、监测仪器观测频次情况

编号	监测项目	施工周期	首次蓄水期	初蓄期
1	日常巡视检查	1 次/周		
2	大坝外部变形	2 次/月	8~10 次/月	2~4 次/月
3	大坝表面垂直位移	2 次/月	8~10 次/月	2~4 次/月
4	大坝内部水平变形	1 次/周	10~15 次/月	4~10 次/月
5	大坝内部垂直变形	1 次/周	10~15 次/月	4~10 次/月
6	垫层位错变形	1 次/周	10~15 次/月	4~10 次/月
7	大坝渗流渗压	1 次/周	1 次/天	4 次/月~2 次/旬
8	大坝土压力	1 次/周	15 次/月	4 次/月~2 次/旬
9	坝基渗流	1 次/周	1 次/天	4 次/月~2 次/旬
10	坝基土压力	1 次/周	15 次/月	4 次/月~2 次/旬
11	廊道钢筋应力	1 次/周	15 次/月	4 次/月~2 次/旬
12	防渗墙倾斜变形	1 次/周	10~15 次/月	4~10 次/月
13	防渗墙混凝土应变	1 次/周	10~15 次/月	4~10 次/月
14	廊道垂直变形	2 次/月	10~15 次/月	4~10 次/月
15	廊道倾斜变形	1 次/周	10~15 次/月	4~10 次/月
16	上、下游水位	1 次/周	1 次/天	4 次/月~2 次/旬

三、监测仪器安装埋设

长河坝水电工程覆盖层地基监测项目实施情况见表6-5。

表 6-5　　长河坝水电工程覆盖层地基监测项目实施情况（截至 2019-9-20）

工程部位		仪器名称	单位	设计量	完成量	完成率(%)	损坏量	完好率(%)
挡水建筑物	大坝基础及防渗墙	固定式测斜仪	支	18	18	100	0	100
		电位器式位移计	套	13	13	100	10	23
		渗压计	支	46	46	100	6	87
		土压力计	支	7	7	100	0	100
		钢筋计	支	6	6	100	0	100
		测压管	个	6	6	100	0	100
		弦式沉降仪	套	1	1	100	0	100
	基础廊道	钢筋计	支	77	77	100	1	99
		土压力计	支	4	4	100	0	100
		测缝计	支	8	8	100	0	100
		位错计	支	4	4	100	0	100
		水准点	个	14	14	100	0	100
		水准工作基点	个	3	3	100	0	100
		倾斜仪基座	个	10	10	100	0	100
		测斜管	根	3	3	100	0	100
		渗压计（新增）	支	6	6	100	0	100
		测压管（新增）	个	6	6	100	0	100
		位错计（新增）	支	12	12	100	0	100
	左右岸灌浆平洞	测压管	个	23	23	100	0	100
		孔内渗压计	支	55	47	85	0	100
		绕渗孔	个	23	22	96	0	100
	混凝土垫层	位错计	支	16	16	100	2	88
		渗压计	支	25	25	100	4	84
合计			支	1989	1883	94.67	23	98.7

四、覆盖层坝基监测成果及分析

1. 沉降

大坝坝基共埋设 13 套电位器式位移计，用以监测覆盖层坝基沉降情况。自 2012 年 7 月安装埋设之后，电位器式位移计陆续失效，截至 2019 年 9 月底仅 3 套仪器工作正常，监测成果见表6-6。大坝基础防渗墙下游堆石区电位器式位移计（部分）时间过程线如图 6-7 所示。

表 6-6　　　　　　　　　　**大坝基础防渗墙下游电位器式位移计监测成果**

序号	监测剖面	安装参数		高程（m）	位移量（mm）			蓄水前后对比差值（mm）	年变化（mm）
		桩号（m）			蓄水前测值（2016-10-25）	蓄水后测值1（2017-12-31）	蓄水后测值2（2018-12-28）		
WY3	4—4	（坝）0+183.00	（纵）0+253.72	1462.25	160.33	161.23	169.18	8.35	7.95
WY4	4—4	（坝）0+273.00	（纵）0+253.72	1463.08	522.97	526.19	535.74	13.38	9.55
WY6	6—6	（坝）0+273.00	（纵）0+330.00	1463.29	675.53	679.67	697.24	24.04	17.57

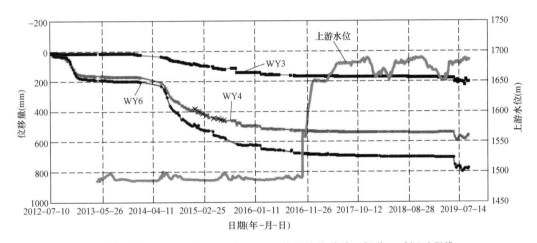

图 6-7　大坝基础防渗墙下游堆石区电位器式位移计（部分）时间过程线

通过对监测数据的整理分析可知：

施工期大坝基础沉降位移变化与坝体填筑有一定的相关性，过渡层及堆石区覆盖层厚度大于心墙区厚度，沉降量大于心墙区沉降量。截至 2018 年 12 月底，堆石区坝基累计最大沉降量 697.24mm，发生在（纵）0＋330.00m 剖面的测点 WY6 ［桩号（坝）0＋273.00m］，心墙区最大沉降量 369.84mm（目前已失效）。

比较 2016 年 10 月底与 2018 年 12 月底的沉降量，发现在这期间沉降量增大24.04mm，年度沉降最大变化 17.57mm，表明坝基沉降受蓄水影响较小。

2. 渗压

坝基渗压监测共布置 3 个监测横断面［（纵）0＋213.72、（纵）0＋253.72、（纵）0＋303.72m］。在每个监测断面的地基上，副防渗墙后 3m 处布置 1 支渗压计，主防渗墙后3m 处布置 1 支渗压计，在下游过渡层及堆石区布置 5～6 支渗压计，间距 60～90m，用以监测整个地基顺河向渗流渗压的情况。

坝基渗压监测过程线如图 6-8～图 6-12 所示。

从过程线可以看出，截至 2018 年 12 月，坝基渗压监测成果规律为：

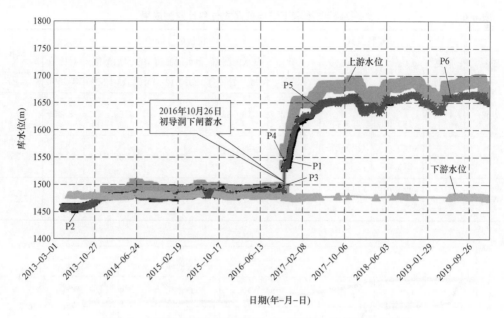

图 6-8　主副防渗墙之间坝基渗压计（部分）计算水位过程线

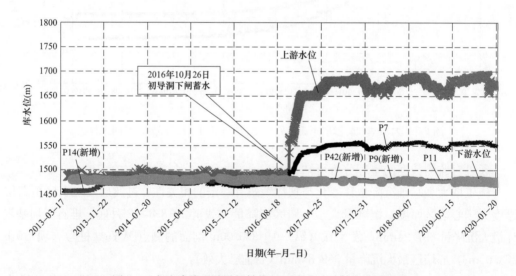

图 6-9　主防渗墙下游沿坝轴线坝基渗压计计算水位过程线

（1）当库水位为 1673.2m，下游水位为 1477.70m，水位高差 195.49m。

（2）主副防渗墙之间（副防渗墙下游 3.5m 处）：计算水头 196.14～201.39m，水位高程 1647.34～1652.58m，较库水位折减 28.34～34.15m，2018 年度变化 1.78～2.47m，蓄水以来水头增加 159.93～163.98m。

（3）主防渗墙下游 3.5m 处：计算水头 23.80～98.55m，水位高程 1477.30～1550.30m，较库水位折减 128.63～201.25m，2018 年度变化－0.55～－0.17m，蓄水以来水头增加－0.57～78.07m［P7，（纵）0＋193.72m，高程 1451.75m］。

（4）（纵）0＋213.72m：主副防渗墙之间水位高程 1645.14m，蓄水以来水头增加

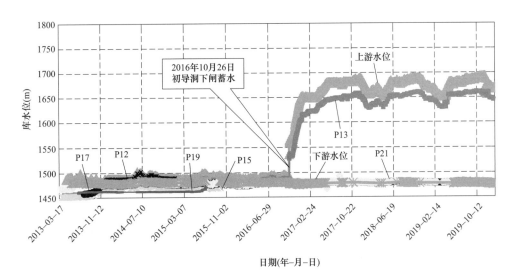

图 6-10　（纵）0+213.72m坝基处顺河向渗压计（部分）计算水位过程线

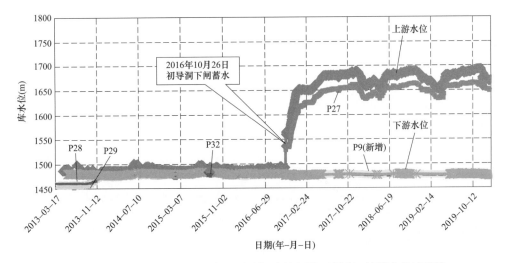

图 6-11　（纵）0+253.72m坝基处顺河向渗压计（部分）计算水位过程线

160.95m，本年度变化 2.47m；主防渗墙下游水位高程 1478.61～1488.82m，较库水位折减 190.28～201.16m，2018 年度变化－0.55～1.90m，蓄水后变化－0.87～－0.57m。

　　（5）（纵）0+253.72m：主副防渗墙之间水位高程 1648.44m，蓄水以来水头增加 163.35m，本年度变化 2.27m；主防渗墙下游水位高程 1477.08～1481.98m，较库水位折减 197.12～202.02m，本年度变化－0.87～2.27m，蓄水后变化－1.84～－0.07m。

　　（6）（纵）0+303.72m：主副防渗墙之间水位高程 1650.69m，蓄水以来水头增加 165.21m，本年度变化 1.78m；主防渗墙下游水位高程 1477.42～1480.66m，较库水位折减 198.44～201.68m，2018 年度变化－0.52～1.04m，蓄水后变化－1.20～－0.25m。

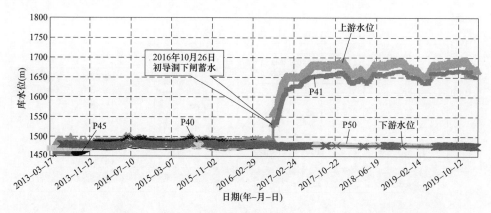

图 6-12 （纵）0+303.72m 坝基处顺河向渗压计（部分）计算水位过程线

综上所述，主副防渗墙之间渗压水头与库水位相关性良好，基本受库水位控制，较库水位折减 28.34～34.15m；主防渗墙下游水位高程 1477.08～1488.82m，蓄水后变化 −1.43～0.80m，大坝上、下游水头差约 201m，总折减水头 190.28～202.02m，说明防渗墙防渗效果较好。

3. 土压力

坝基共埋设了 11 支土压力计，其中心墙区坝基埋设 6 支，过渡层及堆石区埋设 5 支，用于监测大坝基础（廊道顶拱）的土压力变化情况。

坝基土压力监测过程线如图 6-13、图 6-14 所示。

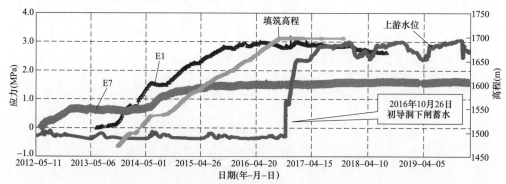

图 6-13 大坝基础心墙区土压力计（部分）时间过程线

从过程线可以看出，截至 2018 年 12 月，坝基土压力监测成果规律为：

（1）施工期坝基土压力值随坝体填筑的增高逐渐增大，最大土压力值位于心墙区坝基部位，且实测土压力小于理论计算值（5.43MPa）。

（2）心墙区坝基土压力在 2.41～2.89MPa，蓄水以来增加 0.12～0.45MPa，年度变化 −0.10MPa；堆石区坝基土压力值在 1.03～2.33MPa，蓄水以来增加 0.01～0.31MPa，2018 年度变化 0.02MPa。整体而言，坝基土压力随库水位上升呈小幅增加趋势，运行初期变化相对平稳。

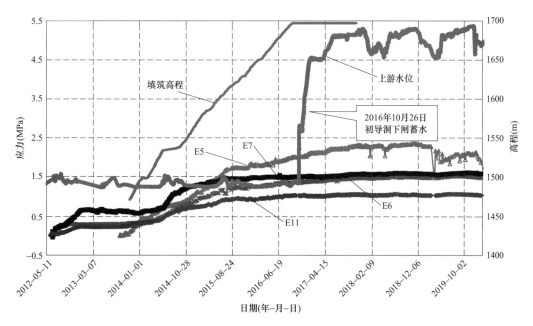

图 6-14　大坝基础堆石区土压力计（部分）时间过程线

五、防渗墙监测成果及分析

大坝基础主、副防渗墙内共埋设 18 支固定式测斜仪，用以监测大坝主、副防渗墙内的变形情况。其中，主防渗墙轴线上安装 9 支，间隔高度 5m；副防渗墙轴线上安装 9 支，间隔高度 5m。活动式测斜仪布置在主防渗墙内，用于监测主防渗墙的挠度，共布置 3 支，分别位于（纵）0＋210、（纵）0＋258、（纵）0＋300m 监测断面上。

主、副防渗墙的变形（固定式测斜仪，A 向即上下游方向成果）监测成果见表 6-7、表 6-8。

表 6-7　　　　主防渗墙固定式测斜仪 IN10～IN18（A 向）监测成果

仪器编号	方向	安装参数（m）			位移量（mm）			变化量（mm）	
		坝桩号	纵桩号	高程	蓄水前测值 (2016-10-25)	蓄水后测值1 (2017-12-30)	蓄水后测值2 (2018-12-23)	蓄水前后	年变化
IN10	A	0＋000.00	0＋253.72	1456.62	17.66	13.83	14.49	−3.0	0.7
IN11	A	0＋000.00	0＋253.72	1451.62	−5.36	−3.54	−4.17	1.1	−0.6
IN12	A	0＋000.00	0＋253.72	1446.62	−1.69	15.12	−0.47	1.3	−15.6
IN13	A	0＋000.00	0＋253.72	1441.62	1.38	3.01	0.22	−0.9	−2.8
IN14	A	0＋000.00	0＋253.72	1436.62	3.82	3.79	3.79	0.0	0.0
IN15	A	0＋000.00	0＋253.72	1431.62	−9.44	−8.06	−9.15	0.2	−1.1
IN16	A	0＋000.00	0＋253.72	1426.62	−5.92	−5.08	−6.08	−0.2	−1.0
IN17	A	0＋000.00	0＋253.72	1421.62	4.02	32.61	9.92	6.0	−22.7
IN18	A	0＋000.00	0＋253.72	1416.62	−17.07	−15.91	−10.74	1.9	5.2

表 6-8　　　　　　副防渗墙固定式测斜仪 IN1～IN9（A 向）监测成果

仪器编号	方向	安装参数（m）			位移量（mm）			变化量（mm）	
		坝桩号	纵桩号	高程	蓄水前测值 （2016-10-25）	蓄水后测值1 （2017-12-30）	蓄水后测值2 （2018-12-23）	蓄水前后	年变化
IN1	A	0−015.00	0+253.72	1464.20	−2.98	−1.07	77.05	78.7	78.1
IN2	A	0−015.00	0+253.72	1460.31	22.80	107.20	113.44	90.0	6.2
IN3	A	0−015.00	0+253.72	1455.99	9.73	9.60	121.27	111.7	111.7
IN4	A	0−015.00	0+253.72	1452.22	3.44	3.07	2.94	−0.2	−0.1
IN5	A	0−015.00	0+253.72	1448.68	81.84	30.85	53.90	−34.0	23.1
IN6	A	0−015.00	0+253.72	1445.16	56.95	5.83	39.19	−19.2	33.4
IN7	A	0−015.00	0+253.72	1441.40	8.36	8.27	8.24	−0.1	0.0
IN8	A	0−015.00	0+253.72	1437.50	3.26	3.29	3.19	0.0	−0.1
IN9	A	0−015.00	0+253.72	1433.60	3.10	57.28	59.94	−7.3	2.7

主、副防渗墙变形规律：截至 2018 年 12 月，主防渗墙上下游方向大的变形表现为向下游方向，最大位移发生在高程 1446.62m 处，最大变形值为 107.20mm；副防渗墙上下游方向的变形表现为向下游方向，最大位移发生在 IN2 测点（高程 1460.31m）处最大变形值为 107.2mm。

比较主、副防渗墙内固定式测斜仪和活动式测斜仪的监测成果，固定式测斜仪为"点"监测方式，活动式测斜仪为"线"监测方式，活动式测斜仪成果明显反映了主防渗墙在荷载及库水作用下的挠曲变形，且规律性好，因此覆盖层地基监测宜优先采用"线"监测方式，其更能达到监测反馈目的。

六、基础廊道监测成果及分析

大坝基础廊道共布置 7 个监测剖面，布置相应变形、应力监测项目及其相应测点。各类测点共计 141 个，施工期间和运行初期测点因各种原因损坏，截至 2018 年 12 月，测点完好 116 个，完好率 82.3%。

1. 沉降

基础廊道共布置 14 个水准点，用以监测廊道沉降变形情况。基础廊道水准点沉降分布如图 6-15 所示。

从上述图表中可以看出，基础廊道最大沉降量位于（纵）0+273.00m 位置，累计沉降量为 116.7mm。沉降规律为：廊道沉降以（纵）0+273.00m 位置为中心向两岸逐渐减小并呈对称分布；河床坝段沉降量相对较大，岸坡坝段沉降相对较小；蓄水后沉降量变化在−8.5mm 以内，2018 年度变化基本保持稳定。

2. 结构缝

基础廊道共埋设 8 支测缝计，用于监测基础廊道的结构缝变形情况，监测成果如图 6-16 所示。

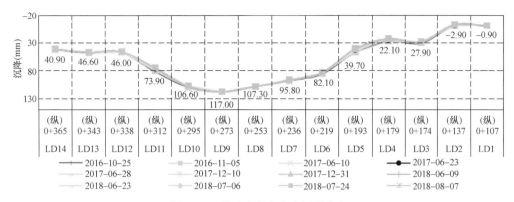

图 6-15 基础廊道水准点沉降分布

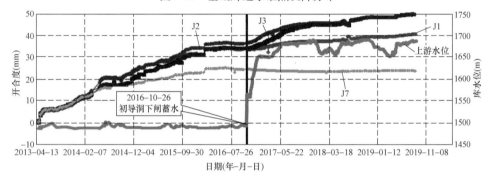

图 6-16 基础廊道测缝计（部分）开合度变化过程线

根据统计，基础廊道结构缝开合度为 18.87～48.31mm，最大值测点位于左岸结构缝顶拱（J2），整体表现为顶拱张开最大，上下游边墙次之，底板张开最小。蓄水以来开合度变化 -0.87～14.23mm，截至 2018 年 12 月年度变化 0.34～3.33mm。结构缝开合度变化规律为结构缝与坝体填筑进度和高度呈正相关，蓄水后结构缝开合度受库水位上升影响明显，变化主要集中在左岸结构缝，后续需加强监测与巡视检查。

3. 倾斜

在基础廊道共埋设 10 个倾斜仪基座，用于监测基础廊道边墙倾斜变形情况。根据监测成果，蓄水以后廊道倾斜较小，上下游方向倾斜角在 -0.306°～0.084°，蓄水期倾斜变化在 -0.025°～0.025°；左右岸方向倾斜角在 -0.061°～0.115°，蓄水期倾斜变化在 -0.002°～0.014°。

4. 廊道位错

廊道位错计为蓄水后新增监测仪器，于 2017 年 2 月布置在廊道左右岸结构缝表面，用于监测结构缝顺河向、垂直向的位错变形。

截至 2018 年 12 月，新增位错计监测成果表明：当前竖向变形在 -2.51mm 以内，水平向变形在 -6.53mm 以内，年变化在 -6.53mm 以内，位错变形相对稳定。负值为位错计闭合压缩状态。

5. 土压力

在基础廊道（纵）0+219、（纵）0+253.72、（纵）0+295m 监测断面顶拱外侧及上下游边墙1457m高程处各布设边界土压力计1套，用以监测廊道顶拱外侧和两侧接触性土压力，共计布置9支土压力计，截至2018年5支仪器工作正常。大坝基础廊道土压力计（部分）时间过程线如图6-17所示。

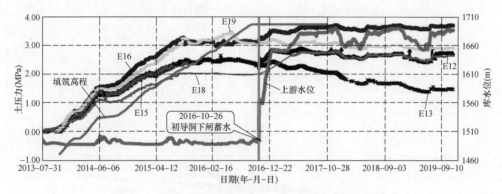

图6-17　大坝基础廊道土压力计（部分）时间过程线

土压力计监测成果显示：大坝基础廊道外侧实测土压力为2.61～3.64MPa［E16，（纵）0+253.72、1466m高程］，施工期土压力随大坝填筑高程的增大而增大，蓄水后大部分测点土压力略有增大，蓄水后土压力变化值在−0.25～0.70MPa，2018年度变化在−0.01～−0.14MPa。

6. 钢筋应力

在基础廊道结构钢筋上共布置89支钢筋计，安装方向分为轴向和环向，用于监测基础廊道钢筋应力变化情况。截至2018年12月底，各监测剖面的钢筋应力为−171.96～380.66MPa［（纵）0+333m的6—6剖面，上游侧轴向内层R89］，蓄水以来钢筋应力变化−52.66～208.17MPa［（纵）0+333m的6—6剖面，上游侧轴向内层R89］，年度变化−23.46～58.15MPa。

轴向钢筋：靠近左、右岸廊道结构缝的2—2剖面［（纵）0+185m］、6—6剖面［（纵）0+333m］轴向钢筋以受拉为主，蓄水后大部分测点呈拉应力增加趋势，最大拉应力322.51MPa出现在6—6剖面［（纵）0+333m］；向河床中部逐渐转变为以受压为主，4—4剖面［（纵）0+253.72m］轴向钢筋均为受压状态。该规律是基础廊道沉降变形的结果，河床中部沉降最大，廊道形成挤压，而靠近左、右岸结构缝廊道处于受拉状态（结构缝呈明显张开变化）。

环向钢筋：大部分测点呈受压状态，受拉测点的拉应力明显小于轴向钢筋拉应力，蓄水后钢筋应力变化也明显小于轴向钢筋的应力变化。

结合现场巡视检查结果，轴向钢筋受拉集中区域与廊道出现环向裂缝的范围较为一致，运行期间应继续关注廊道应力变化。

覆盖层地基作为长河坝大坝的关键部位，覆盖层坝基、防渗墙及基础廊道监测项目设置齐全，监测成果能够反映出施工期至蓄水初期的地基变形、渗流及应力等实测值均处于设计允许范围内，监测分析成果表明该工程采取的地基处理措施效果良好、地基工作性态正常。

第七章

工　程　实　例

　　本章选取成都院设计的冶勒、硗碛、瀑布沟、黄金坪和长河坝五个水电工程予以介绍。五座大坝在地基处理技术方面各具特点，可为拟建水电工程建设提供参考。

　　冶勒水库大坝为 400m 级深厚覆盖层、不对称地基上建造的百米级高沥青混凝土心墙堆石坝。地基覆盖层厚度不均，左岸薄而坝基与右岸厚，坝基变形存在不对称性和不均一性问题，坝体协调变形问题十分复杂，基础防渗施工难度巨大。在地基防渗设计中，创造性地提出了防渗墙垂直分段联合防渗结构形式，采用上下两层防渗墙通过廊道连接、下层防渗墙再接帷幕的防渗系统，拓展了防渗墙的应用范围。冶勒工程的综合处理难度已经远远超过已建同类工程，并将我国深厚覆盖层上修建沥青混凝土坝技术提高到了一个新的水平。

　　硗碛大坝在建时为国内深厚覆盖层上最高的砾石土直心墙堆石坝。在地基防渗设计中，首次提出了"土心墙＋廊道＋全封闭单防渗墙＋基岩帷幕"的防渗系统并成功得以应用，相对于原有的插入式连接，缩短了大坝施工工期，且为后期维护、监测、交通等提供了便利，也为后期建设在覆盖层上高土石坝的防渗设计提供了经验。在地基处理过程中，考虑到大坝左、右两岸心墙下部坝基的强风化、强卸荷炭质千枚岩较深，若要全部挖除，则边坡较高，开挖和支护工程量均较大，因此采取了对左、右两岸边坡进行表层开挖和固结灌浆处理的方式，处理范围基本达到弱风化层上限。

　　瀑布沟大坝是当时已建深厚覆盖层上世界第一高砾石土心墙堆石坝，先后获得了"国际堆石坝里程碑工程"、中国土木工程"詹天佑奖"等多项荣誉。在地基防渗设计中，首次提出了坝基大间距、双防渗墙联合防渗结构，防渗墙与土心墙分别采用廊道和插入式连接，主防渗墙顶部与廊道采用刚性连接结构，解决了 200m 级高土心墙堆石坝在高水头下深厚覆盖层防渗设计与施工中的难题，属国内外首创。在地基处理过程中，对浅表砂层透镜体进行了开挖、置换，对心墙地基进行了浅层固结灌浆，为了增强下游坝基中砂层抗液化能力和提高大坝的抗震能力，在下游坝脚处设置两级压重体，以上措施均取得了良好效果。

　　黄金坪拦河大坝及围堰均建在强震区深厚覆盖层上，覆盖层深厚且结构复杂，层内还分布有砂层透镜体。在地基防渗设计中，采用一道厚 1.2m 的全封闭式防渗墙，防渗墙底部嵌入基岩内 1.0m，防渗墙通过廊道与沥青混凝土心墙连接。地基处理过程中，沥青混凝土心墙建基面高程直接影响到坝基防渗墙施工、砂层处理方式及基坑排水的难易程度。根据砂层平面和埋深分布及液化特性，确定该工程坝基最低开挖高程为1386.00m，并对坝基覆盖层采取振冲、固结灌浆等措施处理。大坝挡水至今已运行超过 5 年，监测数据表明大坝运行情况正常。

长河坝大坝是修建在深厚覆盖层上的世界第一高土心墙堆石坝。在建成之前，国内外尚无在深厚覆盖层上建造 200m 以上高土石坝的设计和施工经验，尤其是坝基深厚覆盖层物质组成复杂，多具有松散架空、夹细粒土层等，地基处理难度极大。在地基防渗设计中，采用了两道分开独立布置的防渗墙，根据其与坝基基岩帷幕的关系，两道防渗墙一主一副，主防渗墙厚达 1.4m，副防渗墙厚 1.2m，两道防渗墙端头设置连接帷幕以使两道防渗墙形成整体，共同承担水头。针对坝基砂层可能会发生的液化与不均匀沉降问题，对其进行了全部挖除，使大坝建基于低压缩的砂卵石覆盖层地基上。为减小心墙地基沉降，消除施工松动层影响，也为了增加心墙与地基基础部位的防渗抗渗能力，对心墙底部覆盖层进行了深度为 5m 的浅层固结灌浆。

※　第一节　冶　勒

一、工程布置与大坝

冶勒水电工程为南桠河流域梯级规划"一库六级"的第六级龙头水电工程，主要任务是发电，为二等大（2）型工程。冶勒水电工程采用高坝、中长引水隧洞、地下厂房的混合引水式开发方式，工程由首部枢纽、引水系统和地下厂房三大部分组成。

冶勒大坝为沥青混凝土心墙堆石坝，最大坝高 124.5m。由于河床及右岸坝基覆盖层深厚（最大深度超过 420m）、工程区地震基本烈度高达Ⅷ度，以及最大坝高超过100m 等，将大坝工程的建筑物级别提高为 1 级。综合考虑坝体各分区之间筑坝材料变形协调、连续，尽可能减少坝体堆石变形对心墙的不利影响，以及覆盖层渗透反滤保护、结构功能要求等，坝体结构分为沥青混凝土心墙、过渡层、坝壳主堆石和次堆石、坝基排水反滤层、压重和护坡等，大坝典型剖面布置如图 7-1 所示。

大坝上游迎水面坡度为 1∶2，上游与上游围堰体之间填筑一宽约 150m 的压重平台，平台顶高程为 2579.00m。下游坡度在高程 2624.50m 以上为 1∶1.8，在高程2624.50m 以下坡度为 1∶2.2；下游压重区为一宽约 300m 的平台，压重顶高程为2560.00m，下游末端坡度为 1∶2。

沥青混凝土心墙为梯形结构，顶宽 0.6m，向下逐渐加厚，心墙上、下游坡度均为1∶0.0025，底部最大厚度为 1.2m，心墙底部为 1.8m 高的大放脚，大放脚底部最大厚度为 2.4m。在心墙上、下游各设两道碎石过渡层，分别为上、下游过渡层Ⅰ，上、下游过渡层Ⅱ，上、下游过渡层Ⅰ的坡度均为 1∶0.0025，水平宽度均为 1.3～1.6m；上、下游过渡层Ⅱ的坡度均为 1∶0.0165，水平宽度均为 2～4m。根据坝体对上、下游堆石的不同要求，在上游过渡层外只设堆石Ⅰ区，在下游过渡层外则设主堆石Ⅰ区和次堆石Ⅱ区，上、下游坝坡分别采用预制混凝土块护坡；由于坝基下浅层隔水层下部存在承压水，在下游局部堆石体坝基处设有排水孔，在大坝下游设置平均厚22m、长约215m的压重区。沥青混凝土心墙底部与钢筋混凝土基座相接，基座顶宽约3m、高3m，形状为上宽下窄的梯形，顶部50cm为直段。为减少沥青混凝土心墙和坝基混凝土防渗墙沿轴向的变形，基座纵向不设缝，为整浇式钢筋混凝土梁；基座下接混凝土防渗墙，防渗墙河床段厚1.2m、左右两岸均厚1.0m，右坝肩墙体最大深度约84m，基座与防渗墙之间为刚性连接，心墙与基座之间设置沥青玛琋脂；坝体顶部约30m高度范围内布设有柔性抗震网格（土工格栅）。

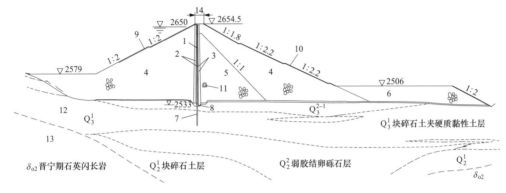

图 7-1　大坝典型剖面布置

1—沥青混凝土心墙；2—上游过渡层；3—下游过渡层；4—次堆石；5—主堆石；6—压重堆石；
7—混凝土防渗墙；8—混凝土基座；9—上游护坡；10—下游护坡；11—监测廊道；
12—覆盖层；13—基岩

二、工程地基条件

冶勒大坝位于冶勒断陷盆地边缘，第四系覆盖层勘探揭示最大厚度超过420m，河床下部残留厚度160m。根据沉积环境、岩性组合及工程地质特性，自下而上将坝基覆盖层分为五大工程地质岩组。

第一岩组：弱胶结卵砾石层（Q_2^2），以厚层卵砾石层为主，泥钙质弱胶结。该岩组深埋于坝基下部，最大厚度大于100m，最小厚度15～35m。

第二岩组：块碎石土夹硬质黏性土层（Q_3^1），呈超固结压密状态，层中夹数层褐黄色硬质黏性土。该岩组在坝址河床部位埋深18～24m，厚度31～46m。该岩组透水性微弱，是深部承压水的相对隔水层。

第三岩组：卵砾石与粉质壤土互层（Q_3^{2-1}），分布于河床谷底上部及右岸谷坡下部，厚45～154m，在河床部位残留厚度20～35m，层间夹数层炭化植物碎屑层，局部分布有粉质壤土透境体。粉质壤土呈超固结微胶结状态，透水性极弱，具有相对隔水性能，构成了坝基河床浅层承压水的隔水层。

第四岩组：弱胶结卵砾石层（Q_3^{2-2}），厚度65～85m，层间夹数层透镜状粉砂层或粉质砂壤土，单层厚2～10m。卵砾石粒径以5～15cm居多，空隙式泥钙质弱胶结为主，局部基底式钙质胶结卵砾石层多呈层状或透镜状分布，存在溶蚀现象，为右岸坝基上部防渗处理的主要地层。

第五岩组：粉质壤土夹炭化植物碎屑层（Q_3^{2-3}），分布于右岸正常蓄水位以上谷坡地带，厚 90～107m，与下伏巨厚卵砾石层呈整合接触。粉质壤土单层厚度一般为 15～20m，最厚达 30m，其间夹数层厚 5～15cm 的炭化植物碎屑层和厚 0.8～5.0m 的砾石层，胶结程度相对较差。

坝基覆盖层分布总体趋势是自上游向下游、从左岸往右岸及盆地中心倾斜，形成左岸覆盖层薄、河床覆盖层厚、右岸覆盖层深厚的情形，加之坝基各岩组物理力学性能存在差异，导致坝基沉降变形不均一。河床坝基浅表分布的粉质壤土透镜体，自上游往下游逐渐增厚，埋深小，对坝基不均一沉降变形产生不利影响。此外，由于粉质壤土层的抗变形能力低于卵砾石层的抗变形能力，且岩性岩相和厚度变化较大，对坝基变形及稳定不利。

坝基覆盖层由卵砾石层、粉质壤土及块碎石土等多层结构土体组成，坝基下部的粉质壤土及粉质壤土与下伏卵砾石层或块碎石土夹硬质土层的接触面可视为向上游缓倾的潜在滑移面，存在抗滑稳定问题。河床坝基分布的砂层透镜体，顺河长 100m，横河宽 20m，埋深小，含有较高的承压水，大坝挡水后坝基承压水位将进一步升高，对坝基抗滑稳定不利，需采取工程处理措施。

坝基主要渗漏途径有两条：一是通过坝基下部第一岩组向下游渗漏；二是沿河床坝基和右岸坝肩分布的第三、第四岩组卵砾石层向下游渗漏。坝基第一岩组埋深较大（49～70m），上覆第二岩组隔水层封闭性好，承压水渗漏缓慢，排泄不畅，蓄水后通过第一岩组卵砾石层产生的渗漏量很小，库水主要通过坝基第三、第四岩组向下游产生渗漏。右坝肩 2650m 高程以下至河床坝基下部深约 18～24m 一带为第三、第四岩组，垂直厚度 128～137m，卵砾石层透水性不均一，岸坡地下水位低，蓄水后第三、第四岩组将是河床坝基及右岸坝肩的主要渗漏途径。河床及右岸坝基分布的泥钙质胶结卵砾石层、超固结粉质壤土层和块碎石土层，天然状态下具有较高的抗渗强度，沿第二、第三、第四岩组内及其接触界面产生管涌的可能性小。

坝基粉质壤土层及粉质壤土、粉细砂层透镜体分布较多，且厚度较大，在地质历史时期曾受到高达 4.5～6.0MPa 的先期固结压密作用，结构密实，动静强度指标较高。通过经验判别法和 H. B. Seed 剪应力对比法分析判断，在最大水平地震加速度 $\alpha_{max}=$ 0.32g、0.27g 的工况下，坝基不同深度分布的粉质壤土及透镜体在饱和状态下均不会发生液化破坏。

三、地基处理

该工程大坝是建在 420m 深厚覆盖层、不对称地基上的 125m 级高沥青混凝土心墙堆石坝，坝基垂直防渗深度超过 200m，坝体协调变形问题十分复杂，基础防渗施工难度巨大，工程综合处理难度远超已建同类工程。

1. 建基面选择

该工程左岸覆盖层较薄，坝基覆盖层较厚，右岸覆盖层深厚，坝基变形存在不对称性和不均一性问题。但是坝基持力层范围内的土体均属超固结密实土体，力学性能较好，抗变形能力较强，加之堆石坝底宽较大，故坝基变形对坝体的影响问题不突出。

大坝建基面挖除表层崩积层、人工堆积物、地表水流冲刷层等松散土体，其中沥青混凝土心墙基座建基于一定深度内的结构密实且具有一定承载力的土体上，并对分布于弱胶结卵砾石层中的砂层及粉质壤土透镜体采取挖除置换处理。根据上述原则，确定坝基开挖高程 2530.00m。

2. 压重处理

由于坝基下相对隔水层的承压水头较大，故在坝趾下游设有 215m 长的压重区，压重顶面高程为 2560.00m，平均厚度为 22m；坝趾上游利用天然河湾，将导流围堰与坝体上游堆石体结合，有利于坝坡稳定。

3. 坝基防渗

深厚覆盖层坝基防渗是该工程地基处理的主要难点。坝基防渗应充分考虑左、右岸基础条件严重不对称的因素，综合确定采用"一道混凝土防渗墙＋水泥灌浆帷幕"的坝基防渗方案（见图7-2）。沥青混凝土心墙底部基座采用应力变形协调条件较好的小断面结构，基座横河向不设缝，采用整浇式钢筋混凝土梁，基于防渗体观测、检查、维护灌浆等功能的需要，在下游坝壳堆石体内设置独立廊道。

坝基防渗的设计原则为：

（1）左坝肩基岩浅埋段将防渗墙直接插入基岩内 0.5～1.0m，墙下采取帷幕封闭透水岩体。

（2）河床深覆盖层段将防渗墙插入基础相对隔水第二岩组内 5m 以上。

（3）右坝肩深厚覆盖层段采用"防渗墙＋灌浆帷幕"的布置格局，并采取地表挖槽 15m 深构筑施工平台以降低防渗墙施工难度，在平台上建造 140m 深防渗墙（墙体分上、下两层施工，上、下层防渗墙之间通过钢筋混凝土廊道连接），墙下再接超 60m 深的灌浆帷幕。

右岸台地防渗墙与防渗墙施工廊道的衔接是右岸防渗系统的关键部位之一，连接形式有两种情况：在（坝）0＋414.00m 以左的短渗径区采用嵌入或接触式连接，并在连接部位加强灌浆，在廊道顶部、上墙的上下游各预埋 4 排、顺廊道方向间距为 2m 的扇形灌浆管进行帷幕灌浆，以满足该区域防渗的可靠性；在（坝）0＋414.00～（坝）0＋610.00m 段的较长渗径区采用衔接帷幕连接，在廊道顶部、上墙的上下游顺廊道方向共埋设 7～8 排孔间距、排距均为 2m 的扇形灌浆管，以此对廊道顶拱与上墙之间及上墙上下游的土体进行帷幕灌浆。

在冶勒深厚覆盖层帷幕灌浆施工中，由于工程量大、工期紧，如采用常规的金刚石钻头钻进，施工进度必然受到影响，设计采用全断面牙轮钻头进行深孔帷幕灌浆的钻孔。冶勒工程的实践证明，全断面牙轮钻头钻进是一种高效可行的方法，值得在深厚覆盖层灌浆施工中推广应用。

四、监测及运行

覆盖层地基监测断面设置与大坝一致，布设五个监测横剖面（顺河流向），具体为：

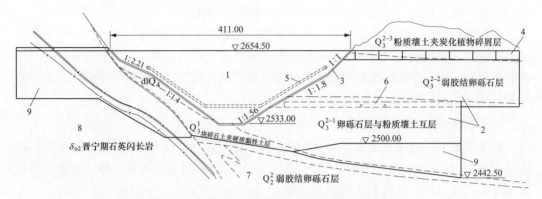

图 7-2　冶勒水电工程坝基防渗方案坝轴线剖面

1—沥青混凝土心墙；2—混凝土防渗墙；3—混凝土基座；4—右岸台地钢筋混凝土心墙；
5—监测廊道；6—防渗墙施工廊道；7—覆盖层；8—基岩；9—帷幕灌浆

①左岸布置两个监测剖面，桩号为（坝）0＋120.00、（坝）0＋153.00m；②河床中心部位（最大坝高位置）布置一个监测剖面，桩号为（坝）0＋220.00m；③右岸布置两个监测剖面，桩号为（坝）0＋270.00、（坝）0＋320.00m。

监测部位包括坝基、防渗墙、廊道等，监测项目以渗流渗压监测为主，变形、应力监测为辅。覆盖层坝基主要监测成果如下。

1. 大坝总渗流量

大坝总渗流量是综合反映沥青混凝土心墙堆石坝防渗系统工作性态的重要指标。大坝下游渗流量监测采用量水堰，大坝总渗流量由三个部位的渗流量组成，即右岸施工排水廊道、右岸 8 号沟及坝体坝基等的渗流量。大坝总渗流量过程线如图 7-3 所示，监测成果截至 2017 年 12 月。从过程线看，总渗流量变化与库水位呈明显的正相关，近几年大坝总渗流量变化情况基本正常；2017 年大坝总渗流量在 76.73～244.29L/s，与 2016 年（73.75～240.99L/s）相比变化不大。

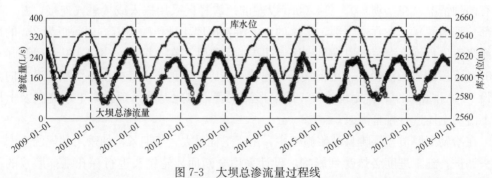

图 7-3　大坝总渗流量过程线

2. 坝基渗压

（1）（坝）0＋120.00m 监测断面。本断面渗压监测主要采用渗压计，具体测点分布为：

1）基座、防渗墙上游侧坝基：埋设 4 支渗压计（P01、P08、P09、P10），P01 位于基座上游侧的过渡料中，P08 位于防渗墙上游侧的过渡料中，P09 位于覆盖层中，P10 位于基岩面以下 4.48m 处。渗压水位过程线如图 7-4 所示，监测成果反映上游侧坝基的渗压水位与库水位同步变化，随库水位升降而升降。

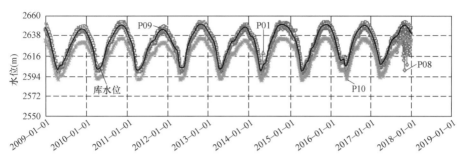

图 7-4　（坝）0＋120.00m 桩号上游侧渗压水位过程线

2）心墙、基座、防渗墙下游侧坝基：埋设 7 支渗压计（P02～P04、P13～P16）。P02、P03 位于心墙下游侧的过渡料中，P04 位于基座下游侧的过渡料中，P13 位于防渗墙下游侧的过渡料中。渗压水位过程线如图 7-5 所示，渗压水头均为 0，监测成果表明大坝坝基以上坝体防渗排水性能良好。

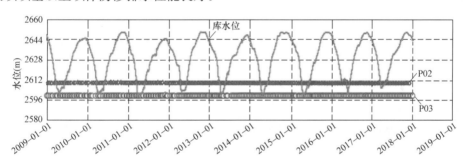

图 7-5　（坝）0＋120.00m 桩号下游侧渗压水位过程线（一）

埋设高程在 2563.14m 以下的渗压计 P14～P16 及 2586.73m 高程处测压管 UP03 的渗压水位也与库水位关系密切，与库水位的最小水头差在 4.22m 以内。究其原因是左岸基岩有卸荷裂隙带存在，而该断面防渗墙处于渗透性较强的卸荷裂隙带中，防渗体系未能全部截断该部位透水性较强的卸荷裂隙带，以致该断面防渗墙下游侧渗压水位偏高；加之基岩上覆盖有较厚的第二岩组隔水封闭，导致排水不畅，致使防渗墙下游侧 P14～P16 渗压计实测渗压水位随库水位升降而升降。截至 2017 年年底，除 P14 渗压水位较往年有减小变化趋势外，P15、P16 与 UP03 渗压水位变化规律较往年基本一致，情况正常。具体如图 7-6 所示。

（2）其他监测断面。各监测断面的 2016、2017 年渗压水位监测成果均在历史极值范围内变化，随库水位的升降同步变化，监测成果表明，截至 2017 年年底坝基防渗系统工作正常。

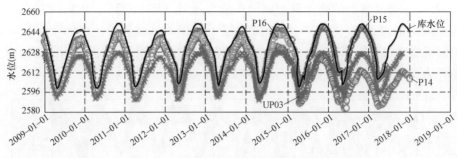

图 7-6　（坝）0+120.00m 桩号下游侧渗压水位过程线（二）

3. 坝基变形

坝基、防渗墙及廊道的变形监测成果分析表明，各部位的变形已趋稳定。

综合分析变形监测成果和坝基渗流、渗压监测成果，冶勒大坝目前运行性态正常。

❋ 第二节　硗　碛

一、工程布置与大坝

硗碛水电工程为宝兴河流域梯级规划"一库八级"的龙头水电工程，主要任务是发电，为二等大（2）型工程。工程由首部枢纽、引水系统和地下厂房三大部分组成。坝址位于宝兴河主源东河的硗碛藏族乡下游侧约 1km 处，厂址位于距硗碛藏族乡下游侧约 22km 的石门坎，尾水与下游梯级民治水电工程衔接。首部枢纽由砾石土直心墙堆石坝、右岸泄洪洞、左岸放空洞和左岸导流洞等组成。

由于在深厚覆盖层上建坝，且最大坝高超过 100m，因此将拦河大坝提高为 1 级建筑物进行设计。拦河大坝轴线长 433.8m，坝顶高程为 2143.00m，最大坝高 125.5m。上游坡度为 1:2.0，下游坡度为 1:1.8，坝脚与下游围堰相结合。心墙顶高程 2142.00m，顶宽 4.0m，心墙上、下游坡度均为 1:0.25，底高程 2020.00m，底宽 65.0m。心墙上、下游侧各设一层反滤层，厚度分别为 3.0m 和 4.0m。上、下游反滤层与坝壳堆石间设过渡层，与堆石交界面的坡度为 1:0.6。混凝土防渗墙下游侧心墙底部设厚度为 1.0m 的反滤层，与心墙下游侧反滤层相连接。

坝基覆盖层防渗采用一道厚 1.2m 的混凝土防渗墙全封闭方案。防渗墙位于心墙中部坝轴线处，防渗墙底嵌入基岩 1.0m，墙顶与心墙底部齐平，墙顶设观测、检修、灌浆廊道与两岸帷幕灌浆平洞相连。为了防止坝基覆盖层中土体渗流出逸发生渗透破坏，在下游过渡层和堆石坝壳的底部设厚度为 1.0m 的水平反滤层，与心墙下游侧反滤层相接。

为了减小心墙在岸坡接触部位的冲刷，在心墙岸坡部位采用钢筋混凝土板保护，混凝土板厚 0.6~1.0m，并在心墙与混凝土板之间铺填一层接触性黏土，高程 2100.00m 以上接触性黏土水平厚度为 1.5m，高程 2100.00m 以下接触性黏土水平厚度为 2.0m。

同时，心墙与两岸连接部位适当加宽心墙的厚度，上、下游各加宽1m。

硗碛砾石土心墙堆石坝典型剖面如图7-7所示。

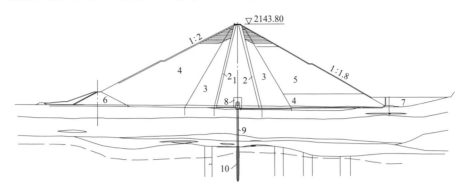

图 7-7　硗碛砾石土心墙堆石坝典型剖面

1—砾石土心墙；2—反滤层；3—过渡层；4—堆石料Ⅰ区；5—堆石料Ⅱ区；6—上游围堰；
7—下游围堰；8—接触性黏土；9—混凝土防渗墙；10—防渗帷幕

二、工程地基条件

硗碛水电工程坝址河段地处高山区，河谷断面呈"U"形。据钻探揭示，河床覆盖层一般厚度57~65m，最大厚度达72.40m，按其结构层次自下而上（由老到新）可划分为4层：

第①层：含漂卵（碎）砾石层（fglQ$_3^{3-1}$），系冰水堆积物，分布于河谷底部，顶板埋深43~53m，残留厚度8~24m不等。层内局部夹薄层碎砾石土及砂层透镜体，分布范围小，结构较为密实。

第②层：卵砾石土（al＋plQ$_4^{1-1}$），系冲洪积物，分布于河谷下部，顶板埋深一般37~47m，残留厚度4.0~10.5m。该层分布不甚稳定，局部缺失，结构密实，透水性较弱。

第③层：块（漂）碎（卵）石层（al＋plQ$_4^{1-2}$），系冲洪积物，分布于河谷中部，顶板埋深16~21m，一般厚17~28m。该层结构较紧密，力学强度较高，透水性强。

第④层：含漂卵砾石层（alQ$_4^2$），系河流冲积物，分布于现代河床及漫滩，厚17~21m。该层由上、下两小层组成：上部为卵砾石土，一般厚度5~6m，结构松散，力学强度较低；下部为含漂卵砾石层，厚11~13m，结构较松散，力学强度高，透水性强。

坝基河床覆盖层深厚，各层次结构及厚度分布空间变化较大。第④层上部卵砾石土结构松散，力学强度低，下伏为结构较密实的第③、第②及第①层土体。坝基主要持力层第④层下部和第③层土体其承载力和变形模量值均能满足堆石坝要求。但由于覆盖层地基各层次成因类型不同，结构不均一，颗粒大小悬殊，且各层分布位置和厚度也不尽相同，其物理力学性质存在一定差异；加之基岩面起伏较大，并有一宽约30m的深槽靠左岸展布。因此，建坝后存在坝基沉降及不均匀变形问题。

坝基河床覆盖层中第①、第③、第④层皆由粗粒~巨粒土组成，细粒充填少，透水性强；河谷下部的第②层卵砾石土，虽细粒含量较多，透水性相对较弱，具有局部隔水性，但埋深较小，厚度较小，且厚度和分布不甚稳定，局部缺失，不能形成坝基可靠的相对隔水层，故建坝蓄水后河床覆盖层将构成坝基渗漏的主要途径。坝基覆盖层中第①、第③、第④层土体，抗渗强度低，破坏形式为管涌，第②层颗粒较小，抗渗透性相对较好，破坏形式为流土。坝基覆盖各层结构不均一，不均匀系数、渗透系数和渗流坡降差异较大，且易于沿第①层和第②层、第②层和第③层接触界面产生集中渗流，对坝基渗透稳定不利。

河床坝基以粗粒土为主，砂层透镜体仅分布在埋深大于 54m 的第①层中，其粒径大于 0.25mm 含量占 83.45％，砂层透镜体形成时代较早（Q_3），埋深较大，厚度较小，分布不连续，周围排水条件较好，上覆有效压重大，所以砂层透镜体液化的可能性较小。

三、地基处理

该工程左、右两岸心墙下部坝基的强风化、强卸荷炭质千枚岩较深，若要全部挖除，边坡较高，开挖和支护工程量均较大。经研究比较，决定对左右两岸边坡采用表层开挖和固结灌浆处理的方式，处理范围基本上能够达到弱风化层上限。

坝基覆盖层上部土层力学强度低，而且结构不均一，颗粒大小悬殊，细料充填较少，渗透性强，地基处理重点在于解决坝基沉降变形和渗漏渗透问题。

对于河床第④层上部松散的卵砾石层，在心墙底部采用固结灌浆处理，以提高地基模量，改善心墙地基的不均一性。灌浆孔间、排距为 3m，采用梅花形布置，孔深为 8m 和 10m。固结灌浆采用孔口封闭、孔内循环、自上而下的方法，分排分序分段进行施工。灌浆上覆盖层压重厚度不应小于 3m，最大灌浆压力为 0.8MPa。

坝址区河床覆盖层深厚，一般厚度 57～65m，最大厚度达 72.40m，具中等～强透水性，渗透系数 $k=5.29\times10^{-3}\sim6.30\times10^{-2}$ cm/s，局部架空部位渗透系数 $k=3.2\times10^{-1}\sim5.9\times10^{-1}$ cm/s。坝基覆盖层采用一道厚 1.2m 的混凝土全封闭防渗墙方案进行防渗，防渗墙底嵌入强风化基岩内 2.0m，嵌入弱风化基岩内 1.0m。墙顶采用灌浆廊道与心墙连接，廊道净尺寸为 3m×4m（宽×高），廊道上、下游两侧及顶部设接触性黏土区，黏土区宽 11.0m、高 12.5m。廊道两侧设有复合土工膜，上游至心墙底部上游边线，下游至接触性黏土下游边线。在防渗墙下游心墙、过渡层、堆石区底部与河床接触部位设 1.0m 厚的水平反滤层。防渗墙下部采用 2 排灌浆帷幕进行防渗，灌浆帷幕底高程为 1910m。

四、监测及运行

硗碛水电工程于 2006 年 12 月 5 日首次下闸蓄水，2007 年 11 月 15 日填筑到心墙顶设计高程 2142.8m，2008 年 10 月 1 日完成坝顶防浪墙施工，2008 年 12 月 17 日完成坝顶路面施工，大坝已挡水运行十余年，坝基相关监测分析结论简述如下。

1. 大坝渗流渗压

大坝各部位量水堰实测渗流量随库水位的升降而增减，与库水位呈正相关，渗流量变化趋势平稳。2016 年达最高库水位（10 月 22 日，库水位为 2139.20m）时，实测总渗流量为 16.129L/s，总渗流量较小，坝体总体防渗效果较好。大坝防渗系统后测压管水位呈两岸部位高于河床部位的规律，两岸防渗帷幕后部分测压管水位则与库水位相关，两岸绕坝渗流正常。

2. 坝基变形

蓄水后坝基防渗墙向下游最大位移为 300mm，大坝心墙、防渗墙测斜及位错变形较小，变化符合一般规律。运行期间，大坝及坝基变形符合一般性规律，变形值在设计预计值内。

硗碛水电工程挡水运行十余年的监测成果分析表明，大坝渗流控制措施得当，坝基渗流渗压和变形成果处于设计预计范围内，大坝总体情况良好，运行安全。

❋ 第三节 瀑 布 沟

一、工程布置与大坝

瀑布沟工程为一等大（1）型工程，采用坝式开发。工程枢纽由砾石土心墙堆石坝、左岸引水发电建筑物、左岸开敞式溢洪道、左岸深孔泄洪洞、右岸放空洞和尼日河引水入库工程等组成。

砾石土心墙堆石坝坝轴线走向为 N29°E，坝顶高程 856.00m，最大坝高 186m，坝顶长 540.50m，上游坡度为 1∶2 和 1∶2.25，下游坡度为 1∶1.8，坝顶宽度 14m。瀑布沟砾石土心墙堆石坝典型剖面如图 7-8 所示。

坝体结构分为砾石土心墙、反滤层、过渡层、坝壳、排水体、护坡和弃渣压重体等。心墙顶高程 854.00m，顶宽 4m，心墙上、下游坡度均为 1∶0.25，底高程 670.00m，底宽 96.00m。心墙上、下游侧均设反滤层，上游设两层各为 4.0m 厚的反滤层，下游设两层各为 6.0m 厚的反滤层。心墙底部坝基防渗墙下游也设厚度各 1m 的两层反滤层，与心墙下游反滤层连接，心墙下游坝基反滤层厚为 2m。反滤层与坝壳堆石间设过渡层，与坝壳堆石接触面坡度为 1∶0.4。

心墙与岸坡连接部位在开挖成形后，浇筑 50cm 厚的盖板混凝土，避免心墙与基岩接触面上产生接触冲蚀，并对基岩进行浅层固结灌浆，提高基岩的整体性和完整性。

坝基覆盖层防渗采用两道各厚 1.2m 的混凝土防渗墙，墙中心间距 14m，墙底嵌入基岩 1.5m。防渗墙分为主、副防渗墙，主防渗墙位于坝轴线剖面，防渗墙顶与廊道连接，廊道置于心墙底部，主防渗墙与心墙及基岩防渗帷幕共同构成主防渗面；副防渗墙位于主防渗墙上游侧，墙顶插入心墙 10m。

为了防止坝体开裂，在心墙与两岸基岩接触面上铺设水平厚 3m 的接触性黏土；在防渗墙和廊道周围铺设厚度不少于 3m 的接触性黏土。为延长渗径，在副防渗墙上游侧心墙底面铺设 30cm 厚的水泥黏土，水泥黏土上铺一层 PE 复合土工膜，土工膜上填筑 70cm 厚的接触性黏土；坝基混凝土廊道下游侧 10m 范围内反滤层之上铺设一层 PE 复合土工膜，廊道下游侧 8m 范围内土工膜之上铺设 60cm 的接触性黏土。

为防止地震破坏，增加安全措施，在坝体上部高程 810.00～855.00m 处增设土工格栅，土工格栅垂直间距在高程 810.00～834.00m 处的为 2.0m，在高程 835.00～855.00m 处的为 1.0m，水平最大宽度 30m。汶川地震后，通过地震动参数复核及大坝抗震计算，需要通过加长和加宽下游压重体来增加下游坝坡的深层抗滑稳定性，在下游坝脚处增设两级压重体（下游围堰也作为下游压重体的一部分），顶高程分别为 730.00m 和 692.00m。

上游坝坡在 722.50m 高程以上采用干砌石护坡，垂直坝坡厚度为 1m；下游坝坡采用干砌石护坡，垂直坝坡厚度为 1m。上游围堰与坝体结合，作为坝体堆石的一部分。

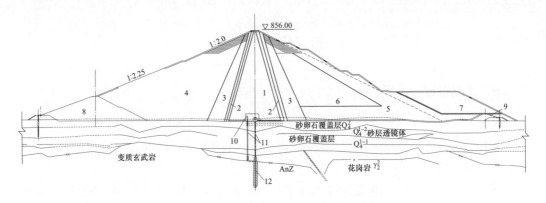

图 7-8　瀑布沟砾石土心墙堆石坝典型剖面

1—砾石土心墙；2—反滤层；3—过渡层；4—上游堆石区；5—下游主堆石区；6—下游次堆石区；
7—弃渣压重区；8—上游围堰；9—下游围堰；10—接触性黏土区；11—混凝土防渗墙；12—灌浆帷幕

二、工程地基条件

瀑布沟水电工程坝址区河床坝基覆盖层深厚，一般 40～60m，最厚达 77.9m；结构层次较复杂，各层厚度不一，且有多层砂层透镜体分布。根据坝区钻孔岩心样资料、岩性差异组合、沉积韵律、含水透水层特征，由下向上分别是：

第①层：漂卵石层（Q_3^2），左岸Ⅱ级阶地堆积，一般厚 40～50m，最大勘探厚度 70.72m。下部为含泥砂漂卵石层，中部为砂卵石层，上部为含泥砂漂卵石夹砂卵石层。该层结构较密实，但局部具有架空结构，近岸坡部位夹少量砂层透镜体。

第②层：卵砾石层（Q_4^{1-1}），埋藏于 Q_4^{1-2} 之下，残留厚度 22～32m，为杂色卵石夹少量漂石组成，底层局部有厚 8～12m 的含砂泥卵碎石。该层磨圆度较好，粒径较均一，结构密实，局部具有架空结构。

第③层：含漂卵石层夹砂层透镜体（Q_4^{1-2}），谷底Ⅰ级阶地堆积，上叠于第①层漂卵石层（Q_3^2）和第②层卵砾石层（Q_4^{1-1}）之上，最大堆积厚度为 42.5～54.0m，河床下残留厚度一般为 5～18m，该层下部近岸坡部位夹砂层透镜体，物质组成为中细砂和细砂。该层仅少量分布于心墙区上游，结构较密实，局部具有架空结构。

第④层：漂（块）卵石层（Q_4^2），现代河床及漫滩堆积，厚 10～25m，粒径大小悬殊，分选性差，分布于原河床、漫滩和Ⅰ级阶地部分区段，结构较密实，但局部具有架空结构。表层有透镜状砂层靠岸断续分布。

坝基河床覆盖层深厚，且在顺河向和横河向上厚度变化大，总体具有颗粒粗、孤石多、架空明显、渗透性强、结构复杂、变化无规律等急流堆积特点，且抗渗透破坏能力低，在渗流量大时，易发生集中渗流、接触冲刷和管涌破坏，又无相对隔水层，是坝基渗漏的主要途径和发生渗透变形的主要部位。

河床覆盖层所夹砂层透镜体，多顺河分布于近岸坡部位，厚度一般约 2m，最厚可达 13m 左右。砂层透镜体主要分布于第③层（Q_4^{1-2}）底部，三维动力分析结果表明：上、下砂层透镜体遭遇地震时，在不考虑下游坝脚压重的条件下，所产生的孔隙水压力和动剪应力是较小的，不会引起液化。

三、地基处理

1. 建基面处理

覆盖层基础开挖应清除表层的杂物、淤泥层、砂层，并在坝体填筑前对清理后的坝基进行压实。河床部位心墙建基面高程为 670.00m，心墙范围内的低强度、高压缩性软土及地震时易液化的土层，应清除或处理，建基面开挖高程为 665.00～667.00m，开挖后用过渡料掺和 B5 反滤料加干水泥回填至高程 670.00m。

2. 加固处理

对心墙范围内的河床覆盖层表层进行了 8m 深的铺盖式固结灌浆。在心墙与两岸基岩接触部位设置厚 50cm 的混凝土盖板，并对该范围基岩进行深 6m 的铺盖式固结灌浆。

坝体上、下游坝壳范围及防渗墙上下游附近的坝基覆盖层中夹有砂层透镜体，且其中有一部分为细砂层透镜体。砂层透镜体的埋深较大，上游砂层一般厚 40～48m，最小埋深 32.19～32.47m；下游砂层一般厚 30～40m，最小埋深 22.37m。经分析，坝基砂层透镜体在设计及校核地震工况下均不会发生液化。因此，设计重点在于对心墙区砂层透镜体的处理，主要处理方式为：将心墙部位的中粗砂和含砾中粗砂全部挖除置换，建基面开挖至高程 665～667m，用过渡料掺和 B5 反滤料加水泥干粉料碾压回填至高程 670m，然后对回填区进行固结灌浆（灌浆高程 658～667m）。

3. 防渗处理

河床坝基以漂卵石层、漂（块）卵石层为主，最大厚度 77.9m，孤石多，架空明显，渗漏渗透问题较为突出。由于该工程砾石土心墙坝为 200m 级高坝，坝前壅水水头高，主要采用垂直防渗形式。大坝坝体及坝基防渗体系主要包含拦河大坝砾石土心墙、河床两道混凝土防渗墙、两岸及墙下基岩灌浆帷幕。河床深厚覆盖层布置的两道防渗墙厚均为 1.2m，两墙中心距 14m，防渗墙底部嵌入基岩，为全封闭式，墙体最大深度 81.5m。

土心墙与坝基防渗墙的连接形式对防渗体系的稳定安全运行影响重大。瀑布沟水电工程首次采用了"单墙廊道式＋单墙插入式"作为大坝土心墙与坝基混凝土防渗墙的连接形式，即下游主防渗墙顶通过廊道与土心墙相接，便于运行期监测和检修维护，上游副防渗墙直接插入土心墙，两种连接形式均采用接触性黏土包裹，以提高连接部位的变形协调性。从渗流和应力应变分析看，该工程"单墙廊道式＋单墙插入式"连接方案技术可行，防渗可靠。水库蓄水后的运行实测表明，防渗墙顶顺河向最大变形测值为90.1mm，上游防渗墙分担水头比例平均为26％，防渗墙折减水头较好（达98％），达到设计要求。

瀑布沟水电工程大坝为世界少有、国内首次在深厚覆盖层上应用两道防渗墙并采用"单墙廊道式＋单墙插入式"形式与大坝土质心墙连接，成功解决了200m级高土石坝在80m深厚覆盖层上的地基防渗安全问题。该工程现已安全蓄水发电运行十多年，水库蓄水多年以来，大坝心墙变形及土压力变化趋于平稳，坝基廊道和防渗墙变形、廊道结构缝的变形等监测值均在一般经验值范围内，基础防渗墙运行正常。

四、监测及运行

1. 覆盖层坝基主要监测成果

（1）渗流渗压监测。大坝总渗流量监测成果（见图 7-9）表明，2018 年坝体总渗流量最大值为 51.09L/s（库水位 849.34m，2018 年 10 月 24 日），年变幅为 40.33L/s，大坝总渗流量与库水位关系密切，实测坝体总渗流量满足设计（设计值 150.20L/s）要求。

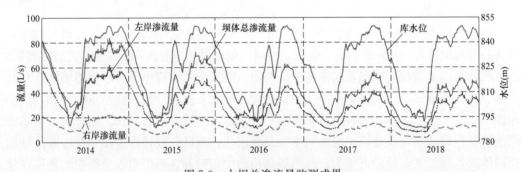

图 7-9　大坝总渗流量监测成果

位于主、副防渗墙间的渗压计 P4-1、P8-1、P9-1、P10、P11 的监测成果表明，防渗墙总体渗压折减满足设计要求，库水折减在 90％以上，且渗流场较稳定。需要特别说明的是，位于主防渗墙后的测压管 UP29～UP32 水头较小，年变幅最大仅为 5.69m，与库水位相关性不明显，说明主防渗墙运行良好。

防渗墙后渗压计水位与测压管内水位基本一致，远低于库水位，与下游尼日河汇口水位密切相关，从全年看库水折减均在 95％以上，2018 年防渗墙后渗压水位在 674.95～681.13m，各测点年变幅在 5.29～5.69m，水位主要受尾水位影响，表明防渗墙达到了设计防渗效果。

（2）变形监测。坝基廊道的变形监测成果（见图 7-10）表明，2018 年度沉降量变幅在 0.17～1.84mm，最大年变幅发生在测点 LD74（桩号 0+333m）。沉降规律表现为与库水位具有较为明显的相关性，水位上涨时，廊道抬升，反之沉降。

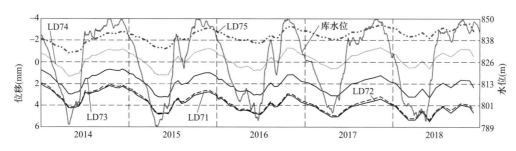

图 7-10　坝基廊道的变形监测成果

2. 坝体主要监测成果

截至 2018 年 12 月，大坝表面位移监测成果表明，坝顶垂直位移总体呈现缓慢增加趋势，各测点 2018 年度累计沉降量在－0.27～28.24mm，最大年度沉降量发生在 TP5（0+310m 断面）；大坝上下游表面位移随库水位升降呈年周期性变化，整体呈向下游缓慢移动的趋势；左右岸方向表现为两岸测点向河床方向移动，变形速率逐渐减小。

蓄水后大坝水管式沉降仪的监测成果表明，坝体的沉降变形量随时间逐渐趋于平缓，变形速率减小，趋于收敛，符合土石坝变形的一般规律。

大坝心墙渗压计监测成果分析表明，大坝心墙渗压水位与库水位关系密切，随库水位涨落而升降，渗压计水位年变幅在 0～66.43m。心墙区部分测点渗压水位与库水位较接近，但呈周期性变化，未见异常变化趋势。渗压水位顺河向呈递减分布，各监测断面下游反滤层渗压计监测到渗压水位较低，与库水不相关，表明大坝心墙防渗效果较好。

瀑布沟大坝坝基、坝体监测分析成果表明，大坝防渗措施布置合理，水头折减效果良好，满足设计要求，大坝目前运行正常。

✵ 第四节　黄　金　坪

一、工程布置与大坝

黄金坪水电工程是以发电为主的二等大（2）型工程。该工程采用水库大坝和"一站两厂"的混合式开发方式。工程枢纽主要由沥青混凝土心墙堆石坝、左岸岸边溢洪道和左岸泄洪（放空）洞、右岸坝后式小厂房和左岸混合式大厂房引水发电建筑物等组成。

大坝坝轴线方位为 N64°10′30″W。大厂房引水发电系统布置在左岸，进水口布置在叫吉沟下游侧附近，左岸大厂房轴线为 N70°W，尾水出口在姑咱镇上游吊桥上游 350m 处，远离泄水建筑物出口。小厂房引水发电系统及初期导流洞均布置在右岸，小厂房尾水（与导流洞尾部部分结合）紧靠坝趾下游出流。泄水建筑物布置在河道左岸（凸岸），溢洪道紧靠左坝肩布置，泄洪（放空）洞布置在溢洪道与大厂房引水隧洞之间。

拦河大坝采用沥青混凝土心墙堆石坝，坝顶高程 1481.50m，最大坝高 85.5m，坝顶宽度为 12m，坝顶长度 398.06m，大坝上、下游坡度均为 1:1.8，大坝上游坝坡在高程 1450.00m 处设置宽 4m 的马道，下游坝面设置"之"字形上坝道路，上坝道路最小宽度 8m、坡度 8%。

沥青混凝土心墙顶高程 1480.70m，底高程 1405.50m，顶部厚 0.6m，至 1407.50m 高程处逐渐加厚至 1.1m，从 1407.50m 高程以下至高程 1405.50m 处为心墙放大脚，心墙底部逐渐变厚至 2.3m。心墙底部置于两岸混凝土基座、左岸溢洪道右边墙和坝基廊道顶部，河床部位设置观测、检查、灌浆廊道，廊道为城门洞形，净尺寸为 3.0m×3.5m（宽×高）。在心墙上、下游侧各设置两层过渡层，过渡层Ⅰ、Ⅱ厚度分别为 1.5m、3.0m，过渡层外侧为坝壳堆石区，坝壳堆石区根据设计要求和料源不同进行分区。上游过渡层Ⅱ外侧由下至上分为次堆石Ⅲ区和次堆石Ⅰ区，下游过渡层Ⅱ下游侧为主堆石区，再向外侧则为次堆石料Ⅱ区。上、下游堆石区外侧设弃渣压重区，上游压重顶高程 1446.50m，下游压重顶高程 1422.00m。

黄金坪水电工程大坝典型纵剖面如图 7-11 所示。

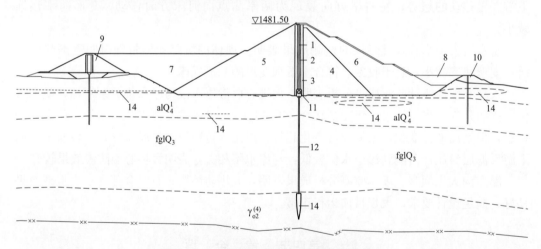

图 7-11　黄金坪水电工程大坝典型纵剖面

1—沥青混凝土心墙；2—过渡层Ⅰ；3—过渡层Ⅱ；4—主堆石；5—上游次堆石；6—下游次堆石；7—上游压重；8—下游压重；9—上游围堰；10—下游围堰；11—坝基廊道；12—防渗墙；13—防渗帷幕；14—砂层

二、工程地基条件

河床坝基下覆盖层深厚，一般厚 56～130m，最厚达 133.92m，层次结构复杂，自下而上总体分为 3 层：

第①层：漂（块）卵（碎）砾石夹砂土，分布于河床底部，厚 29.44～81.57m，顶面埋深 46.00～57.80m。

第②层：漂（块）砂卵（碎）砾石层，分布于河床覆盖层中部和左岸河漫滩，厚

20.30～46.00m，顶面埋深 0～25.12m。第②层中有②-a、②-b、②-c、②-d 砂层分布，为含泥（砾）中～粉细砂。

第③层：漂（块）砂卵砾石（alQ$_4^2$），厚度 13～25.12m，钻孔揭示在该层中部及顶部有两层砂层③-a、③-b 分布。

堆石坝河床覆盖层地基具多层结构，持力层主要为第②层，部分为第③层，总体为漂（块）卵砾石层，粗颗粒构成基本骨架，结构较密实，其承载和抗变形能力均较高；但由于覆盖层结构不均一，砂层③-a、②-a 分布较广，厚度较大，埋深较小，为中～粉细砂，其承载力和变形模量均较低，对覆盖层地基的强度和变形性能影响较大，存在不均匀变形问题，需进行专门工程处理。

坝基覆盖层深厚，总体具强透水性，③-a、②-a 砂层等具中等透水性。漂（块）卵砾石颗粒大小悬殊，结构不均一，渗透坡降较低，抗渗稳定性差，易产生管涌破坏。此外，河床覆盖层具多层结构，且夹有③-a、②-a 等砂层透镜体，由于渗透性的差异，有产生接触冲刷的可能性。坝基覆盖层存在渗漏和渗透变形问题，应做好地基防渗处理。

坝基覆盖层结构总体较密实，粗颗粒构成基本骨架，其抗剪强度较高，但河床覆盖层中③-a、②-a 等砂层分布较广，厚度较大，且埋深较小，其抗剪强度较低，当外围强震波及影响时，砂土动强度降低而可能引起地基剪切变形，对坝基抗滑稳定不利，因此应进行专门的基础处理。

坝基河床覆盖层中分布较广的有③-a、②-a 砂层，局部有③-b、②-b、②-c、②-d 砂层，结构较松散，均属可液化的砂层，需进行专门处理。

三、地基处理

黄金坪大坝和围堰均建在强透水的河床覆盖层上。覆盖层深厚且结构复杂，层内还有砂层透镜体分布。沥青混凝土心墙建基面高程直接影响到坝基防渗墙施工、砂层处理方式及基坑排水的难易程度。经研究，该工程大坝河床建基面最低高程为 1396.00m，并对坝基覆盖层采取振冲碎石桩、固结灌浆、防渗墙等处理措施。

1. 砂层振冲处理

根据砂层空间分布及液化特性，施工阶段在开展现场振冲试验的基础上，参考近年来类似工程的实施效果，确定对坝基砂层透镜体②-a、②-b 采用振冲碎石桩法进行处理。

坝基砂层振冲碎石桩处理共分为 9 个区，其中坝轴线上游侧 3 个区（①、②、⑨区）、下游侧 6 个区（③、④、⑤、⑥、⑦、⑧区）。振冲碎石桩直径为 1.0m，采用等边三角形布置，其中①、⑨区间排距为 2.5m，⑥、⑦区为 1.8m，其余各区均为 2.0m。孔深按进入砂层底板线以下不小于 1.0m 进行控制，一般深度为 6.40～24.14m。振冲碎石桩总根数为 2913 根，引孔总工程量为 6.01 万 m。

2. 防渗处理

坝基防渗采用一道厚 1.2m 的全封闭式防渗墙，防渗墙底部嵌入基岩内 1.0m。防渗墙位于心墙底部，通过廊道与沥青混凝土心墙连接。防渗墙顶高程 1397.50m，轴线长 277.27m，最大深度 113.8m，因遇断层，局部墙底最低高程为 1271.50m，该部位防渗墙深 126.00m（未计入凿除段）。

3. 固结灌浆

为改善沥青混凝土心墙的应力变形条件，对河床部位灌浆廊道下覆盖层进行固结灌浆，防渗墙上、下游各布置两排固结灌浆孔，孔深 8m，排距 2.5m，采用梅花形布置。黄金坪水电工程大坝固结灌浆纵剖面如图 7-12 所示。

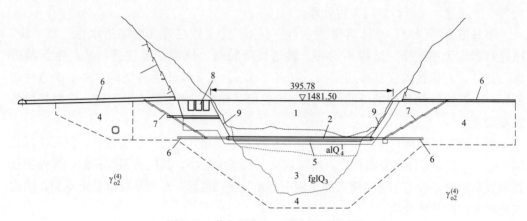

图 7-12　黄金坪水电工程大坝固结灌浆

1—沥青混凝土心墙；2—坝基廊道；3—防渗墙；4—防渗帷幕；
5—固结灌浆；6—灌浆平洞；7—交通廊道；8—溢洪道

四、监测及运行

1. 覆盖层坝基主要监测成果

（1）渗流量。溢洪道基础廊道（高程 1445.0m）渗漏量为 0.11L/s，左岸山体量水堰渗漏量为 0.05L/s，右岸山体渗漏量为 0.34L/s，总渗漏量为 0.94L/s，远低于设计允许值，表明大坝及坝基防渗系统措施到位，防渗效果良好。

（2）坝基渗压。监测成果表明：

1）（坝）0+002.75m 防渗墙轴线下游侧 5m 处监测纵断面渗压水位最大为 1417.5m（PDJF-42）。渗压水位在 1401.3～1417.5m 高程，蓄水后变化量为 −2.8～9.7m。

2）（坝）0+108.00m 河床监测断面，2019 年以后渗压计无数据。

3）（坝）0+191.00m 河床最大断面，坝基防渗墙前渗压水位 1472.4m（PDJF-30），防渗墙后渗压水位 1410.6m，水头折减 61.8m，防渗墙防渗效果较好。

4）（坝）0+267.00m 河床监测断面，2019 年以后渗压计无数据。

（3）防渗墙测斜孔。防渗墙无大的变形破坏，蓄水后测值比较稳定。防渗墙挠度变形成果见表 7-1、图 7-13。

表 7-1   挠度变形成果

测斜孔	桩号	上下游方向（mm）		左右岸方向（mm）	
		累计	蓄水后	累计	蓄水后
VE1	（坝）0+108.00m	174.77	140.86	8.55	0.04
VE2	（坝）0+191.00m	134.49	115.34	4.66	1.82
VE3	（坝）0+267.00m	189.29	165.16	37.37	12.91

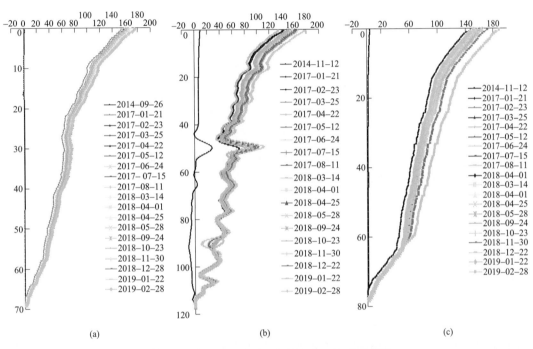

图 7-13　防渗墙挠度（上下游方向）变形过程线
（a）VE1；（b）VE2；（c）VE3

（4）基础廊道变形。基础廊道与灌浆平洞连接部位结构缝受坝基不均匀沉降影响呈张开趋势，结构缝开合度（左右岸方向）最大值位于右岸（坝）0+350.00m 监测断面上游侧墙 J5，当前测值为 31.03mm，蓄水前后开度增加 2.63mm。其余测缝计在导流洞下闸蓄水后，开合度基本无变化。

2. 坝体主要监测成果

（1）大坝外观变形规律。坝顶沉降变化受库水位抬升的影响，由于坝顶以上已无竖向荷载作用，坝顶沉降主要影响因素为水位抬升和时间效应。下游坝坡沉降受库水位抬升影响相对较小，沉降速率呈现减小趋势。

坝体表面位移随库水位增加而持续增加，变形趋势符合一般规律；顺河向位移呈河床中部大、两岸岸坡小的分布特征。

左右岸位移分布表现为由两岸向河床中部靠拢的趋势，总体符合坝体表面变形一般规律。

（2）坝体内部变形。水管式沉降仪监测成果表明，心墙下游坝体沉降变形规律为总体上紧靠心墙部位垂直变形最大，顺流方向从上游到下游垂直变形逐渐变小。

引张线式水平位移计监测成果表明，水平位移方向总体表现为向下游方向或沉降较大区域变形，水平位移分布特征符合一般规律。

（3）土压力变化规律。坝体土压力计监测成果显示，过渡料区最大土压力值为2.32MPa（E34），基本无变化。位于基础廊道顶拱上游的 E9、E21、E33 于 2015 年 5月开始土压力逐渐减小，表明廊道顶部应力集中区应力有所传递和释放。

（4）渗压水位变化规律。两岸山体帷幕后渗压监测成果表明，左右岸斜井交通平洞内测压管渗压水位在 1410.63～1468.67m，蓄水前后变化在-0.99～2.65m。

（5）绕渗水位变化规律。绕坝渗流监测成果表明，左右岸最大绕渗水位为1459.56m（RK11，右岸帷幕灌浆廊道内），其余测点在 1414.37～1459.09m 高程，蓄水前后变化量在 4.42～56.47m，绕渗水位随库水位的变化较明显，但均低于库水位。

黄金坪水电工程大坝于 2015 年 4 月底填筑至坝顶高程，于 2015 年 5 月初导流洞下闸蓄水，大坝挡水至今已运行超过 5 年，大坝坝体、坝基监测成果综合分析表明大坝及坝基防渗措施布置是合理的，防渗效果良好，满足设计要求，大坝运行情况正常。

※ 第五节　长　河　坝

一、工程布置与大坝

长河坝工程为一等大（1）型工程，采用坝式开发。工程枢纽由砾石土心墙堆石坝、引水发电系统、3 条泄洪洞和 1 条放空洞等建筑物组成。引水发电系统布置在左岸，进水口布置在倒石沟下游侧附近，厂房轴线平行于坝轴线，尾水洞下穿大湾沟后在 1 号泄洪洞出口上游归河。泄洪、放空和施工导流建筑物均布置在右岸，所有泄水建筑物进口均在象鼻沟上游侧，除初期导流洞出口布置在花瓶沟上游侧外，其余泄水建筑物出口均布置在花瓶沟下游。

水库正常蓄水位为 1690.00m，砾石土心墙堆石坝坝轴线走向为 N82°W，坝顶高程1697.00m，最大坝高 240m，坝顶长 502.85m，上、下游坡度均为 1:2，坝顶宽度16m。大坝主要分区为砾石土心墙、反滤层、过渡层、堆石区及压重等，大坝的典型剖面如图 7-14 所示。

心墙顶高程 1696.40m，顶宽 6m，心墙上、下游坡度均为 1:0.25，底高程1457.00m，底宽 125.70m，约为坝高的 1/2。为减少坝肩绕渗，在最大横剖面的基础上，心墙左右坝肩从 1457.0～1696.4m 高程顺河流向上下游各加宽 10～0m，各高程在垂直河流向以 1:5 的坡度向河床中心方向收缩。两岸心墙岩石坝基开挖面形成后浇筑 50cm 厚的混凝土盖板，并对基岩进行固结灌浆，避免心墙与基岩接触面上产生接触冲蚀。

心墙上、下游侧均设反滤层，上游反滤层厚 8.0m，下游设两层反滤层，各厚6.0m。在坝基防渗墙下游侧心墙底部设厚度各 1m 的两层水平反滤层，与心墙下游反滤

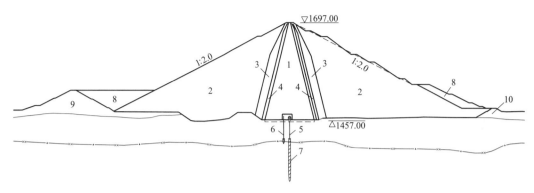

图 7-14 长河坝大坝典型剖面

1—砾石土心墙；2—堆石区；3—过渡层；4—反滤层；5—主防渗墙；6—副防渗墙；
7—灌浆帷幕；8—压重；9—上游围堰；10—下游围堰；11—接触性黏土

层相接。心墙下游过渡层及堆石与河床覆盖层之间设置厚度为 1m 的坝基反滤层。上、下游反滤层与坝壳堆石间均设置过渡层，水平厚度均为 20m。堆石与两岸岩坡之间设置水平厚度为 3m 的岸边过渡层。

坝基覆盖层防渗采用两道全封闭混凝土防渗墙，墙厚分别为 1.4m 和 1.2m，两道防渗墙之间净距 14m，最大墙深约 50m。防渗墙按一主一副格局布置，主防渗墙布置于坝轴线平面内，通过顶部设置的灌浆廊道与防渗心墙连接，防渗墙与廊道之间采用刚性连接；副防渗墙布置于坝轴线上游，顶部插入心墙内的高度为 9m。

为了防止坝体开裂，在心墙与两岸基岩接触面上铺设接触性黏土，左岸 1597m、右岸 1610m 高程以上水平厚度为 3m，以下水平厚度为 4m；在防渗墙和廊道周围铺设厚度不少于 3m 的接触性黏土。为延长渗径，在副防渗墙上游侧 30m 范围内，以及副防渗墙与坝基廊道之间的心墙底部铺设 PE 复合土工膜。

上游围堰作为压重体的一部分，上游压重体与上游围堰顶高程相同。在下游坝脚处填筑压重，顶高程为 1545.00m，顶宽 30m。

工程拦河坝地震设防为 9 度，为防止大坝上部坝坡的地震破坏，在坝体上部高程 1645.00m 以上、坝坡表面最大水平深度 50m 范围内设置了土工格栅。

长河坝水电工程于 2009 年 11 月开挖坝肩，于 2016 年 10 月下闸蓄水，于 2016 年 12 月首台机组发电，目前运行正常。

二、工程地基条件

坝区河床覆盖层厚度 60～70m，局部达 79.3m。根据河床覆盖层成层结构特征和工程地质特性，自下而上（由老至新）可分为 3 层：

第①层：漂（块）卵（碎）砾石层（fglQ_3），分布于河床底部，厚度和埋深变化较大，钻孔揭示厚度 3.32～28.50m，充填灰～灰黄色中细砂或中粗砂；粗颗粒构成基本骨架，局部具有架空结构。

第②层：含泥漂（块）卵（碎）砂砾石层（alQ_4^1），钻孔揭示厚度 5.84～54.49m，充填含泥灰～灰黄色中～细砂。钻孔揭示，在该层有②-a、②-b 和②-c 砂层分布。其中，②-c 砂层分布在第②层中上部，分布范围广，钻孔揭示砂层厚度 0.75～12.5m，顶板埋深 3.30～25.7m，为含泥（砾）中～粉细砂。②-a、②-b 透镜状砂层，均在②-c 砂层之上。

第③层：漂（块）卵（碎）砾石层（alQ$_4^2$），钻孔揭示厚度 4.0～25.8m，充填灰～灰黄色中细砂或中粗砂。该层粗颗粒构成基本骨架。

坝体范围河床覆盖层具多层结构，总体粗颗粒构成基本骨架，结构稍密～密实，其承载和抗变形能力均较高，可满足地基承载力及变形要求。但由于覆盖层内分布有②-a、②-b、②-c 砂层，为含泥（砾）中～粉细砂，承载力和变形模量均较低，对覆盖层地基的强度和变形特性影响较大，存在不均匀变形问题，不能满足地基承载力及变形要求。

坝基河床覆盖层深厚，具有物质组成粒径悬殊、结构复杂不均、局部架空、分布范围及厚度变化大等急流堆积特点。河床覆盖层透水性强，抗渗稳定性差，存在渗漏和渗透变形稳定问题，易发生集中渗流、管涌破坏等问题。因砂层透镜体与其余河床覆盖层的渗透性差异，有产生接触冲刷的可能。

河床覆盖层地基由粗颗粒构成骨架，充填含泥（砾）中～粉细砂，总体较密实，现场大剪试验表明其强度较高，能够满足堆石坝坝基抗滑稳定要求。分布在第②层中上部的透镜状②-a、②-b 和②-c 砂层，抗剪强度较低，当外围强震波及影响时，砂土强度将进一步降低从而可能引起地基剪切变形，对坝基抗滑稳定不利。

经采用年代法、粒径法、地下水位法、剪切波速法等进行了初判，采用标准贯入锤击数法、相对密度法、相对含水率法等进行复判，并进行了振动液化试验，施工详图阶段对②-c 砂层采用标准贯入锤击数法进行复判，判定②-c 砂层在七度、八度、九度地震烈度下为可能液化砂。

三、地基处理

1. 坝基砂层处理

河床基础覆盖层第②层（alQ$_4^1$）中上部广泛分布有②-c 砂层，砂层厚度 0.75～12.5m，顶板埋深 3.77～24.49m，底板埋深 12.00～29.70m，为含泥（砾）中～粉细砂。由于②-c 砂层承载能力低、埋深小，具备挖除的条件，该工程对坝基②-c 砂层采用挖除换填处理。心墙建基面高程 1457m 以下局部砂层挖除后换填掺 4％水泥干粉的全级配碎石，并在坝体填筑前分层碾压夯实。为减小不均匀沉降对心墙的影响，对心墙底部覆盖层地基进行了深度为 5m 的浅层固结灌浆。

2. 坝基防渗处理

长河坝水电工程是目前世界上在深厚覆盖层上建造的唯一一座坝高超过 200m 的大坝，其坝基防渗处理为该工程的关键技术难点。在瀑布沟水电工程坝基防渗成功经验的基础上，结合长河坝工程特点，开展了大量防渗体系关键技术研究，主要包括：深厚覆盖层两道防渗墙防渗方式和布置；影响两道非对称布置的防渗墙分担水头比例的因素及使两道防渗墙共同分担水头的工程措施；防渗墙与土心墙连接、连接接头构造；周围接触性黏土设置研究；防渗墙与土心墙连接段接触渗流保护措施研究。通过科技攻关，解决了深厚覆盖层上240m级高土心墙堆石坝关键技术，确保坝体坝基防渗体系对深厚覆盖层上高土石坝的沉降变形有较好的适应性。

针对大渡河流域覆盖层结构特点，长河坝工程两道全封闭式防渗墙采用大间距分开布置的方式，两道防渗墙净距14m。根据与坝基基岩帷幕的关系，两道防渗墙按一主一副格局布置，墙底嵌入基岩内不小于1.0m。主防渗墙位于大坝主防渗平面上，轴线长度136.74m，墙厚1.4m，墙顶高程1454.00m，最大深度约47m，顶部采用"倒梯形"扩大段与河床廊道连接。副防渗墙位于主防渗墙上游，轴线长度149.03m，墙厚1.2m，墙顶高程1457.00m，最大深度约52m，墙顶插入心墙9.3m，顶高程为1466.30m。

经分析计算，副防渗墙承担水头的比例主要与墙厚、墙底残渣清理程度、副防渗墙下部和两端基岩的透水情况，以及帷幕与岩石透水性的差异等因素有关。为提高副防渗墙分担水头的比例，在两墙之间设置连接帷幕以使两道防渗墙形成整体，并对副防渗墙下的强卸荷岩体进行了帷幕灌浆，以减小绕副防渗墙渗漏。

对防渗墙下透水的基岩采用帷幕灌浆处理，以大坝轴线及主防渗墙所在平面构成主防渗面，主防渗面上以基岩透水率$q \leqslant 3Lu$作为相对不透水层界限，灌浆帷幕深入相对不透水层5m。

四、监测及运行

1. 覆盖层坝基主要监测成果

大坝蓄水后，坝基主副防渗墙之间渗压水头与库水位相关性良好，基本受库水位控制，较库水位折减28.34～34.15m。主防渗墙下游水位高程1477.08～1488.82m，蓄水后变化−1.43～0.80m，大坝上、下游水头差约201m，总折减水头190.28～202.02m，说明防渗墙防渗效果较好。

覆盖层坝基沉降监测采用电位器式位移计，沉降监测成果见表7-2。

表 7-2　　　　　　　　　　　　　坝基沉降监测成果

仪器编号	安装参数			位移量（mm）			蓄水前后对比差值（mm）	年变化（mm）
	监测剖面	桩号（m）	高程（m）	蓄水前测值（2016-10-25）	蓄水后测值1（2017-12-31）	蓄水后测值2（2018-12-28）		
WY3	4—4	（坝）0+183.00	1462.25	160.33	161.23	169.18	8.35	7.95
WY4	4—4	（坝）0+273.00	1463.08	522.97	526.19	535.74	13.38	9.55
WY6	6—6	（坝）0+273.00	1463.29	675.53	679.67	697.24	24.04	17.57

2. 坝基廊道主要监测成果

截至2018年年底，坝基廊道最大沉降量位于（纵）0+273.00m位置，累计沉降量为116.7mm。廊道沉降以（纵）0+273.00m位置为中心向两岸逐渐减小并呈对称分布，河床坝段沉降量相对较大，岸坡坝段沉降量相对较小。蓄水后沉降量变化在

－8.5mm内，2018年度变化基本保持稳定。

廊道的位错监测采用位错计进行，用于监测结构缝顺河向、垂直向的位错变形。截至2018年12月，新增位错计监测成果表明，当前竖向变形在－2.51mm内，水平向变形在－6.53mm内，年变化在－6.53mm内，位错变形相对稳定。负值表示位错计闭合压缩状态。

廊道结构钢筋应力监测采用钢筋计，主要监测廊道轴向和环向钢筋应力。截至2018年12月底，各监测剖面的钢筋应力为－171.96～380.66MPa［（纵）0＋333m的6—6剖面，上游侧轴向内层R89］，蓄水以来钢筋应力变化－52.66～208.17MPa［（纵）0＋333m的6—6剖面，上游侧轴向内层R89］，年度变化－23.46～58.15MPa。

结合现场巡视检查结果，轴向钢筋受拉集中区域与廊道出现环向裂缝的范围较为一致，运行期间将继续关注廊道应力变化。

3. 防渗墙主要监测成果

大坝基础主、副防渗墙挠度变形监测主要采用固定式测斜仪和活动式测斜管进行。活动式测斜管布置在主防渗墙内，用于监测主防渗墙的挠度，共布置3个，分别位于（纵）0＋210、（纵）0＋258、（纵）0＋300m监测断面上。

截至2018年12月，固定式测斜仪和活动式测斜管的监测成果表明，主防渗墙挠度变形由孔底向孔口逐渐增加，（纵）0＋210、（纵）0＋258、（纵）0＋330m桩号向下游变形最大值分别为38.08、75.24、56.54mm，均出现在孔口即1460.0m高程处；副防渗墙顺河向变形表现为向下游方向，最大位移发生在高程1460.31m的IN2测点，最大变形值为107.2mm。主、副防渗墙的挠度变形均处于设计预计值范围内。

总的来看，长河坝水电站大坝及坝基覆盖层、坝基廊道及防渗墙的监测项目设置齐全，为掌握施工期、初蓄期坝体及坝基的变形、渗流和应力状态提供了详尽的资料，监测成果分析表明坝基的渗流、变形和应力实测值均处于设计预计值范围内，变化规律也与大坝协调一致，证明该工程采取的地基处理措施效果良好、工作性态正常。

参 考 文 献

［1］吴梦喜，高桂云，杨家修，等. 砂砾石土的管涌临界渗透坡降预测方法［J］. 岩土力学，2019，40（03）.

［2］吴梦喜，余挺，张琦. 深厚覆盖层潜蚀对大坝应力变形影响的有限元模拟［J］. 岩土力学，2017，38（07）.

［3］吴梦喜，叶发明，张琦. 细颗粒流失对砂砾石土本构关系的影响研究［J］. 岩土力学，2017，38（06）.

［4］费祥俊. 浆体的物理特性与管道输送流速［J］. 管道技术与设备，2000（01）.

［5］徐尚壁. 粘土铺盖［M］. 北京：水利水电出版社，1988.

［6］张景秀. 灌浆法的正用与新规范构想［M］. 北京：中国水利水电出版社，2006.

［7］DL/T 5267—2012，水电水利工程覆盖层灌浆技术规范［S］. 北京：中国电力出版社，2008.

［8］季景山. 深厚覆盖层基础 100 米级混凝土防渗墙施工材料与工艺研究［D］. 长沙：中南大学，2012.

［9］刘颂尧. 碾压高堆石坝［M］. 北京：水利电力出版社，1989.

［10］李茂芳，孙钊. 大坝基础灌浆. 2 版［M］. 北京：水利电力出版社，1976.

［11］高钟璞. 大坝基础防渗墙［M］. 北京：中国电力出版社，2000.

［12］伍小玉. 高土心墙堆石坝深厚覆盖层基础防渗处理设计［A］//中国水力发电工程学会水工及水电站建筑物专业委员会利用深厚覆盖层建坝技术研讨会［C］. 中国水力发电工程学会，2009.

［13］DL/T 5144—2015，水工混凝土施工规范［S］. 北京：中国电力出版社，2015.

［14］GB 50204—2015，混凝土结构工程施工质量验收规范［S］. 北京：中国建筑工业出版社，2015.

［15］中国水电基础局有限公司. 四川大渡河黄金坪水电站大坝防渗墙工程施工报告［R］. 2013.

［16］河海大学. 冶勒堆石坝心墙与防渗墙不同连接方式抗渗性能的试验研究［R］. 1997.

［17］水电水利规划设计总院. 深覆盖层地基上混凝土面板堆石坝关键技术研究报告［R］. 2004.

［18］张作梅. 坝基砂砾石灌浆磁疗设计的几个问题［J］. 水利水电科学研究院，1982（7）.

［19］刘杰. 混凝土防渗墙渗流控制几个问题实例分析［J］. 大坝观测与土工测试，1992（5）：39-43.

［20］姚福海. 深厚覆盖层上土石坝基础廊道的结构形式探讨［J］. 水力发电，2010，36（6）：54-55，59.

［21］朱伯芳. 有限单元法原理与应用［M］. 2 版. 北京：水利水电出版社，1998.

［22］Kullhaway F H. Geomechanical model for rock foundation settlement［J］. J. Geotech. Div, Proc. Am. Soc. Civ. Engrs，1978：211-227.

［23］张宗亮. 200m 级以上高心墙堆石坝关键技术研究及工程应用［M］. 北京：中国水利水电出版社，2011.

［24］汪闻韶. 土石填筑坝抗震研究［M］. 北京：中国电力出版社，2013.

［25］王刚，张建民. 流变学：地震液化问题研究进展［J］. 中国学术期刊文摘，2008，14（7）：1.

［26］深圳市岩土综合勘察设计有限公司. 新编建筑地基处理工程手册［M］. 北京：中国建材工业出版社，2005.

［27］中国电建集团成都勘测设计研究院有限公司. 深厚覆盖层建高土石坝地基处理关键技术研究［R］. 2015.

［28］龚晓南．地基处理手册 ［M］.2 版．北京：中国建筑工业出版社，2000.

［29］叶书麟，叶观宝．地基处理与托换技术 ［M］.2 版．北京：中国建筑工业出版社，1994.

［30］孙更生，郑大同．软土地基与地下工程 ［M］.北京：中国建筑工业出版社，1984.

［31］孙钊．大坝基岩灌浆 ［M］.北京：中国水利水电出版社，2004.

［32］全国水利水电施工技术信息网．水利水电工程施工手册　第 1 卷　地基与基础工程 ［M］.北京：中国电力出版社，2004.